高等职业教育数学类课程规划教材

高等数学（第二版）

GAODENG SHUXUE

活页式教材　微课版

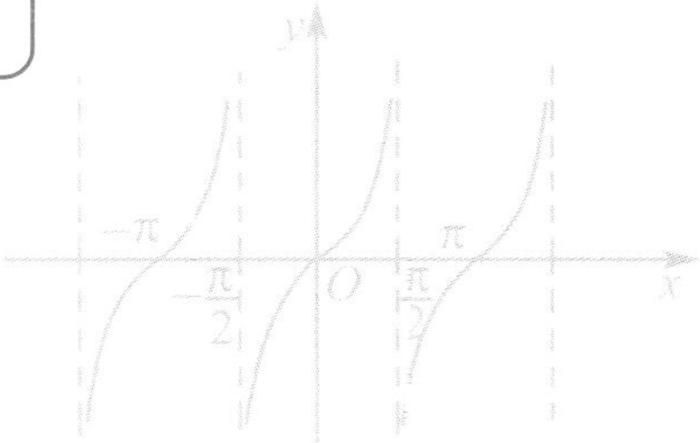

主　编　毕丽萍　池光胜　张　芳
副主编　官展聿　王　巍

大连理工大学出版社

图书在版编目(CIP)数据

高等数学 / 毕丽萍，池光胜，张芳主编. -- 2 版. 大连 ：大连理工大学出版社，2024. 8. --（高等职业教育数学类课程规划教材）. -- ISBN 978-7-5685-5074-1

Ⅰ. O13

中国国家版本馆 CIP 数据核字第 2024NH7168 号

大连理工大学出版社出版

地址:大连市软件园路 80 号　邮政编码:116023

发行:0411-84708842　邮购:0411-84708943　传真:0411-84701466

E-mail:dutp@dutp.cn　URL:https://www.dutp.cn

大连图腾彩色印刷有限公司印刷　　大连理工大学出版社发行

幅面尺寸:185mm×260mm　印张:15　字数:374 千字

2019 年 8 月第 1 版　2024 年 8 月第 2 版

2024 年 8 月第 1 次印刷

责任编辑:程砚芳　责任校对:刘俊如

封面设计:张　莹

ISBN 978-7-5685-5074-1　定　价:49.80 元

前言 Preface

数学是一门科学，是一种思想方法，具有高度的抽象性、严密的逻辑性和广泛的应用性。随着高等教育改革的不断深入和科学技术的迅猛发展，高等数学作为各专业的基础课程，不仅为学生学习相关学科及后续课程提供了必备的基础知识，同时也向学生渗透了数学思想和数学方法，提高了学生的数学能力。

本教材以“数学思想是数学教学的灵魂”为指导思想，从数学的素质、知识和能力三个方面构建教学体系，突出数学的实用性，使数学起到服务专业课程的作用；注重培养学生的数学学科核心素养，从而形成在继续学习和未来工作中运用数学知识和经验发现问题的意识、运用数学的思想方法和工具解决问题的能力。

教育部印发的《高等学校课程思政建设指导纲要》提出，科学设计课程思政教学体系，结合学科专业特点分类进行课程思政建设，推动课程思政全程融入课堂教学建设。在本教材编写中编者根据数学学科特点，融入了课程思政元素，注重对学生三观的培养。

本教材内容包括函数的极限与连续、导数与微分、导数的应用、不定积分、定积分及其应用、常微分方程、空间解析几何、多元函数微积分、无穷级数。每节配有习题，题目具有典型、规范、适中的特点，并在章末以二维码的形式附有参考答案，便于学生自我检测。除此之外，在书后附有每节学习任务单，方便学生进行课前一课中一课后的学习与检测。

本教材主要突出以下特色：

1. 深入推进落实党的二十大精神进教材基本宗旨，积极培育和践行社会主义核心价值观，强化学生职业素养养成，将专业精神、职业精神和工匠精神融入人才培养全过程。

2. 在内容组织上力求兼顾各专业不同层次的教学与学习需要，以便各专业能根据不同需求有所侧重与取舍。

3. 适度关注数学自身的系统性与完整性，既不过分强调数学论证的严密，同时也要让学生体会数学思想，增加直观说明和实例，减少复杂计算。

4. 充分考虑学生的基础特点，在每章开头，提出素质、知识、能力三个维度的目标，帮助学生明确教学目标：不仅是掌握知识，还要提高自己的素质和能力，达到全面发展；在内容的叙述上深入浅出，对数学理论的论证做适当的简化处理。

5. 为使学生更好地掌握所学知识，提高实际应用能力，本教材在每节后均配备适量的习题，以适应不同层次学生的不同学习需要。同时，为方便学生学习，我们在每节内容后附了拓展阅读材料,这些材料与课程内容相关,可以帮助学生巩固所学知识、拓宽视野,提高自己的综合素质。

6.提倡信息化教学,引入恰当实例。

本教材是山东工程职业技术大学集体智慧的结晶,由毕丽萍、池光胜、张芳担任主编,官展聿、王巍担任副主编。具体编写分工如下:第1、2章由毕丽萍编写,第8、9章由池光胜编写,第5、6章由张芳编写,第7章由官展聿编写,第3、4章由王巍编写。

在编写本教材的过程中,编者参考、引用和改编了国内外出版物中的相关资料以及网络资源,在此表示深深的谢意!相关著作权人看到本教材后,请与出版社联系,出版社将按照相关法律的规定支付稿酬。

鉴于编者知识与水平的局限,教材中错误与疏漏之处在所难免,欢迎广大专家、同仁和读者提出宝贵的意见。

编　者

2024年8月

所有意见和建议请发往:dutpgz@163.com

欢迎访问职教数字化服务平台:https://www.dutp.cn/sve/

联系电话:0411-84706581　84706672

目录 Contents

第 1 章 函数的极限与连续

数学的发展与科学技术的进步有着密切的关系，科学技术的发展离不开数学知识，我们在生产实践中常常会遇到很多难题，破解这些难题需要很多数学知识，并将这些数学知识灵活地应用于实践中. 扎实的数学基础能够为专业课程的学习提供有力的保障. 初等函数的研究对象基本上是不变的量，而高等数学的研究对象则是变动的量. 函数是高等数学研究的主要对象，所谓函数关系就是变量之间的依赖关系. 函数的微积分及其应用是高等数学研究的主要内容，而极限是研究微积分的主要工具. 本章在中学已学习的函数知识的基础上，对函数的概念进行了延伸，并给出函数的极限及连续的概念，为学习微积分及其应用打下基础.

学习目标

素质目标

(1)从中国古代极限理论取得的成就中挖掘民族自豪感；

(2)从极限和连续的学习中体会不忘初心、砥砺前行、精益求精、无限接近、方得始终的精神.

知识目标

(1)理解基本初等函数的概念；

(2)理解函数极限的概念，掌握函数求极限的几种方法；

(3)理解函数连续的概念，掌握判断函数连续性的方法.

能力目标

(1)能够建立变量之间的函数关系；

(2)能够计算一些初等函数的极限；

(3)能够判断函数的连续性.

1.1 函数及其性质

1.1.1 区间与邻域

视频：函数的概念

本书涉及的各种区间类型有：设 $a,b\in\mathbf{R}$ 且 $a<b$，

开区间 $(a,b)=\{x\in\mathbf{R}\mid a<x<b\}$；

闭区间 $[a,b]=\{x\in\mathbf{R}\mid a\leqslant x\leqslant b\}$；

半开半闭区间 $(a,b]=\{x\in\mathbf{R}\mid a<x\leqslant b\}$，$[a,b)=\{x\in\mathbf{R}\mid a\leqslant x<b\}$；

无穷区间 $(-\infty,+\infty)=\mathbf{R}$；

$(a,+\infty)=\{x\in\mathbf{R}\mid x>a\}$，$[a,+\infty)=\{x\in\mathbf{R}\mid x\geqslant a\}$；

$(-\infty,b)=\{x\in\mathbf{R}\mid x<b\}$，$(-\infty,b]=\{x\in\mathbf{R}\mid x\leqslant b\}$；

为了讨论函数在一点附近的某些性态，会用到邻域的概念.

定义 1 设 δ 为某一正数，称开区间 $(x_0-\delta,x_0+\delta)$ 为点 x_0 的 δ 邻域，记作 $N(x_0,\delta)$. x_0 与 δ 分别称为该邻域的中心和半径.

由定义 1，显然有 $N(x_0,\delta)=\{x\mid |x-x_0|<\delta\}$，如图 1-1 所示.

若把 $N(x_0,\delta)$ 的中心 x_0 去掉，得到一个新的集合，该集合称为点 x_0 的去心邻域，记作 $N(\hat{x}_0,\delta)$，即 $N(\hat{x}_0,\delta)=\{x\mid 0<|x-x_0|<\delta\}$，或 $N(\hat{x}_0,\delta)=(x_0-\delta,x_0)\cup(x_0,x_0+\delta)$. 如图 1-2 所示.

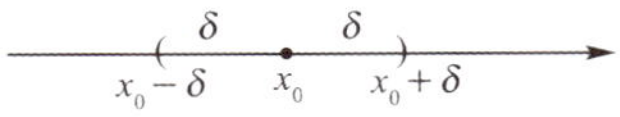

图 1-1

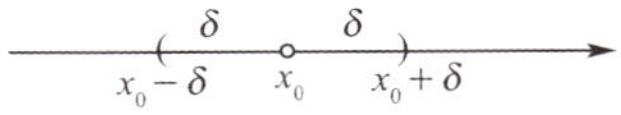

图 1-2

例如，$N(2,0.1)=\{x\mid |x-2|<0.1\}$ 表示点 2 的 0.1 邻域. 也可表示为开区间 $(1.9,2.1)$. 同理，$N(\hat{2},0.1)=\{x\mid 0<|x-2|<0.1\}$ 表示点 2 的去心 0.1 邻域，也可表示为两个开区间的形式 $(1.9,2)\cup(2,2.1)$.

1.1.2 函数的概念

1. 函数的定义

定义 2 设 x 和 y 是两个变量，D 是一个给定的数集. 如果对于任给的 $x\in D$，变量 y 按照某个对应法则 f 总有唯一确定的值和它对应，则称 y 是 x 的**函数**，记作 $y=f(x)$. 数集 D 叫作这个函数的**定义域**，x 叫作**自变量**，y 叫作因变量，数集 $\{y\mid y=f(x),x\in D\}$ 称为函数的**值域**.

函数定义的几点说明：

(1)函数 $y=f(x)$ 中，表示对应法则的记号 f 也可改用其他字母，例如"g""φ"，这时函数就记作 $y=g(x)$、$y=\varphi(x)$.

(2)对应法则和定义域是函数的两个要素. 即两个函数相同的充要条件是对应法则、定义域相同，与自变量的选取无关. 如：$y=x$ 与 $y=\sqrt{x^2}$ 的对应关系不同，因此它们是两个不同的函数；$y=\ln x^2$ 与 $y=2\ln x$ 的定义域不同，因此它们也是两个不同的函数；而 $y=\sqrt{x^2}$

与 $y=|x|$ 是同一个函数.

(3)函数的表示方法有三种:解析式法、表格法、图像法.

(4)函数的定义域就是自变量能够取到的、使解析式有意义的一切实数值. 例如函数 $y=\sqrt{4-x^2}$ 的定义域就是闭区间$[-2,2]$,函数 $y=\dfrac{1}{\sqrt{1-x^2}}$ 的定义域就是开区间$(-1,1)$.

2. 函数的几种特性

设函数 $f(x)$ 的定义域为 D.

(1)有界性

数集 $A\subset D$. 如果存在正数 M,使得对于一切 $x\in A$,有

$$|f(x)|\leqslant M,$$

则称函数 $f(x)$ 在 A 上有界,如果这样的 M 不存在,则称函数 $f(x)$ 在 A 上无界.

例如,函数 $f(x)=\sin x$、$f(x)=\cos x$ 在$(-\infty,+\infty)$内是有界的,因为存在正数 $M=1$,无论 x 取任何实数,都有 $|\sin x|\leqslant 1$、$|\cos x|\leqslant 1$. 函数 $f(x)=\dfrac{1}{x}$ 在开区间$(0,1)$内是无界的,因为不存在这样的正数 M,使 $\left|\dfrac{1}{x}\right|\leqslant M$ 对于区间$(0,1)$内的一切 x 都成立,但是 $f(x)=\dfrac{1}{x}$ 在区间$(1,2)$内是有界的,例如可取 $M=1$,使 $\left|\dfrac{1}{x}\right|\leqslant 1$ 对于区间$(1,2)$内的一切 x 都成立.

(2)函数的单调性

区间 $I\subset D$,如果对于区间 I 上任意两点 x_1 及 x_2,当 $x_1<x_2$ 时,恒有 $f(x_1)<f(x_2)$,则称函数 $f(x)$ 在区间 I 上是单调增加的,区间 I 为函数 $f(x)$ 的单调增区间;如果对于区间 I 上任意两点 x_1 及 x_2,当 $x_1<x_2$ 时,恒有 $f(x_1)>f(x_2)$,则称函数 $f(x)$ 在区间 I 上是单调减少的,区间 I 为函数 $f(x)$ 的单调减区间.

单调增加和单调减少的函数统称为单调函数.

例如,函数 $y=x^3$ 在区间$(-\infty,+\infty)$内是单调增加的;$y=x^2$ 在区间$(-\infty,0)$内单调减少,在$[0,+\infty)$内单调增加,但在$(-\infty,+\infty)$内不是单调的.

(3)函数的奇偶性

设函数 $f(x)$ 的定义域 D 关于坐标原点对称(若 $x\in D$,则必有 $-x\in D$). 如果对于任意的 $x\in D$,恒有

$$f(-x)=-f(x)$$

成立,则称 $f(x)$ 为奇函数. 如果对于任意的 $x\in D$,恒有

$$f(-x)=f(x)$$

成立,则称 $f(x)$ 为偶函数.

例如,$f(x)=\sin x$ 是奇函数,$f(x)=\cos x$ 是偶函数,$f(x)=\sin x+\cos x$ 既非奇函数,也非偶函数.

偶函数的图形关于 y 轴对称,奇函数的图形关于坐标原点对称.

(4)函数的周期性

如果存在不为零的数 T,使得对于任一 $x\in D$,有$(x+T)\in D$,且

$$f(x+T)=f(x)$$

恒成立，则称函数 $f(x)$ 为周期函数，T 称为函数 $f(x)$ 的周期. 如果 $T>0$，并且它是 $f(x)$ 的所有正周期中最小的，则称 T 为 $f(x)$ 的最小正周期. 通常我们所说的周期函数的周期都是指其最小正周期.

例如，函数 $\sin x$、$\cos x$ 都是以 2π 为周期的函数；$\tan x$、$\cot x$ 都是以 π 为周期的函数. 以 T 为周期的函数，在整个定义域内的每个长度为 T 的区间上，其图形有相同的形状.

1.1.3 复合函数、分段函数与反函数

在某一个变化过程中，两个变量的联系有时不是直接的，而是通过另一个变量间接联系起来的. 例如，在自由落体运动中，动能 E 是速度 v 的函数：

$$E=f(v)=\frac{1}{2}mv^2,$$

式中，m 为物体质量；而速度 v 又是时间 t 的函数：

$$v=\varphi(t)=gt.$$

这样，通过中间变量 v，动能 E 就成了时间 t 的函数. 即将 $v=\varphi(t)$ 代入函数 $E=f(v)$ 中，就得到了由 $E=f(v)$ 经过中间变量 $v=\varphi(t)$ 复合而成的关于 t 的函数：

$$E=f[\varphi(t)]=\frac{1}{2}m(gt)^2=\frac{1}{2}mg^2t^2,$$

该函数称为复合函数. 像这样的函数，我们有如下定义：

定义 3 已知两个函数

$$y=f(u);u\in D_1,y\in Z_1,$$
$$u=\varphi(x);x\in D_2,u\in Z_2,$$

则函数 $y=f[\varphi(x)]$ 是由函数 $y=f(u)$ 和 $u=\varphi(x)$ 经过复合而成的**复合函数**，通常称 $f(u)$ 为**外部函数**，$\varphi(x)$ 为**内部函数**，u 为**中间变量**.

需要注意的是，不是任意两个函数都能够复合成复合函数. 只有当内部函数 $u=\varphi(x)$ 的值域 Z_2 与外部函数 $y=f(u)$ 的定义域 D_1 的交集非空时，即 $Z_2\cap D_1\neq\varnothing$ 时，这两个函数才能复合成复合函数. 如 $y=4^{\cos x}$ 是由 $y=4^u$，$u=\cos x$ 复合而成的复合函数；$y=\sqrt{\ln(1+x^2)}$ 是由 $y=\sqrt{u}$，$u=\ln v$，$v=1+x^2$ 复合而成的复合函数. 但函数 $y=\arcsin u$，$u=3+x^2$ 是不能复合成一个复合函数的.

【例 1】 下列函数由哪些基本初等函数复合而成？

(1) $y=\sin(3x+1)$；　　(2) $y=(\arctan x^3)^2$.

解 (1)由内部函数向外部函数分析，就是按由 x 确定 y 的运算顺序进行：

对给定的 x，先计算 $3x+1$，令 $u=3x+1$；再由 u 计算幂函数 $\sin u$，得 $y=\sin u$.

于是，$y=\sin(3x+1)$ 由以下两个基本初等函数复合而成：

$$y=\sin u,u=3x+1.$$

(2)由(1)同理可得，$y=(\arctan x^3)^2$ 是由 $y=u^2$，$u=\arctan v$，$v=x^3$ 复合而成的.

定义 4 当定义域内自变量 x 取不同的值时，函数 $f(x)$ 要用两个或两个以上的式子表示，这类函数称为**分段函数**.

例如：

$$y=|x|=\begin{cases}x; & x\geqslant 0\\ -x; & x<0\end{cases},$$

是定义在$(-\infty,+\infty)$上的分段函数，其图像如图 1-3 所示.

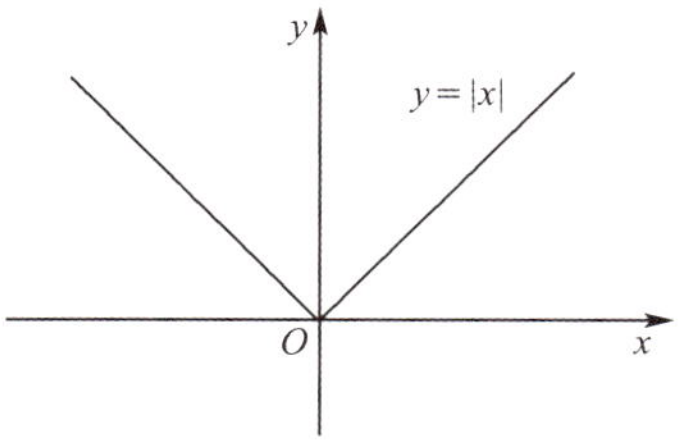

图 1-3

定义 5 设函数 $y=f(x)$的定义域为 D，值域为 W. 一般地，对于任一数值 $y\in W$，D 上至少可以确定一个数值 x 与之对应，这个数值 x 适合关系

$$f(x)=y.$$

这里如果把 y 看作自变量，x 看作因变量，按照函数概念，就得到一个新的函数 $x=\varphi(y)$，则称这个新的函数为函数 $f(x)$的反函数，可记作 $x=f^{-1}(y)$.

视频：函数的图像

1.1.4 初等函数

常数函数、幂函数、指数函数、对数函数、三角函数及反三角函数统称为基本初等函数. 由基本初等函数经过有限次四则运算和有限次复合运算所构成，且可用一个解析式表示的函数，叫作初等函数，否则就是非初等函数. 本教材所讨论的函数绝大多数都是初等函数. 表 1-1 是常见的基本初等函数的性质与图像，便于读者查阅.

表 1-1　　基本初等函数的定义与性质

名　称	解析式	定义域	特　性	图　形
幂函数	$y=x^{\mu}$ μ 为常数	随 μ 而定，但不论 μ 为何值，函数在$(0,+\infty)$内总有意义	在$(0,+\infty)$内单调；奇偶性与 μ 有关，图形过点$(1,1)$	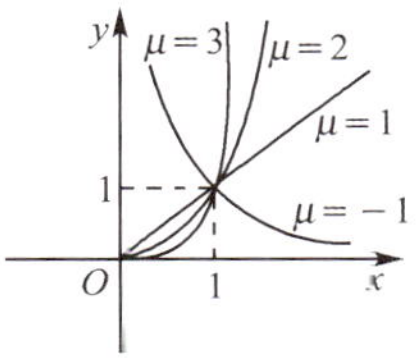
指数函数	$y=a^{x}$ $a>0,a\neq 1$	$(-\infty,+\infty)$	图形在 x 轴上方，过点$(0,1)$，$a>1$ 时函数单调增加；$0<a<1$ 时函数单调减少	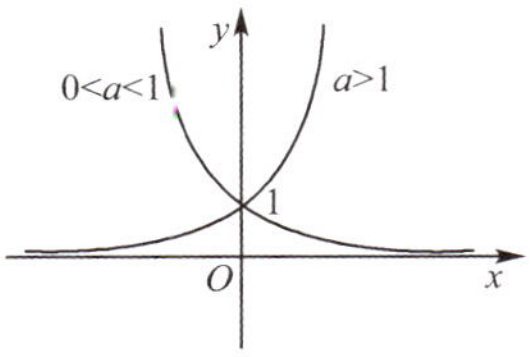
对数函数	$y=\log_a x$ $a>0,a\neq 1$	$(0,+\infty)$	图形在 y 轴右方，过点$(1,0)$；$0<a<1$ 时函数单调减少，$a>1$ 时函数单调增加	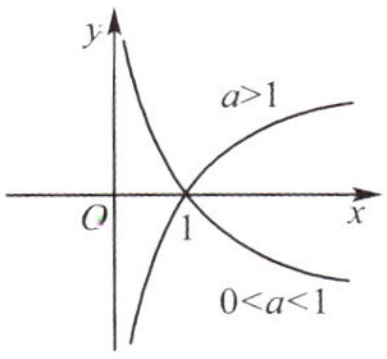

（续表）

名称		解析式	定义域	特性	图形
三角函数	正弦函数	$y=\sin x$	$(-\infty,+\infty)$	有界（$\lvert\sin x\rvert\leqslant 1$），以 2π 为周期的奇函数	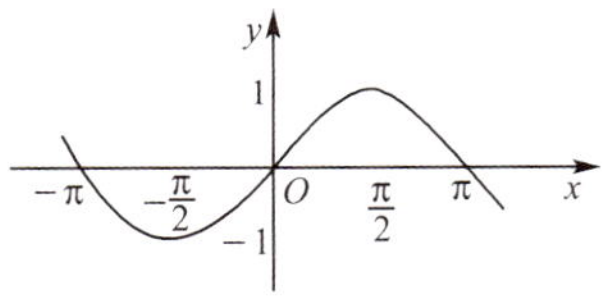
	余弦函数	$y=\cos x$	$(-\infty,+\infty)$	有界（$\lvert\cos x\rvert\leqslant 1$），以 2π 为周期的偶函数	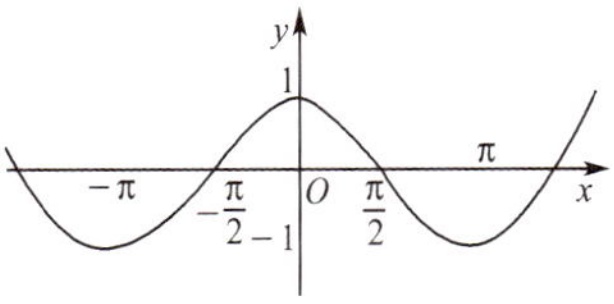
	正切函数	$y=\tan x$	$x\neq(2k+1)\frac{\pi}{2}$ $k\in\mathbf{Z}$	以 π 为周期的奇函数；在 $\left(-\frac{\pi}{2},\frac{\pi}{2}\right)$ 内单调增加	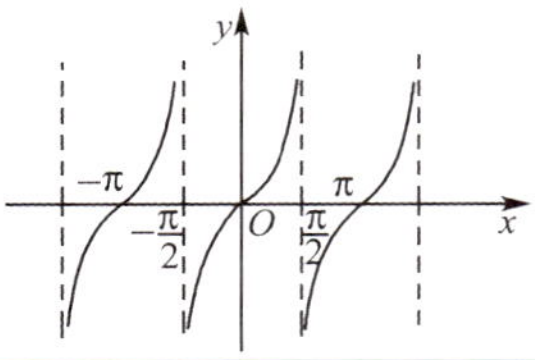
	余切函数	$y=\cot x$	$x\neq k\pi$ $k\in\mathbf{Z}$	以 π 为周期的奇函数；在 $(0,\pi)$ 内单调减少	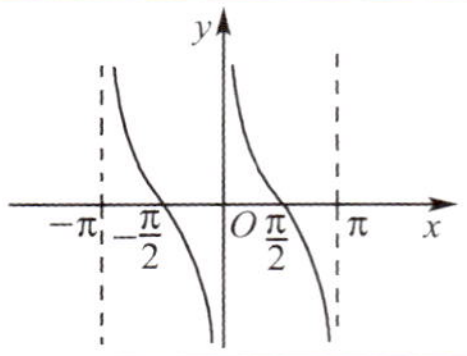
反三角函数	反正弦函数	$y=\arcsin x$	$[-1,1]$	有界 $\left(\lvert\arcsin x\rvert\leqslant\frac{\pi}{2}\right)$，单调增加的奇函数	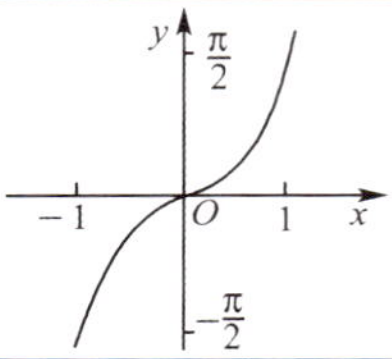
	反余弦函数	$y=\arccos x$	$[-1,1]$	有界（$0\leqslant\arccos x\leqslant\pi$），单调减函数	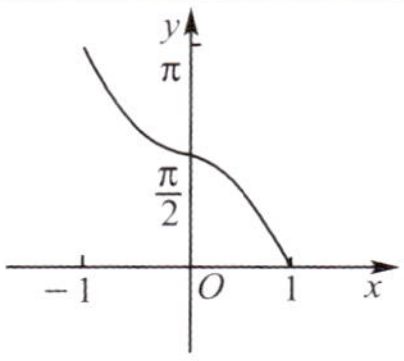
	反正切函数	$y=\arctan x$	$(-\infty,+\infty)$	有界 $\left(\lvert\arctan x\rvert<\frac{\pi}{2}\right)$，单调增加的奇函数	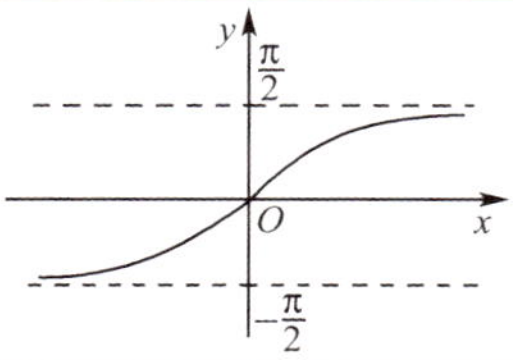
	反余切函数	$y=\operatorname{arccot} x$	$(-\infty,+\infty)$	有界（$0<\operatorname{arccot} x<\pi$），单调减函数	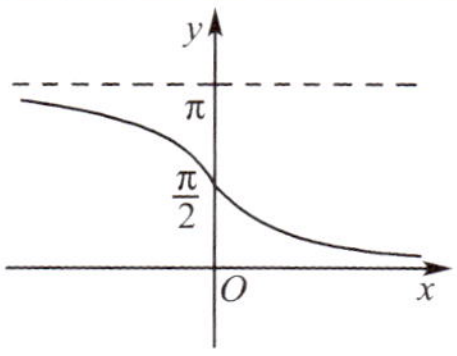

评估与测试1-1

1. 填空题

(1)函数 $y=\dfrac{1}{\sqrt{x^2-9}}$ 的定义域是________.

(2)设 $f(x)=3x+5$,则 $f[f(x)-2]=$________.

(3)设 $f(x)=\dfrac{1}{x}(x\neq 0)$,如果 $f(x)+f(y)=f(z)$,则 $z=$________.

(4)设函数 $f(x)=\begin{cases}\dfrac{1}{2}; & |x|\leqslant 1\\ 0; & |x|>1\end{cases}$,则函数 $f[f(2)]=$________.

2. 设函数 $f(x)=\begin{cases}|\sin x|; & |x|<\dfrac{\pi}{3}\\ 0; & |x|\geqslant\dfrac{\pi}{3}\end{cases}$,求 $f\left(\dfrac{\pi}{6}\right)$,$f\left(-\dfrac{\pi}{4}\right)$,$f(-2)$.

3. 下列函数由哪些基本初等函数复合而成.

(1)$y=\sin x^3$; (2)$y=\cos\dfrac{1}{x}$;

(3)$y=e^{\tan\frac{1}{x}}$; (4)$y=e^{\sqrt{x}}$;

(5)$y=\sin^2(1+2x)$; (6)$y=[\arcsin(1-x^2)]^3$.

4. 判断函数 $f(x)=\ln\dfrac{x+\sqrt{x^2+a^2}}{a}(a>0,x\in\mathbf{R})$ 的奇偶性.

5. 火车站收取行李费的规定如下:当行李不超过 50 kg 时按基本运费计算,如从北京到某地每千克收 0.30 元;当超过 50 kg 时,超重部分每千克收 0.45 元.试求某地的行李费 y(单位:元)与重量 x(单位:kg)之间的函数关系,并画出该函数的图形.

拓展阅读

勒奈·笛卡儿(René Descartes,1596—1650),法国数学家、物理学家、哲学家、解析几何的创始人.他是西方近代资产阶级哲学奠基人之一.他的哲学与数学思想对历史有着深远的影响.人们在他的墓碑上刻下了这样一句话:"笛卡儿,欧洲文艺复兴以来,第一个为人类争取并保证理性权利的人."

平面直角坐标系的前世今生

1.2 函数的极限与运算

1.2.1 函数的极限

极限是微积分中最基本的概念之一，是导数与积分概念的基础，一般用于研究在自变量的某个变化过程中函数的变化趋势.

视频：函数的极限

1. $x\to\infty$ 时函数 $f(x)$ 的极限

观察反比例函数 $y=\dfrac{1}{x}$ 的图像，如图 1-4 所示.

由图可知，当自变量 x 的绝对值无限增大时，相应的函数值 y 无限逼近常数 0.

定义 1 设函数 $f(x)$ 在 $|x|>a\ (a>0)$ 时有定义，若当 x 的绝对值无限增大时，函数 $f(x)$ 无限逼近于常数 A，则称 A 为 $x\to\infty$ 时函数 $f(x)$ 的极限，记为

$$\lim_{x\to\infty} f(x)=A \text{ 或 } f(x)\to A\ (x\to\infty).$$

由定义 1 可知，$\lim\limits_{x\to\infty}\dfrac{1}{x}=0$.

对于函数 $y=\arctan x$，其图像如图 1-5 所示.

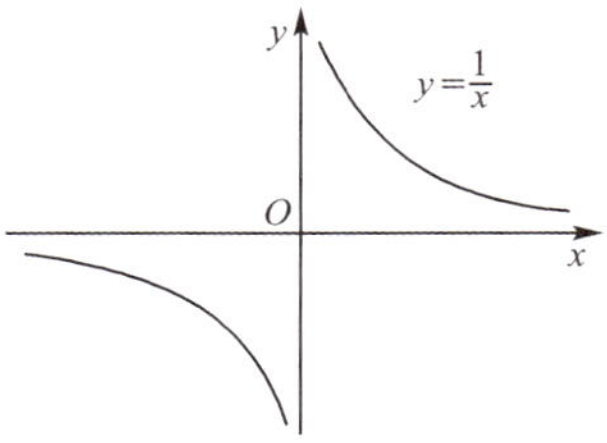

图 1-4

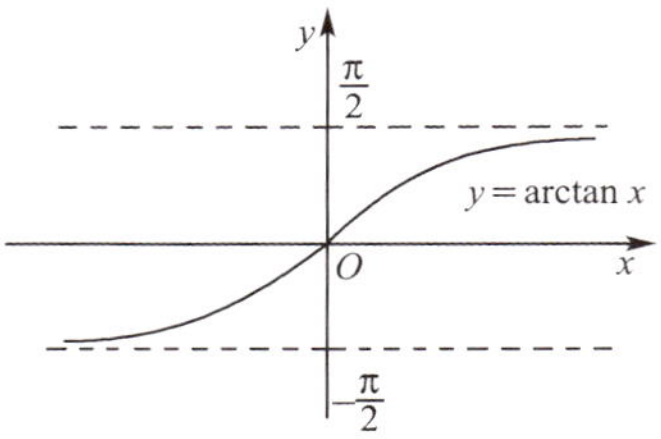

图 1-5

由图像可以看出 $\lim\limits_{x\to\infty}\arctan x$ 是不存在的，但当 $x\to+\infty$ 时 $y=\arctan x$ 无限逼近于 $\dfrac{\pi}{2}$，当 $x\to-\infty$ 时 $y=\arctan x$ 无限逼近于 $-\dfrac{\pi}{2}$. 由此给出如下定义：

定义 2 设函数 $f(x)$ 在 $x>a\ (a>0)$（或 $-x>a$）时有定义，若当 x（或 $-x$）无限增大时相应的函数值 $f(x)$ 无限逼近于常数 A，则称 A 为 $x\to+\infty$（或 $x\to-\infty$）时函数 $f(x)$ 的极限，记作

$$\lim_{x\to+\infty} f(x)=A\left(\text{或} \lim_{x\to-\infty} f(x)=A\right).$$

由定义 2 可知，$\lim\limits_{x\to+\infty}\arctan x=\dfrac{\pi}{2}$，$\lim\limits_{x\to-\infty}\arctan x=-\dfrac{\pi}{2}$.

由定义 1 和定义 2 得到如下关系：

定理 1 $\lim\limits_{x\to\infty} f(x)=A$ 的充要条件是 $\lim\limits_{x\to+\infty} f(x)=\lim\limits_{x\to-\infty} f(x)=A$.

2. $x\to x_0$ 时函数 $f(x)$ 的极限

观察当 $x\to2$ 时，函数 $f(x)=x+2$（图 1-6）和 $g(x)=\dfrac{x^2-4}{x-2}$（图 1-7）的函数值的

变化趋势.

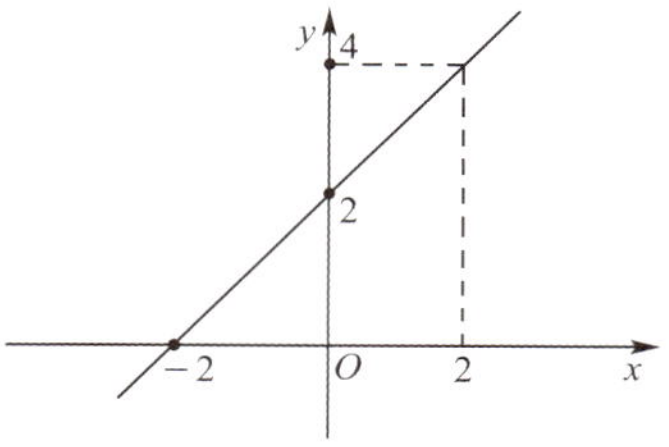

图 1-6

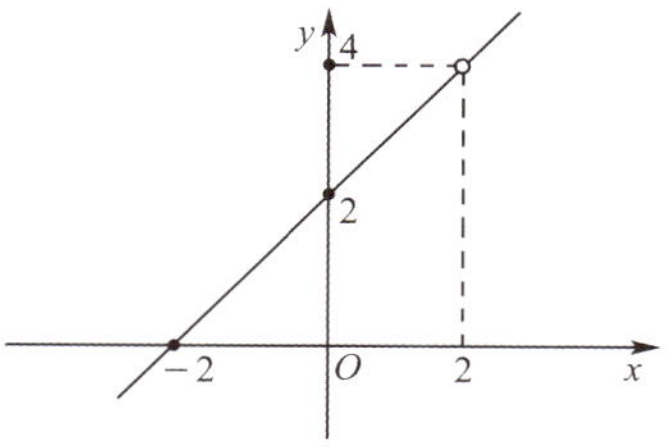

图 1-7

不难看出,当 $x\to 2$ 时,函数 $f(x)$ 与 $g(x)$ 均无限逼近于 4,函数 $f(x)$ 的数值变化如表 1-2 所示.

表 1-2　　$x\to 2$ 时 $f(x)$ 的数值变化

x	1.9	1.99	1.999	1.999 9	…	2.000 1	2.001	2.01	2.1
$f(x)$	3.9	3.99	3.999	3.999 9	…	4.000 1	4.001	4.01	4.1

当 $x\neq 2$ 时,$g(x)=\dfrac{x^2-4}{x-2}=x+2$,故其数值变化也可用表 1-2 表示.

可以看出,当 $x\to 2$ 时,$f(x)=x+2$ 的值无限逼近于 4;同理,当 $x\to 2$ 时,$g(x)=\dfrac{x^2-4}{x-2}$的值也无限逼近于 4.由此得到如下定义:

定义 3　设函数 $f(x)$在点 x_0 的某去心邻域 $N(\hat{x}_0,\delta)$内有定义.当自变量在 $x\to x_0$ 的过程中,相应的函数值 $f(x)$无限逼近于常数 A,则称 A 为函数 $f(x)$当 $x\to x_0$ 时的极限,记作

$$\lim_{x\to x_0} f(x)=A \text{ 或 } f(x)\to A(x\to x_0).$$

由定义 3,$\lim\limits_{x\to 2}(x+2)=4$,$\lim\limits_{x\to 2}\dfrac{x^2-4}{x-2}=4$.

注意:函数 $f(x)=x+2$ 与 $g(x)=\dfrac{x^2-4}{x-2}$是两个不同的函数,前者在 $x=2$ 处有定义,后者在 $x=2$ 处无定义.这就是说,当 $x\to 2$ 时,$f(x)$的极限是否存在与其在 $x=2$ 处是否有定义无关.

在定义 3 中,$x\to x_0$ 的过程中,变量 x 是由 x_0 两端分别逼近 x_0 的,但有些函数只在 x_0 的一端有定义,像对函数 $y=\ln x$ 讨论当 $x\to 0$ 的极限时,只能考虑 0 右侧的极限.因此我们引入左(右)极限定义:

定义 4　设函数 $f(x)$在 x_0 的某个左半邻域$(x_0-\delta,x_0)$(或右半邻域$(x_0,x_0+\delta)$)内有定义.当 x 从 x_0 的左侧(或右侧)趋于 x_0 时,$f(x)$无限逼近于常数 A.那么 A 称为函数 $f(x)$在 x_0 处的**左(右)极限**,记作:

$$\lim_{x\to x_0^-} f(x)=A \text{ 或 } f(x_0-0)=A,\left(\lim_{x\to x_0^+} f(x)=A \text{ 或 } f(x_0+0)=A\right).$$

由定义 4,$\lim\limits_{x\to 0^+}\ln x=-\infty$.

由定义 3 和定义 4 得到如下关系:

定理 2　$\lim\limits_{x\to x_0} f(x)=A$ 的充要条件是 $\lim\limits_{x\to x_0^+} f(x)=\lim\limits_{x\to x_0^-} f(x)=A$.

【例 1】　设函数 $f(x)=\begin{cases} x+1; & x\geqslant 0 \\ e^x; & x<0 \end{cases}$,试讨论该函数在 $x=0$ 处的极限.

解 这是一个分段函数，$x=0$ 为分段点. 由于在 $x=0$ 的两侧，函数的解析式不同，须考察左、右极限. 由图 1-8 可知

$$\lim_{x\to 0^-} f(x)=\lim_{x\to 0^-} e^x=1,$$

$$\lim_{x\to 0^+} f(x)=\lim_{x\to 0^+}(x+1)=1.$$

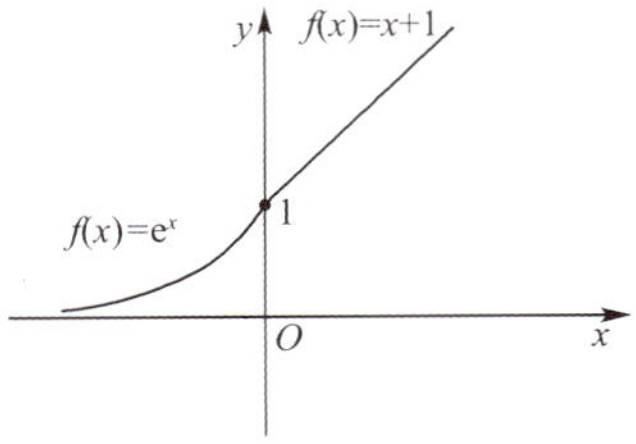

图 1-8

由于在 $x=0$ 处的左、右极限都存在且相等，所以函数 $f(x)$ 在 $x=0$ 处的极限存在，且

$$\lim_{x\to 0} f(x)=1.$$

【例 2】 设函数 $f(x)=\begin{cases}(x-1)^2; & x\geqslant 1\\ -x+2; & x<1\end{cases}$，试讨论函数在 $x=1$ 处的极限.

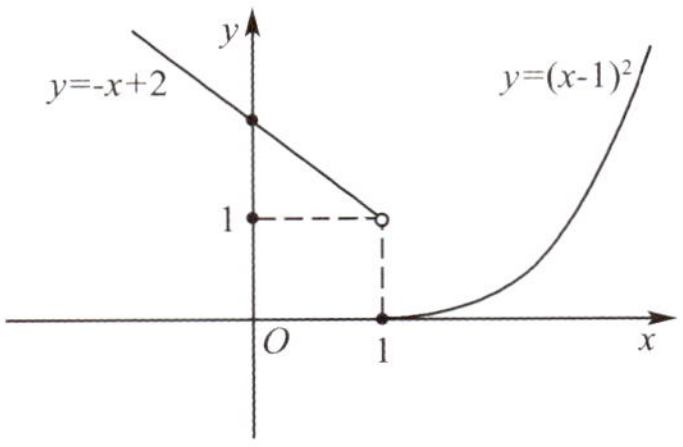

图 1-9

解 $x=1$ 是该分段函数的分段点，由图 1-9 可知

$$\lim_{x\to 1^-} f(x)=\lim_{x\to 1^-}(-x+2)=1,$$

$$\lim_{x\to 1^+} f(x)=\lim_{x\to 1^+}(x-1)^2=0.$$

由定理 2 可知，极限 $\lim\limits_{x\to 1} f(x)$ 不存在.

1.2.2 极限的运算法则

前面我们介绍了函数极限的定义，并通过观察函数图像得出了一些简单函数的极限. 但对于大多数较复杂的函数的极限，就需要通过函数极限的运算才能得到它们的值. 下面给出函数极限的运算法则.

以下在同一法则中考虑的是自变量的同一变化过程，且在自变量的同一变化过程中 $\lim f(x)$ 与 $\lim g(x)$ 都存在，则有如下运算法则：

法则 1 $\lim[f(x)\pm g(x)]=\lim f(x)\pm\lim g(x)$.

法则 2 $\lim[f(x)\cdot g(x)]=\lim f(x)\cdot\lim g(x)$.

法则 3 $\lim\dfrac{f(x)}{g(x)}=\dfrac{\lim f(x)}{\lim g(x)}(\lim g(x)\neq 0)$.

其中，法则 1、法则 2 可推广到有限多个函数的情形. 另由法则 2 可得如下推论：

推论 1 如果 $\lim f(x)$ 存在，c 为常数，则 $\lim c\cdot f(x)=c\cdot\lim f(x)$.

特别地，$\lim\limits_{x\to x_0} c=c$.

推论 2 如果 $\lim f(x)$ 存在，则 $\lim[f(x)]^n=[\lim f(x)]^n$，$n\in\mathbf{N}$.

由推论 2，$\lim\limits_{x\to x_0} x^n=x_0^n$.

【例 3】 求 $\lim\limits_{x\to 1}(x^2+3x-2)$.

解 $\lim\limits_{x\to 1}(x^2+3x-2)=\lim\limits_{x\to 1}x^2+\lim\limits_{x\to 1}3x-\lim\limits_{x\to 1}2=1+3-2=2$.

【例 4】 求 $\lim\limits_{x\to 2}\dfrac{x+2}{x^2-x+2}$.

解 因为 $\lim\limits_{x\to 2}(x^2-x+2)=4\neq 0$，所以

$$\lim_{x\to 2}\frac{x+2}{x^2-x+2}=\frac{\lim\limits_{x\to 2}(x+2)}{\lim\limits_{x\to 2}(x^2-x+2)}=1.$$

【例 5】 求$\lim\limits_{x\to 1}\dfrac{x^2+2x-3}{x^2-3x+2}$.

解 因为$\lim\limits_{x\to 1}(x^2-3x+2)=0$,故不能用法则 3.

$$\lim_{x\to 1}\frac{x^2+2x-3}{x^2-3x+2}=\lim_{x\to 1}\frac{(x-1)(x+3)}{(x-1)(x-2)}=\lim_{x\to 1}\frac{x+3}{x-2}=-4.$$

【例 6】 求$\lim\limits_{x\to\infty}\dfrac{3x^4-2x^2+1}{6x^4+x^3-5}$.

解 因为 $x\to\infty$时,分子、分母趋向于无穷大,所以不能直接用法则 3,这是"$\dfrac{\infty}{\infty}$"型的不定式.因为分子、分母关于 x 的最高次幂是 x^4,所以分子、分母可同时除以 x^4,然后取极限,得

$$\lim_{x\to\infty}\frac{3x^4-2x^2+1}{6x^4+x^3-5}=\lim_{x\to\infty}\frac{3-\dfrac{2}{x^2}+\dfrac{1}{x^4}}{6+\dfrac{1}{x}-\dfrac{5}{x^4}}=\frac{1}{2}.$$

"$\dfrac{\infty}{\infty}$"型不定式的特点是分子、分母均为多项式,其极限解法可总结如下:

$$\lim_{x\to\infty}\frac{a_0x^n+a_1x^{n-1}+\cdots+a_n}{b_0x^m+b_1x^{m-1}+\cdots+b_m}=\begin{cases}0; & n<m\\ \dfrac{a_0}{b_0}; & n=m.\\ \infty; & n>m\end{cases}$$

评估与测试1-2

1. 观察并写出下列极限值.

(1)$\lim\limits_{x\to 1}\ln x$;　　(2)$\lim\limits_{x\to\frac{\pi}{4}}\cot x$;

(3)$\lim\limits_{x\to -1}\dfrac{x^2-1}{x+1}$;　　(4)$\lim\limits_{x\to 3}(x^2-6x+8)$.

2. 设函数

$$f(x)=\begin{cases}x+4; & x<1\\ 2x+3; & x\geqslant 1\end{cases},$$

求$\lim\limits_{x\to 1^-}f(x)$与$\lim\limits_{x\to 1^+}f(x)$,问$\lim\limits_{x\to 1}f(x)$是否存在?

3. 设函数

$$f(x)=\begin{cases}x+1; & x<3\\ 0; & x=3\\ 2x-3; & x>3\end{cases},$$

利用函数极限存在的充要条件判断$\lim\limits_{x\to 3}f(x)$是否存在.

4. 求下列函数的极限.

(1) $\lim\limits_{x\to 2}(x^2+5x+3)$；

(2) $\lim\limits_{x\to 1}\dfrac{x^2-2}{2x^2+x-1}$；

(3) $\lim\limits_{x\to 2}\dfrac{x-2}{4x^2+5}$；

(4) $\lim\limits_{x\to 1}\dfrac{x^2-1}{2x^2-x-1}$；

(5) $\lim\limits_{n\to\infty}\dfrac{1+2+3+\cdots+(n+1)}{n^2}$；

(6) $\lim\limits_{n\to\infty}\left(1+\dfrac{1}{3}+\dfrac{1}{9}+\cdots+\dfrac{1}{3^n}\right)$；

(7) $\lim\limits_{x\to 1}\dfrac{\sqrt{5x-4}-\sqrt{x}}{x-1}$；

(8) $\lim\limits_{x\to 4}\dfrac{\sqrt{2x+1}-3}{\sqrt{x-2}-\sqrt{2}}$.

拓展阅读

战国中期的庄子就提出“一尺之棰，日取其半，万世不竭”，这便是早期极限思想的体现. 魏晋时期的数学家刘徽在割圆术中提出的“割之弥细，所失弥少，割之又割以至于不可割，则与圆合体而无所失矣”，更是中国古代极限思想的佳作. 众所周知，古希腊数学取得了非常高的成就，建立了严密的演绎体系. 然而，刘徽的“割圆术”却在人类历史上首次将极限和无穷小分割引入数学证明，成为人类文明史中不朽的篇章.

我国古代的极限思想

1.3 两个重要极限

视频：重要极限（一）

我们在今后的学习中经常要用到两个重要极限 $\lim\limits_{x\to 0}\dfrac{\sin x}{x}$ 和 $\lim\limits_{x\to\infty}\left(1+\dfrac{1}{x}\right)^x$.

1.3.1 $\lim\limits_{x\to 0}\dfrac{\sin x}{x}=1$

x 以弧度为单位，经计算可得表 1-3.

表 1-3 $\dfrac{\sin x}{x}$ 的计算值

x	−0.5	−0.1	−0.05	−0.01	…	0	…	0.01	0.05	0.1	0.5
$\dfrac{\sin x}{x}$	0.95885	0.99833	0.99858	0.99898	…	1	…	0.99898	0.99858	0.99833	0.95885

观察表 1-3 可以看出，当 $x\to 0$ 时，函数 $\dfrac{\sin x}{x}\to 1$，即 $\lim\limits_{x\to 0}\dfrac{\sin x}{x}=1$.

该极限在形式上有以下特点：

(1) 属于“$\dfrac{0}{0}$”型；

(2) 形式上可以写成 $\lim\limits_{\Delta\to 0}\dfrac{\sin\Delta}{\Delta}=1$，其中 Δ 表示相同的变量或相同的表达式；

(3) 它的等价形式有：$\lim\limits_{x\to 0}\dfrac{x}{\sin x}=1$ 及 $\lim\limits_{\Delta\to 0}\dfrac{\Delta}{\sin\Delta}=1$.

利用这一重要极限求下面的极限.

【例 1】 求$\lim\limits_{x\to 0}\dfrac{\sin 3x}{5x}$.

解 $\lim\limits_{x\to 0}\dfrac{\sin 3x}{5x}=\lim\limits_{x\to 0}\left(\dfrac{\sin 3x}{3x}\cdot\dfrac{3}{5}\right)=\lim\limits_{3x\to 0}\dfrac{\sin 3x}{3x}\cdot\lim\limits_{x\to 0}\dfrac{3}{5}=\dfrac{3}{5}$.

【例 2】 求$\lim\limits_{x\to 0}\dfrac{\tan x}{x}$.

解 $\lim\limits_{x\to 0}\dfrac{\tan x}{x}=\lim\limits_{x\to 0}\left(\dfrac{\sin x}{x}\cdot\dfrac{1}{\cos x}\right)=\lim\limits_{x\to 0}\dfrac{\sin x}{x}\cdot\lim\limits_{x\to 0}\dfrac{1}{\cos x}=1$.

【例 3】 求$\lim\limits_{x\to 0}\dfrac{1-\cos x}{x^2}$.

解 $\lim\limits_{x\to 0}\dfrac{1-\cos x}{x^2}=\lim\limits_{x\to 0}\dfrac{2\sin^2\dfrac{x}{2}}{x^2}=\dfrac{1}{2}\lim\limits_{\frac{x}{2}\to 0}\left(\dfrac{\sin\dfrac{x}{2}}{\dfrac{x}{2}}\right)^2=\dfrac{1}{2}$.

1.3.2 $\lim\limits_{x\to\infty}\left(1+\dfrac{1}{x}\right)^x=\mathrm{e}$

关于这个极限,我们不作理论证明,表 1-4 列出了$\left(1+\dfrac{1}{x}\right)^x$的部分数值,以观察其变化趋势.

表 1-4 $\left(1+\dfrac{1}{x}\right)^x$的计算值

x	1	10	10^2	10^3	10^4	10^5	…
$\left(1+\dfrac{1}{x}\right)^x$	2	2.593 742	2.704 814	2.716 924	2.718 146	2.718 268	…

由表 1-4 可以看出,当x无限增大时,函数$\left(1+\dfrac{1}{x}\right)^x$变化的大致趋势.可以严格地证明,当$x\to\infty$时,$\left(1+\dfrac{1}{x}\right)^x$的极限确实存在,并且是一个无理数,其值为 e=2.718 281 828…,即

$$\lim_{x\to\infty}\left(1+\frac{1}{x}\right)^x=\mathrm{e}.$$

该极限在形式上有以下特点:

(1)属于"1^∞"型;

(2)形式上可以写成$\lim\limits_{\Delta\to\infty}\left(1+\dfrac{1}{\Delta}\right)^\Delta=\mathrm{e}$,其中$\Delta$表示相同的变量或相同的表达式;

视频 重要极限(二)

(3)它的等价形式有:$\lim\limits_{\Delta\to 0}(1+\Delta)^{\frac{1}{\Delta}}=\mathrm{e}$.

利用这一重要极限求下面的极限.

【例 4】 求$\lim\limits_{x\to\infty}\left(1+\dfrac{2}{x}\right)^x$.

解 $\lim\limits_{x\to\infty}\left(1+\dfrac{2}{x}\right)^x=\lim\limits_{x\to\infty}\left(1+\dfrac{1}{\dfrac{x}{2}}\right)^x=\lim\limits_{x\to\infty}\left[\left(1+\dfrac{1}{\dfrac{x}{2}}\right)^{\frac{x}{2}}\right]^2=\mathrm{e}^2$.

【例 5】 求$\lim\limits_{x\to\infty}\left(1-\dfrac{1}{x}\right)^{x}$.

分析 $\left(1-\dfrac{1}{x}\right)^{x}$与$\left(1+\dfrac{1}{x}\right)^{x}$虽然只差一个符号，但不能直接应用第二重要极限.

解法 1 令$x=-t$，当$x\to\infty$时，$t\to\infty$，于是

$$\lim_{x\to\infty}\left(1-\frac{1}{x}\right)^{x}=\lim_{t\to\infty}\left(1+\frac{1}{t}\right)^{-t}=\lim_{t\to\infty}\frac{1}{\left(1+\dfrac{1}{t}\right)^{t}}=e^{-1}.$$

解法 2 $\lim\limits_{x\to\infty}\left(1-\dfrac{1}{x}\right)^{x}=\lim\limits_{x\to\infty}\left(1+\dfrac{1}{-x}\right)^{(-x)(-1)}=\left[\lim\limits_{-x\to\infty}\left(1+\dfrac{1}{-x}\right)^{-x}\right]^{-1}=e^{-1}$.

【例 6】 求$\lim\limits_{x\to\infty}\left(\dfrac{5-2x}{3-2x}\right)^{x}$.

解 $\left(\dfrac{5-2x}{3-2x}\right)^{x}=\left(1+\dfrac{2}{3-2x}\right)^{x}$属于“$1^{\infty}$”型，令$\dfrac{5-2x}{3-2x}=1+u$，则$x=\dfrac{3}{2}-\dfrac{1}{u}$；$x\to\infty$时，$u\to0$. 于是

$$\begin{aligned}\lim_{x\to\infty}\left(\frac{5-2x}{3-2x}\right)^{x}&=\lim_{u\to0}(1+u)^{\frac{3}{2}-\frac{1}{u}}=\lim_{u\to0}(1+u)^{\frac{3}{2}}\cdot\lim_{u\to0}\left[(1+u)^{\frac{1}{u}}\right]^{-1}\\&=\lim_{u\to0}(1+u)^{\frac{3}{2}}\cdot\left[\lim_{u\to0}(1+u)^{\frac{1}{u}}\right]^{-1}=e^{-1}.\end{aligned}$$

评估与测试1-3

1. 求下列函数的极限.

(1)$\lim\limits_{x\to0}\dfrac{2x}{\sin3x}$；　　(2)$\lim\limits_{x\to0}\dfrac{\tan4x}{x}$；

(3)$\lim\limits_{x\to0}\dfrac{\sin2x}{\tan5x}$；　　(4)$\lim\limits_{n\to\infty}3^{n}\sin\dfrac{x}{3^{n}}$（常数$x\neq0$）.

2. 求下列函数的极限.

(1)$\lim\limits_{x\to\infty}\left(1+\dfrac{2}{x}\right)^{-2x}$；　　(2)$\lim\limits_{x\to0}(1-2x)^{\frac{1}{x}}$；

(3)$\lim\limits_{x\to\infty}\left(\dfrac{2x+3}{2x+1}\right)^{x}$；　　(4)$\lim\limits_{n\to\infty}\left(1+\dfrac{x}{n}\right)^{n}$.

拓展阅读

圆周率是圆的周长与直径的比值，一般用希腊字母π(读作：pai)表示，它是一个常数(约等于3.141 592 653)，它也是一个无理数，即无限不循环小数. 在日常生活中，通常都用3.14代表圆周率进行近似计算，而用十位小数3.141 592 653应付一般计算. π也等于圆的面积与半径平方之比，是精确计算圆周长、圆面积、球体积等几何形状的关键值.

圆周率π
背后的秘密

1.4 无穷小与无穷大

1.4.1 无穷小

单摆在运动过程中，由于空气阻力和机械摩擦力的作用，其振幅随时间的增加而逐渐减小并趋于零. 在很多实际问题中，我们经常遇到此类极限为零的变量. 对于这样的变量，我们给出下面的定义：

视频：无穷小的概念

定义 1 在自变量 x 的某个变化过程中，极限为零的函数 $f(x)$ 称为**无穷小量**(简称**无穷小**).

例如，$\lim\limits_{x\to -1}(x+1)=0$，因此，$x\to -1$ 时 $x+1$ 是无穷小；$\lim\limits_{x\to\infty}\dfrac{1}{x}=0$，因此，$x\to\infty$ 时 $\dfrac{1}{x}$ 是无穷小.

一般来说，无穷小是相对于自变量的某个变化过程而言的. 由定义 1 可知，数 0 是唯一的可以作为无穷小的常数.

定理 1 $\lim\limits_{x\to x_0}f(x)=A$ 的充要条件是 $f(x)=A+\alpha(x)$，其中 $\alpha(x)$ 为 $x\to x_0$ 时的无穷小.

无穷小有如下的重要性质：

(1)有限个无穷小的代数和是无穷小.

(2)有界函数与无穷小的乘积是无穷小.

(3)有限个无穷小的乘积是无穷小.

1.4.2 无穷大

定义 2 在自变量 x 的某个变化过程中，相应的函数值的绝对值无限增大，则称此函数 $f(x)$ 为该自变量变化过程中的**无穷大量**(简称**无穷大**).

例如，$\lim\limits_{x\to 1}\dfrac{1}{x-1}=\infty$，因此，$x\to 1$ 时 $\dfrac{1}{x-1}$ 是无穷大.

当 $x\to 0^+$ 时，$\dfrac{1}{x}$ 总取正值且无限增大，所以 $x\to 0^+$ 时，$\dfrac{1}{x}$ 是正无穷大，即 $\lim\limits_{x\to 0^+}\dfrac{1}{x}=+\infty$；同理有，$\lim\limits_{x\to 0^-}\dfrac{1}{x}=-\infty$.

由无穷小和无穷大的定义，可得到它们之间的关系：

定理 2 无穷大的倒数是无穷小；非零的无穷小的倒数是无穷大.

1.4.3 无穷小的比较

观察表 1-5：

表 1-5 无穷小的比较

x	1	0.1	0.001	0.00001	$\cdots\to 0$
$3x$	3	0.3	0.003	0.00003	$\cdots\to 0$
x^2	1	0.01	0.000001	10^{-10}	$\cdots\to 0$

由表 1-5 中数据可知，当 $x\to 0$ 时，$x,3x,x^2$ 都是无穷小，但它们趋于零的速度却不一样，x^2 趋于零的速度最快. 不同无穷小趋于零速度的快慢可通过无穷小之比的极限来衡量.

定义 3 设 α 和 β 是同一自变量变化过程中的无穷小，且

$$\lim\frac{\beta}{\alpha}=c\ (c\ 为常数),$$

(1)若 $c=0$，则称 β 是比 α 高阶的无穷小，记作 $\beta=o(\alpha)$；

(2)若 $c\neq 0$，则称 β 是与 α 同阶的无穷小.

(3)特别地，若 $c=1$，则称 β 与 α 是等价无穷小，记作 $\beta\sim\alpha$.

例如，$\lim\limits_{x\to 0}\frac{x^2}{3x}=\lim\limits_{x\to 0}\frac{x}{3}=0$，由定义 3，当 $x\to 0$ 时，x^2 是比 $3x$ 高阶的无穷小. $\lim\limits_{x\to 0}\frac{3x}{x}=3$，由定义 3，当 $x\to 0$ 时，$3x$ 与 x 是同阶的无穷小. 由 1.3 节的重要极限可知，当 $x\to 0$ 时，$\sin x$ 与 x，$\tan x$ 与 x 为等价无穷小.

等价无穷小在“$\frac{0}{0}$”型的极限计算中有重要的应用.

定理 3 设 $\alpha\sim\alpha'$，$\beta\sim\beta'$，且 $\lim\frac{\beta'}{\alpha'}=A$，则 $\lim\frac{\beta}{\alpha}=\lim\frac{\beta'}{\alpha'}=A$.

证明 $\lim\frac{\beta}{\alpha}=\lim\left(\frac{\alpha'}{\alpha}\cdot\frac{\beta'}{\alpha'}\cdot\frac{\beta}{\beta'}\right)=\lim\frac{\alpha'}{\alpha}\cdot\lim\frac{\beta'}{\alpha'}\cdot\lim\frac{\beta}{\beta'}=\lim\frac{\beta'}{\alpha'}=A.$

由定理 3 可见，在求“$\frac{0}{0}$”型的极限时，可使用等价无穷小的代换，简化极限的计算. 为方便大家使用等价无穷小的代换计算极限，现补充几个常用的等价无穷小($x\to 0$)：$\sin x\sim x$，$\tan x\sim x$，$\arcsin x\sim x$，$\ln(1+x)\sim x$，$e^x-1\sim x$，$1-\cos x\sim\frac{x^2}{2}$，$(1+x)^n-1\sim nx$ 等.

【例】 利用等价无穷小的代换计算下列极限.

(1)$\lim\limits_{x\to 0}\frac{\tan 3x}{\sin x}$； (2)$\lim\limits_{x\to 0}\frac{(1-\cos\sqrt{x})\ln(1+x)}{\sqrt{1+x^2}-1}$.

解 (1)因 $\sin x\sim x$，$\tan 3x\sim 3x$，故

$$\lim_{x\to 0}\frac{\tan 3x}{\sin x}=\lim_{x\to 0}\frac{3x}{x}=3.$$

(2)因 $\sqrt{1+x^2}-1=(1+x^2)^{\frac{1}{2}}-1\sim\frac{1}{2}x^2$，$1-\cos\sqrt{x}\sim\frac{(\sqrt{x})^2}{2}=\frac{x}{2}$，$\ln(1+x)\sim x$，故

$$\lim_{x\to 0}\frac{(1-\cos\sqrt{x})\ln(1+x)}{\sqrt{1+x^2}-1}=\lim_{x\to 0}\frac{\frac{x}{2}\cdot x}{\frac{1}{2}x^2}=1.$$

评估与测试1-4

1. 求下列函数的极限.

(1) $\lim\limits_{x\to 0}x\sin\dfrac{1}{x}$；　　(2) $\lim\limits_{x\to\infty}\dfrac{\sin x}{x}$；

(3) $\lim\limits_{x\to\infty}\dfrac{1}{1+x^2}$；　　(4) $\lim\limits_{x\to 1}\dfrac{x+4}{x-1}$.

2. 利用等价无穷小的代换求下列极限.

(1) $\lim\limits_{x\to 0}\dfrac{\sin 3x}{\sin x}$；　　(2) $\lim\limits_{x\to 0}\dfrac{1-\cos 2x}{\sin x\cdot\tan x}$；

(3) $\lim\limits_{x\to 0}\dfrac{\ln(1+x)}{\sqrt{1+x}-1}$；　　(4) $\lim\limits_{x\to 0}\dfrac{\tan x-\sin x}{x^3}$.

拓展阅读

数字嵌入诗词，早已有之. 音乐家说：数学是世界上最和谐的音符；植物学家说：世界上没有比数学更美的花朵；哲学家说：你可以不相信上帝，但你必须相信数学；世界什么都在变，唯有数学是永恒的.

当数学遇上古诗词，会碰撞出怎样的火花？

数学和古典诗词的意境

1.5　函数的连续性

为了以后深入地研究函数的微分和积分，我们需要探讨连续函数.

自然界中有很多现象，如气温的变化、植物的生长、声音的传播等，一般都是连续变化的. 这种现象在函数关系上的反映，就是函数的连续性. 从图像上看，在某个区间具有连续性函数 $y=f(x)$ 的图形是一条连续不间断的曲线.

1.5.1　函数连续的概念

1. 函数的增量

对于函数 $y=f(x)$，$\Delta y=f(x_0+\Delta x)-f(x_0)$ 为函数在 x_0 处的增量. 显然，函数的增量 Δy 是由自变量的增量 Δx 引起的，自变量的增量和函数的增量都可以是正数、负数或零.

2. 函数连续性的定义

定义 1　设函数 $y=f(x)$ 在点 x_0 的某一个邻域内有定义，如旲当自变量的增量

$\Delta x=x-x_0$ 趋于零时，对应的函数的增量 $\Delta y=f(x_0+\Delta x)-f(x_0)$ 也趋于零，即

$$\lim_{\Delta x\to 0}\Delta y=0 \text{ 或 } \lim_{\Delta x\to 0}[f(x_0+\Delta x)-f(x_0)]=0,$$

那么我们就称 $y=f(x)$ 在点 x_0 处连续，x_0 称为函数 $f(x)$ 的连续点.

由于 $\Delta x=x-x_0$，因此当 $\Delta x\to 0$ 时，$x\to x_0$，而

$$\Delta y=f(x_0+\Delta x)-f(x_0)=f(x)-f(x_0).$$

故 $\Delta x\to 0$ 时，$\Delta y\to 0$ 可化为：$x\to x_0$ 时，$f(x)\to f(x_0)$. 所以，函数 $y=f(x)$ 在点 x_0 处连续的定义又可叙述为：

定义 2 设函数 $y=f(x)$ 在点 x_0 的某一个邻域内有定义，如果当 $x\to x_0$ 时，函数 $f(x)$ 的极限存在且等于它在点 x_0 处的函数值 $f(x_0)$，即 $\lim\limits_{x\to x_0}f(x)=f(x_0)$，那么我们就称 $y=f(x)$ 在点 x_0 处连续.

从几何上看，连续函数 $y=f(x)$ 的图形是一条连续不间断的曲线.

一般地，如果函数 $y=f(x)$ 在开区间 (a,b) 内任一点处连续，就说函数 $f(x)$ 在开区间 (a,b) 内连续，并称区间 (a,b) 为函数 $f(x)$ 的连续区间.

3. 左连续和右连续

如果 $\lim\limits_{x\to x_0^-}f(x)=f(x_0)$，则称函数 $f(x)$ 在点 x_0 处左连续，如果 $\lim\limits_{x\to x_0^+}f(x)=f(x_0)$，则称函数 $f(x)$ 在点 x_0 处右连续.

显然，函数 $f(x)$ 在点 x_0 处连续当且仅当函数 $f(x)$ 在点 x_0 处既是左连续的又是右连续的.

1.5.2 初等函数的连续性

由基本初等函数的图像可以直观地看出，基本初等函数在它们的定义域内都是连续的.

因为初等函数是由基本初等函数和常数经过有限次四则运算或复合运算而得的，所以我们有：一切初等函数在其定义区间内都是连续的. 所谓定义区间就是包含在定义域内的区间.

该结论为我们提供了求极限的方法：如果 $f(x)$ 是初等函数，且 x_0 是 $f(x)$ 的定义区间内的点，则 $\lim\limits_{x\to x_0}f(x)=f(x_0)$，即函数 $f(x)$ 在点 x_0 处的极限值等于其在点 x_0 处的函数值.

【例 1】 计算 $\lim\limits_{x\to\frac{\pi}{2}}\ln\sin x$.

解 因为 $f(x)=\ln\sin x$ 是初等函数，$\frac{\pi}{2}\in(0,\pi)$，所以有

$$\lim_{x\to\frac{\pi}{2}}\ln\sin x=\ln\sin\frac{\pi}{2}=0.$$

【例 2】 计算 $\lim\limits_{x\to 0}\dfrac{\log_a(1+x)}{x}$.

解 $\lim\limits_{x\to 0}\dfrac{\log_a(1+x)}{x}=\lim\limits_{x\to 0}\log_a(1+x)^{\frac{1}{x}}=\log_a e=\dfrac{1}{\ln a}$.

1.5.3 函数的间断点

设函数 $f(x)$在 x_0 的某去心邻域内有定义，由连续的定义 2，如果函数 $f(x)$有下列三种情形之一：

(1)在 $x=x_0$ 处没有定义；

(2)虽在 $x=x_0$ 处有定义，但 $\lim\limits_{x \to x_0} f(x)$不存在；

(3)虽在 $x=x_0$ 处有定义，且 $\lim\limits_{x \to x_0} f(x)$存在，但 $\lim\limits_{x \to x_0} f(x) \neq f(x_0)$.

视频：间断点的分类

则函数 $f(x)$在点 x_0 处不连续，点 x_0 称为函数 $f(x)$的**不连续点**或**间断点**.

下面我们举例来说明函数间断点的几种常见类型.

【例 3】 函数 $f(x)=\tan x$ 在点 $x=\dfrac{\pi}{2}$ 处没有定义，所以点 $x=\dfrac{\pi}{2}$ 是函数 $\tan x$ 的间断点，因 $\lim\limits_{x \to \frac{\pi}{2}} \tan x=\infty$，我们称 $x=\dfrac{\pi}{2}$ 为函数 $\tan x$ 的**无穷间断点**(图 1-10).

【例 4】 函数 $f(x)=\sin\dfrac{1}{x}$ 在点 $x=0$ 处没有定义；当 $x \to 0$ 时，函数值在 -1 与 $+1$ 之间变动无限多次(图 1-11)，所以点 $x=0$ 称为函数 $f(x)=\sin\dfrac{1}{x}$ 的**振荡间断点**.

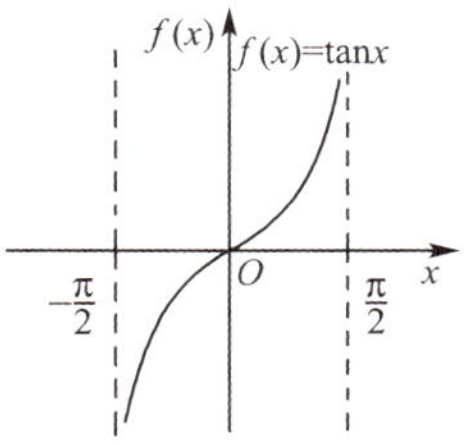

图 1-10

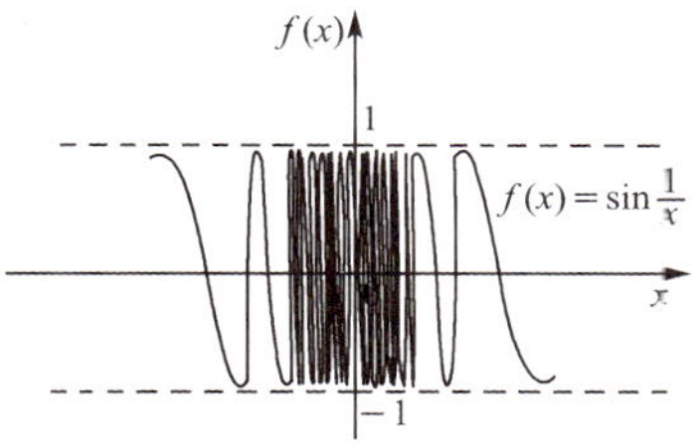

图 1-11

【例 5】 函数 $f(x)=\dfrac{x^2-1}{x-1}$ 在点 $x=1$ 处没有定义，所以函数在点 $x=1$ 处不连续(图 1-12).

但这里 $\lim\limits_{x \to 1} \dfrac{x^2-1}{x-1}=\lim\limits_{x \to 1}(x+1)=2$. 如果补充定义：令 $x=1$ 时 $f(1)=2$，则所给函数在 $x=1$ 成为连续，所以 $x=1$ 称为函数的**可去间断点**.

【例 6】 函数

$$f(x)=\begin{cases} x-1; & x<0 \\ 0; & x=0 \\ x+1; & x>0 \end{cases},$$

这里，当 $x \to 0$ 时，$\lim\limits_{x \to 0^-} f(x)=\lim\limits_{x \to 0^-}(x-1)=-1$，$\lim\limits_{x \to 0^+} f(x)=\lim\limits_{x \to 0^+}(x+1)=1$，左右极限虽都存在，但并不相等，故极限 $\lim\limits_{x \to 0} f(x)$不存在，所以点 $x=0$ 是函数 $f(x)$的间断点(图 1-13)，因 $f(x)$的图形在 $x=0$ 处产生跳跃现象，我们称 $x=0$ 为函数 $f(x)$的**跳跃间断点**.

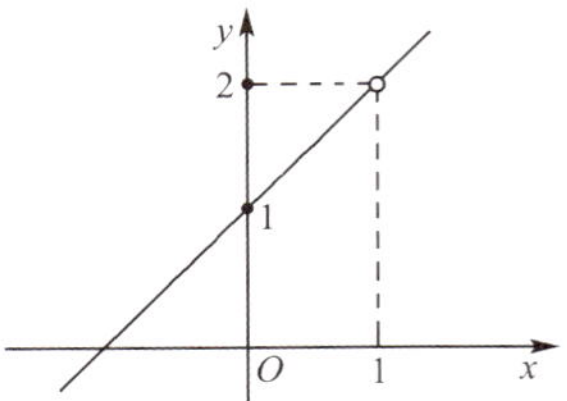

图 1-12

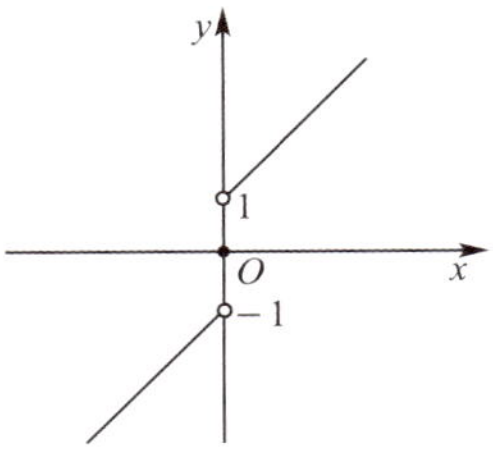

图 1-13

以上举了一些间断点的例子.一般地,我们把间断点根据左、右极限的情况分成两类:如果 x_0 是函数 $f(x)$ 的间断点,并且函数在该点处的左极限 $f(x_0-0)$ 及右极限 $f(x_0+0)$ 都存在,那么称 x_0 为函数 $f(x)$ 的**第一类间断点**;不是第一类间断点的任何间断点,我们称之为**第二类间断点**.特别地,在第一类间断点中,左、右极限相等者我们称之为可去间断点,不相等者我们称之为跳跃间断点,无穷间断点和振荡间断点都是第二类间断点.

显然,例 3、例 4 中的间断点是第二类间断点,例 5、例 6 中的间断点是第一类间断点.

1.5.4 闭区间上连续函数的性质

下面我们简单介绍闭区间上连续函数的一些重要的性质.

性质 1(**最值定理**) 闭区间上的连续函数必有最大值和最小值.

也就是说,如果函数 $f(x)$ 是闭区间 $[a,b]$ 上的连续函数,那么至少有一点 $\xi_1\in[a,b]$,使 $f(\xi_1)$ 是 $f(x)$ 在 $[a,b]$ 上的最大值,又至少有一点 $\xi_2\in[a,b]$,使 $f(\xi_2)$ 是 $f(x)$ 在 $[a,b]$ 上的最小值.

这里要求连续函数所在的区间必须是闭区间,这一点很重要,因为我们常常可以发现在开区间上连续的函数没有最值的情形,如开区间 (a,b) 内的函数 $f(x)=x$ 就是一个例子.

性质 2(**有界定理**) 在闭区间 $[a,b]$ 上连续的函数一定在该区间上有界.

由性质 1 易证得.

性质 3(**介值定理**) 闭区间上连续的函数必取得介于最大值与最小值之间的一切值.

性质 4(**零点定理**) 如果函数 $f(x)$ 在闭区间 $[a,b]$ 上连续,且 $f(a)$ 与 $f(b)$ 异号,即 $f(a)\cdot f(b)<0$,那么函数 $f(x)$ 在开区间 $[a,b]$ 内至少有一个零点,即至少存在一点 $\xi(a<\xi<b)$ 使

$$f(\xi)=0.$$

由性质 3 易证得.从几何上讲,如果函数 $f(x)$ 在闭区间 $[a,b]$ 上的图形是一条连续曲线,其两个端点分别位于 x 轴的上、下两侧,那么这条曲线与 x 轴至少有一个交点.

【例 7】 证明方程 $x^5-x^2+2x-1=0$ 在区间 $(0,1)$ 内至少有一个根.

证明 首先需要把方程的根的问题转化为函数的零值点问题.为此,设辅助函数 $f(x)=x^5-x^2+2x-1$,则函数 $f(x)$ 在闭区间 $[0,1]$ 上连续,又 $f(0)=-1$,$f(1)=1$,据零点定理,至少有一个 $\xi\in(0,1)$ 使 $f(\xi)=0$,即方程 $x^5-x^2+2x-1=0$ 在 $(0,1)$ 内至少有一个实根 ξ.

评估与测试1-5

1. 函数 $f(x)=\begin{cases}x^2-1; & x\leqslant 1\\ x+1; & x>1\end{cases}$，在 $x=\dfrac{1}{2}$，$x=1$，$x=2$ 处是否连续.

2. 设 $f(x)=\begin{cases}e^x; & x<0\\ a+x; & x\geqslant 0\end{cases}$，问 a 为何值时函数 $f(x)$ 在 $x=0$ 处连续.

3. 讨论下列函数在 $x=0$ 处的连续性.

(1) $f(x)=\begin{cases}\dfrac{\sin x}{|x|}; & x\neq 0\\ 1; & x=0\end{cases}$；　(2) $f(x)=\begin{cases}e^{-\frac{1}{x^2}}; & x\neq 0\\ 0; & x=0\end{cases}$.

4. 指出下列各函数的间断点，并判断间断点的类型.

(1) $f(x)=\begin{cases}\dfrac{x^2-4}{x-2}; & x\neq 2\\ 0; & x=2\end{cases}$；　(2) $f(x)=\begin{cases}x-2; & x<1\\ 0; & x=1\\ x; & x>1\end{cases}$；

(3) $f(x)=\dfrac{1}{\sin x}$；　(4) $f(x)=\cos\dfrac{1}{x}$.

5. 证明方程 $x=2\sin x+1$ 至少有一个正根小于 3.

拓展阅读

冯如是我国杰出的科学家，第一个飞机设计师、制造者和飞行家. 1909 年 9 月 21 日冯如驾驶自制的飞机翱翔在奥克兰的上空. 这震惊了西方世界，在中国航空史上写下了光辉的一页. 之后，冯如谢绝美国的高薪延聘，回国创办了飞机制造公司，致力于祖国的航空事业. 直至 1912 年 8 月 25 日，在广州作飞行表演时失事牺牲，年仅 29 岁.

冯如和他的飞机之梦

第1章参考答案

第 2 章 导数与微分

数学中研究导数、微分及其应用的部分称为微分学,研究不定积分、定积分及其应用的部分称为积分学.微分学与积分学统称为微积分学.微积分是高等数学最基本、最重要的组成部分,是现代数学许多分支的基础,是人类认识客观世界、探索宇宙奥秘乃至人类自身的典型数学模型之一.恩格斯曾指出:"在一切理论成就中,未必再有什么能像 17 世纪下半叶时微积分的发明那样被看作人类精神的最高胜利了."微积分的发展历史曲折跌宕、撼人心灵,是培养人类正确世界观、科学方法和对人们进行文化熏陶的极好素材.积分的雏形可追溯到古希腊和我国魏晋时期,但微分概念直至 16 世纪才应运而生.本章及下一章将介绍一元函数微分学及其应用.

学习目标

素质目标

(1)学习具体到抽象、特殊到一般的思维方法;

(2)领悟极限思想,提高类比、归纳、抽象概括的思维能力.

知识目标

(1)理解导数与微分的概念和意义;

(2)熟练掌握导数基本公式、求导法则和求导方法;

(3)熟练掌握微分的运算法则和近似计算.

能力目标

(1)能熟练计算初等函数的导数与微分;

(2)能够计算隐函数及参数方程确定的函数的导数;

(3)能够计算一些初等函数的高阶导数.

2.1 导数的概念

2.1.1 两个实例

1. 变速直线运动的瞬时速度

设一质点在数轴上运动，s 表示时刻 t 时质点的坐标. 显然，s 是 t 的函数，表示为 $s=s(t)$.

如果质点是匀速运动，则其速度 v 就是质点所经过的路程除以所经过的时间. 如果质点是非匀速运动，就是说质点在不同时刻速度是不同的，那么应该怎样描述时刻 t_0 的速度（称为瞬时速度）呢？

当自变量 t 获得增量 Δt 时，物体的位置函数 s 相应地有增量

$$\Delta s=s(t_0+\Delta t)-s(t_0),$$

于是比值

$$\frac{\Delta s}{\Delta t}=\frac{s(t_0+\Delta t)-s(t_0)}{\Delta t},$$

就是物体在 t_0 到 $t_0+\Delta t$ 这段时间内的平均速度，记作 $\overline{v}$，即

$$\overline{v}=\frac{\Delta s}{\Delta t}=\frac{s(t_0+\Delta t)-s(t_0)}{\Delta t}.$$

由于变速运动的速度通常是连续变化的，所以从整体来看，运动是变速的，但从局部来看，在一段很短的时间 Δt 内，速度变化不大，可以近似地看作是匀速的，因此当 $|\Delta t|$ 很小时，$\overline{v}$ 可作为物体在时刻 t_0 的瞬时速度的近似值.

很明显，$|\Delta t|$ 越小，$\overline{v}$ 就越接近物体在时刻 t_0 的瞬时速度，$|\Delta t|$ 无限小时，$\overline{v}$ 就无限接近于物体在时刻 t_0 的瞬时速度，即

$$v(t_0)=\lim_{\Delta t\to 0}\overline{v}=\lim_{\Delta t\to 0}\frac{\Delta s}{\Delta t}=\lim_{\Delta t\to 0}\frac{s(t_0+\Delta t)-s(t_0)}{\Delta t}.$$

这就是说，物体运动的瞬时速度是位置函数的增量和时间的增量之比在时间增量趋于零时的极限.

变速直线运动物体的瞬时速度也反映了路程 s 对时间 t 变化快慢的程度，因此，瞬时速度 $v(t_0)$ 又称为路程 $s=s(t_0)$ 在时刻 t_0 的变化率.

2. 平面曲线的切线斜率

设 $P(x_0,y_0)$ 为曲线 $y=f(x)$ 上的一定点，在曲线上另取一动点 $Q(x_0+\Delta x,y_0+\Delta y)$，作割线 PQ，设其倾角（割线与 x 轴正向的夹角）为 φ（图 2-1）. 割线 PQ 的斜率为

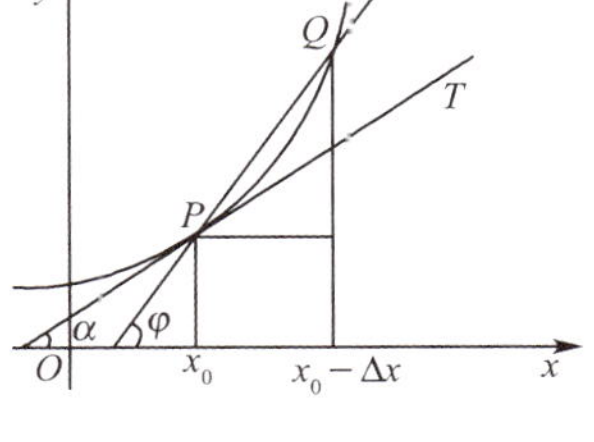

图 2-1

$$\tan\varphi=\frac{\Delta y}{\Delta x}=\frac{f(x_0+\Delta x)-f(x_0)}{\Delta x}.$$

设动点 Q 沿曲线趋向于定点 P，即 $\Delta x\to 0$ 时，割线 PQ 也随之变化而趋向于其极限位置——直线 PT. 我们称直线 PT 为曲线在点 P 处的切线. 显见，此时倾角 φ 趋向于切线

PT 的倾角 α，因此，切线 PT 的斜率为

$$\tan\alpha=\lim_{\Delta x\to 0}\tan\varphi=\lim_{\Delta x\to 0}\frac{\Delta y}{\Delta x}=\lim_{\Delta x\to 0}\frac{f(x_0+\Delta x)-f(x_0)}{\Delta x}.$$

这就是说，曲线的切线斜率是函数的增量与自变量的增量之比在 Δx 趋向于零时的极限.

曲线 $y=f(x)$ 在点 P 的切线斜率反映了曲线在点 P 处升降的快慢速度. 所以，切线的斜率又称为曲线 $y=f(x)$ 在点 $x=x_0$ 处的变化率.

2.1.2 导数的定义

上面我们讨论了变速直线运动的速度和平面曲线的切线斜率. 它们都是当自变量的增量趋向于零时，函数的增量与自变量的增量之比的极限. 在自然科学和工程技术问题中，还有很多其他的量具有这种数学形式. 如果抽去这些问题的实际意义，抓住它们在数量关系上的共性，就得出函数导数的概念.

1. 导数

设函数 $y=f(x)$ 在点 x_0 的某一邻域内有定义，当自变量 x 在 x_0 处有增量 Δx（$\Delta x\neq 0$，$x_0+\Delta x$ 仍在此邻域内）时，相应的函数有增量 $\Delta y=f(x_0+\Delta x)-f(x_0)$，如果 Δy 与 Δx 之比 $\frac{\Delta y}{\Delta x}$ 在 $\Delta x\to 0$ 时，极限

$$\lim_{\Delta x\to 0}\frac{\Delta y}{\Delta x}=\lim_{\Delta x\to 0}\frac{f(x_0+\Delta x)-f(x_0)}{\Delta x}$$

存在，则称这个极限值为**函数 $y=f(x)$ 在点 x_0 的导数**. 并且说，函数 $y=f(x)$ 在点 x_0 处可导，记作 $f'(x_0)$，也可记为

$$y'\Big|_{x=x_0},\ \frac{\mathrm{d}f(x)}{\mathrm{d}x}\Big|_{x=x_0}\ \text{或}\ \frac{\mathrm{d}y}{\mathrm{d}x}\Big|_{x=x_0},$$

即

$$f'(x_0)=\lim_{\Delta x\to 0}\frac{\Delta y}{\Delta x}=\lim_{\Delta x\to 0}\frac{f(x_0+\Delta x)-f(x_0)}{\Delta x}.$$

视频：导数的概念

如果极限不存在，我们说函数 $y=f(x)$ 在点 x_0 处不可导.

如果固定 x_0，令 $x_0+\Delta x=x$，则当 $\Delta x\to 0$ 时，有 $x\to x_0$，故函数在 x_0 处的导数 $f'(x_0)$ 也可表示为

$$f'(x_0)=\lim_{x\to x_0}\frac{f(x)-f(x_0)}{x-x_0}.$$

有了导数这个概念，前面两个问题可以重述为：

(1) 变速直线运动在时刻 t_0 的瞬时速度，就是位置函数 $s=s(t)$ 在 t_0 处对时间 t 的导数，即

$$v(t_0)=\frac{\mathrm{d}s}{\mathrm{d}t}\Big|_{t=t_0}.$$

(2) 平面曲线上点 (x_0,y_0) 处的切线斜率是曲线纵坐标 y 在该点对横坐标 x 的导数，即

$$k=\tan\alpha=\frac{\mathrm{d}y}{\mathrm{d}x}\Big|_{x=x_0}.$$

2. 左导数与右导数

既然导数是比值$\frac{\Delta y}{\Delta x}$当 $\Delta x \to 0$ 时的极限，那么，下面两极限

$$\lim_{\Delta x \to 0^-} \frac{\Delta y}{\Delta x} = \lim_{\Delta x \to 0^-} \frac{f(x_0+\Delta x)-f(x_0)}{\Delta x},$$

$$\lim_{\Delta x \to 0^+} \frac{\Delta y}{\Delta x} = \lim_{\Delta x \to 0^+} \frac{f(x_0+\Delta x)-f(x_0)}{\Delta x},$$

分别叫作函数 $f(x)$在点 x_0 处的**左导数和右导数**，且分别记为 $f'_-(x_0)$和 $f'_+(x_0)$.

根据左右极限的性质，我们有下面定理：

定理 1 函数 $y=f(x)$在点 x_0 的左右导数存在且相等是 $f(x)$在点 x_0 处可导的充分必要条件.

如果函数 $y=f(x)$在区间(a,b)内每一点都可导，称 $y=f(x)$在区间(a,b)内可导.

如果 $f(x)$在(a,b)内可导，那么(a,b)中的每一个确定的 x 值，对应着一个确定的导数值 $f'(x)$，这样就确定了一个新的函数，此函数称为函数 $y=f(x)$的导函数. 记作 $f'(x)$，y'，$\frac{\mathrm{d}y}{\mathrm{d}x}$或$\frac{\mathrm{d}f(x)}{\mathrm{d}x}$，在不致发生混淆的情况下，导函数也简称导数.

显然，函数 $y=f(x)$在点 x_0 处的导数 $f'(x_0)$，就是导函数 $f'(x)$在点 $x=x_0$ 处的函数值，即

$$f'(x_0)=f'(x)\Big|_{x=x_0}.$$

由导数的定义，求函数 $y=f(x)$在 x 处的导数，可概括为以下三个步骤：

(1)求函数的增量：$\Delta y=f(x+\Delta x)-f(x)$；

(2)计算比值：$\frac{\Delta y}{\Delta x}=\frac{f(x+\Delta x)-f(x)}{\Delta x}$；

(3)取极限：$y'=\lim\limits_{\Delta x \to 0}\frac{\Delta y}{\Delta x}=\lim\limits_{\Delta x \to 0}\frac{f(x+\Delta x)-f(x)}{\Delta x}$.

【例 1】 求函数 $y=x^2$ 在任意点 x 处的导数.

解

$$\Delta y=f(x+\Delta x)-f(x)=(x+\Delta x)^2-x^2=2x\Delta x+(\Delta x)^2,$$

$$\frac{\Delta y}{\Delta x}=2x+\Delta x,$$

所以

$$\lim_{\Delta x \to 0}\frac{\Delta y}{\Delta x}=\lim_{\Delta x \to 0}(2x+\Delta x)=2x,$$

即

$$(x^2)'=2x.$$

一般地，当 $n\in \mathbf{N}$，$x\in \mathbf{R}$，用类似例 1 的方法，有$(x^n)'=nx^{n-1}$.

更一般地，对于幂函数 x^μ 的导数，有如下公式：

$(x^\mu)'=\mu x^{\mu-1}$，其中 μ 为任意实数.

例如，

$$(\sqrt{x})'=(x^{\frac{1}{2}})'=\frac{1}{2}x^{\frac{1}{2}-1}=\frac{1}{2\sqrt{x}},$$

$$\left(\frac{1}{x}\right)'=(x^{-1})'=-x^{-2}=-\frac{1}{x^2}.$$

【例 2】 求 $y=\sin x$ 的导函数.

解
$$\Delta y=\sin(x+\Delta x)-\sin x=2\cos\left(x+\frac{\Delta x}{2}\right)\sin\frac{\Delta x}{2},$$
所以
$$y'=\lim_{\Delta x\to 0}\frac{\Delta y}{\Delta x}=\lim_{\Delta x\to 0}\cos\left(x+\frac{\Delta x}{2}\right)\frac{\sin\frac{\Delta x}{2}}{\frac{\Delta x}{2}}=\cos x,$$
即
$$(\sin x)'=\cos x.$$
类似地有
$$(\cos x)'=-\sin x.$$

【例 3】 求 $y=\ln x$ 的导函数.

解
$$\Delta y=\ln(x+\Delta x)-\ln x=\ln\left(1+\frac{\Delta x}{x}\right),$$
注意到
$$\ln(1+\mu)\sim\mu\ (\mu\to 0),$$
得
$$y'=\lim_{\Delta x\to 0}\frac{\Delta y}{\Delta x}=\lim_{\Delta x\to 0}\frac{\ln\left(1+\frac{\Delta x}{x}\right)}{\Delta x}=\frac{1}{x},$$
即
$$(\ln x)'=\frac{1}{x}.$$

2.1.3 导数的几何意义

由曲线切线问题的讨论及导数的定义可知：函数 $y=f(x)$ 在点 x_0 处的导数 $f'(x_0)$ 表示曲线 $y=f(x)$ 在点 $(x_0,f(x_0))$ 处的切线斜率，即
$$k=f'(x_0),$$
这就是函数在一点处导数的几何意义.

若函数在点 x_0 处连续，而切线的倾角为 $\frac{\pi}{2}$，$k=\tan\frac{\pi}{2}$ 不存在，则函数 $f(x)$ 在 x_0 处不可导.

根据导数的几何意义和直线的点斜式方程，可知曲线 $y=f(x)$ 在点 (x_0,y_0) 处的切线方程为
$$y-y_0=f'(x_0)(x-x_0).$$

过切点且垂直于切线的直线称为曲线在该点的法线. 当 $f'(x_0)\neq 0$ 时，曲线 $y=f(x)$ 在点 (x_0,y_0) 处的法线方程为
$$y-y_0=-\frac{1}{f'(x_0)}(x-x_0).$$

【例 4】 求等边双曲线 $y=\frac{1}{x}$ 在点(1,1)处的切线方程和法线方程.

解 $\left(\frac{1}{x}\right)'=-\frac{1}{x^2}$,所求切线的斜率为

$$k_1=y'\Big|_{x=1}=\left(-\frac{1}{x^2}\right)\Big|_{x=1}=-1,$$

切线方程

$$y-1=-1\times(x-1),$$

即

$$x+y-2=0;$$

所求法线的斜率为

$$k_2=-\frac{1}{k_1}=1,$$

法线方程

$$y-1=1\times(x-1),$$

即

$$x-y=0.$$

视频 变化率模型

2.1.4 可导与连续的关系

可导与连续是函数在一点或区间上的两种性态,它们之间存在着必然联系.

定理 2 如果函数 $f(x)$ 在 x_0 处可导,则函数 $f(x)$ 在点 x_0 处一定连续.

证明 因为函数 $f(x)$ 在点 x_0 处可导,即 $\lim\limits_{\Delta x\to 0}\frac{\Delta y}{\Delta x}=f'(x_0)$,而由 $\Delta y=\frac{\Delta y}{\Delta x}\cdot\Delta x$ 可得

$$\lim_{\Delta x\to 0}\Delta y=\lim_{\Delta x\to 0}\frac{\Delta y}{\Delta x}\cdot\Delta x=f'(x_0)\cdot 0=0,$$

所以函数 $y=f(x)$ 在点 x_0 处连续.

上述定理的逆命题不成立,即函数 $y=f(x)$ 在点 x_0 处连续,但在 x_0 处不一定可导. 如函数 $y=x^{\frac{1}{3}}$(图 2-2)、$y=|x|$(图 2-3)均在 $x=0$ 处连续,但 $y=x^{\frac{1}{3}}$ 在这一点具有垂直于 x 轴的切线,$y=|x|$ 在这一点没有切线,故它们均在 $x=0$ 处不可导.

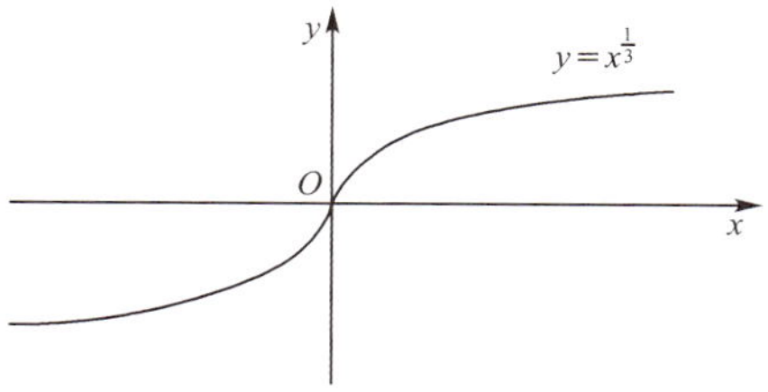

图 2-2

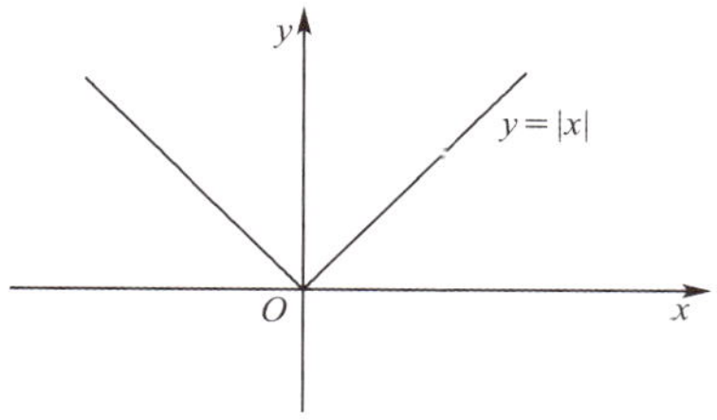

图 2-3

【例 5】 设函数

$$f(x)=\begin{cases}x\sin\frac{1}{x}; & x\neq 0\\ 0; & x=0\end{cases},$$

讨论函数 $f(x)$ 在 $x=0$ 处的连续性与可导性.

解 因为$\lim\limits_{x\to 0}f(x)=\lim\limits_{x\to 0}x\sin\dfrac{1}{x}=0=f(0)$，所以函数 $f(x)$在 $x=0$ 处连续. 由于 $x=0$ 与 $x\neq 0$ 时函数的表达式不同，因此要用导数的定义讨论 $f(x)$在 $x=0$ 的可导性. 因为

$$\lim_{\Delta x\to 0}\frac{f(0+\Delta x)-f(0)}{\Delta x}=\lim_{\Delta x\to 0}\frac{(\Delta x)\sin\dfrac{1}{\Delta x}}{\Delta x}=\lim_{\Delta x\to 0}\sin\frac{1}{\Delta x}$$

不存在，所以函数 $f(x)$在 $x=0$ 处不可导.

2.1.5 基本初等函数的导数公式

1. 基本求导公式

(1)$(C)'=0$(C 为常数)；

(2)$(x^{\mu})'=\mu x^{\mu-1}$(μ 为实数)；

(3)$(a^x)'=a^x\ln a$；

(4)$(e^x)'=e^x$；

(5)$(\log_a x)'=\dfrac{1}{x\ln a}$；

(6)$(\ln x)'=\dfrac{1}{x}$；

(7)$(\sin x)'=\cos x$；

(8)$(\cos x)'=-\sin x$；

(9)$(\tan x)'=\sec^2 x$；

(10)$(\cot x)'=-\csc^2 x$；

(11)$(\sec x)'=\sec x\tan x$；

(12)$(\csc x)'=-\csc x\cot x$；

(13)$(\arcsin x)'=\dfrac{1}{\sqrt{1-x^2}}$；

(14)$(\arccos x)'=-\dfrac{1}{\sqrt{1-x^2}}$；

(15)$(\arctan x)'=\dfrac{1}{1+x^2}$；

(16)$(\text{arccot}\, x)'=-\dfrac{1}{1+x^2}$.

评估与测试2-1

1. 填空题

(1)设函数 $f(x)$在点 x_0 处可导，则$\lim\limits_{\Delta x\to 0}\dfrac{f(x_0-\Delta x)-f(x_0)}{\Delta x}=$________；

(2)设 $f(x)=\begin{cases}x; & x<0\\ \ln(1+x); & x\geqslant 0\end{cases}$，则 $f(0)=$________，$f'(0)=$________；

(3)曲线 $y=x^3$ 在点 M_1 ________和点 M_2 ________处的切线斜率都等于 3.

2. 用导数的定义计算下列函数在指定点的导数.

(1)$y=\dfrac{1}{\sqrt{x}}$，$x_0=1$；　　(2)$y=\tan x$，$x_0=0$.

3. 用导数的定义证明：$(\cos x)'=-\sin x$.

4. 求曲线 $y=\cos x$ 上点$\left(\dfrac{\pi}{3},\dfrac{1}{2}\right)$处的切线方程和法线方程.

5. 讨论下列函数在指定点处的连续性和可导性.

(1)$f(x)=\begin{cases}x^2\sin\dfrac{1}{x}; & x\neq 0\\ 0; & x=0\end{cases}$，在 $x=0$ 处；

(2) $f(x)=\begin{cases} x+2; & 0\leqslant x<1 \\ 3x-1; & x\geqslant 1 \end{cases}$，在 $x=1$ 处.

6. 已知函数 $f(x)$ 在 $x=1$ 处连续，且 $\lim\limits_{x\to 1}\dfrac{f(x)}{x-1}=2$，求 $f'(1)$.

拓展阅读

微积分的发展经历了牛顿与莱布尼茨的优先权争议，以及随后对微积分理论的进一步严格化. 微积分的发展极大地推动了数学和其他科学领域的发展. 导数的起源和发展是一个逐渐演变的过程，涉及多位数学家的贡献. 让我们一起来了解下导数起源与发展的概述吧.

导数之缘起

2.2 导数的运算

2.2.1 导数的四则运算法则

在上一节，我们给出了根据定义求函数导数的方法. 但是，如果对每一个函数，都直接用定义去求导数，那将是很麻烦的，有时甚至是困难的. 本节我们将介绍一些求导数的基本法则. 借助于这些法则，就能比较方便地求出常见的函数——初等函数的导数.

视频：导数的乘除法则

定理 1 若函数 $u(x)$ 与 $v(x)$ 在点 x 处可导，则它们的和、差、积、商(除分母为零的点外)都在点 x 处可导，且

(1) $[u(x)\pm v(x)]'=u'(x)\pm v'(x)$；

(2) $[u(x)v(x)]'=u'(x)v(x)+u(x)v'(x)$；当 $v(x)\equiv C$(常数)时，有 $[Cu(x)]'=Cu'(x)$；

(3) $\left[\dfrac{u(x)}{v(x)}\right]'=\dfrac{u'(x)v(x)-u(x)v'(x)}{v^2(x)}$. $(v(x)\neq 0)$

下面我们给出法则(2)的证明，法则(1)、(3)留给读者证明.

证明 设 $y=u(x)v(x)$，

$$\begin{aligned}\Delta y&=u(x+\Delta x)v(x+\Delta x)-u(x)v(x)\\&=[u(x)+\Delta u][v(x)+\Delta v]-u(x)v(x)\\&=u(x)\Delta v+v(x)\Delta u+\Delta u\Delta v.\end{aligned}$$

因为 $\Delta u=u(x+\Delta x)-u(x)$，所以 $u(x+\Delta x)=u(x)+\Delta u$，同理 $v(x+\Delta x)=v(x)+\Delta v$)

$$\lim_{\Delta x\to 0}\frac{\Delta y}{\Delta x}=\lim_{\Delta x\to 0}\left(u(x)\frac{\Delta v}{\Delta x}+v(x)\frac{\Delta u}{\Delta x}+\Delta u\frac{\Delta v}{\Delta x}\right),$$

因为

$$\lim_{\Delta x\to 0}\frac{\Delta u}{\Delta x}=u'(x),\lim_{\Delta x\to 0}\frac{\Delta v}{\Delta x}=v'(x),\lim_{\Delta x\to 0}\Delta u=0,$$

所以

$$\lim_{\Delta x\to 0}\frac{\Delta y}{\Delta x}=u'(x)v(x)+u(x)v'(x).$$

即 $y=u(x)v(x)$在点 x 可导,且

$$[u(x)v(x)]'=u'(x)v(x)+u(x)v'(x).$$

注意:上述结论(1)、(2)都可以推广到有限个函数的情况,例如

$$[u(x)+v(x)-\omega(x)]'=u'(x)+v'(x)-\omega'(x),$$

$$(uv\omega)'=(uv)'\omega+(uv)\omega'=(u'v+uv')\omega+uv\omega'$$
$$=u'v\omega+uv'\omega+uv\omega'.$$

【例 1】 设 $y=\sqrt{x}\cos x+4\ln x+\sin\frac{\pi}{7}$,求 y'.

解 $y'=[\sqrt{x}\cos x]'+[4\ln x]'+\left(\sin\frac{\pi}{7}\right)'$

$=(\sqrt{x})'\cos x+\sqrt{x}(\cos x)'+4(\ln x)'$

$=\frac{\cos x}{2\sqrt{x}}-\sqrt{x}\sin x+\frac{4}{x}.$

【例 2】 求 $y=\tan x$ 的导数.

解 $y'=(\tan x)'=\left(\frac{\sin x}{\cos x}\right)'=\frac{(\sin x)'\cos x-\sin x(\cos x)'}{\cos^2 x}$

$=\frac{\cos^2 x+\sin^2 x}{\cos^2 x}=\frac{1}{\cos^2 x}=\sec^2 x.$

即

$$(\tan x)'=\sec^2 x.$$

用类似的方法可得

$$(\cot x)'=-\csc^2 x,(\sec x)'=\sec x\tan x,(\csc x)'=-\csc x\cot x.$$

【例 3】 证明:$(\log_a x)'=\frac{1}{x\ln a}$ $(a>0,a\neq 1)$.

证明 $(\log_a x)'=\left(\frac{\ln x}{\ln a}\right)'=\frac{1}{\ln a}(\ln x)'=\frac{1}{x\ln a}.$

【例 4】 设 $f(x)=\frac{\sin x}{1+\cos x}$,求 $f'(x)$及 $f'\left(\frac{\pi}{2}\right)$.

解 $f'(x)=\frac{(\sin x)'(1+\cos x)-\sin x(1+\cos x)'}{(1+\cos x)^2}$

$=\frac{\cos x(1+\cos x)+\sin^2 x}{(1+\cos x)^2}=\frac{1+\cos x}{(1+\cos x)^2}=\frac{1}{1+\cos x},$

$f'\left(\frac{\pi}{2}\right)=\frac{1}{1+\cos\frac{\pi}{2}}=1.$

2.2.2 复合函数的求导法则

在前面,我们应用导数的四则运算法则和一些基本初等函数的导数公式求出了一些比较复杂的初等函数的导数.但是,产生初等函数的方法,除了四则运算外,还有函数的复合,因而复合函数的求导法则是求初等函数的导数必不可少的工具.

关于复合函数的求导法则,我们有下面的定理:

定理 2 如果函数 $u=\varphi(x)$ 在点 x 处可导,而函数 $y=f(u)$ 在对应的点 u 处可导,那么复合函数 $y=f[\varphi(x)]$ 也在点 x 处可导,且有

$$\frac{\mathrm{d}y}{\mathrm{d}x}=\frac{\mathrm{d}y}{\mathrm{d}u}\frac{\mathrm{d}u}{\mathrm{d}x} \text{或} \{f[\varphi(x)]\}'=f'(u)\varphi'(x).$$

定理的证明从略.上式表明,求复合函数 $y=f[\varphi(x)]$ 对 x 的导数时,可先求出 $y=f(u)$ 中对中间变量 u 的导数,再求出 $u=\varphi(x)$ 中对自变量 x 的导数,然后相乘即得.

复合函数的求导法则亦称链式法则.这个法则可以推广到多个中间变量的情形.

例如,设 $y=f(u),u=\varphi(v),v=\psi(x)$ 都可导,则

$$\frac{\mathrm{d}y}{\mathrm{d}x}=\frac{\mathrm{d}y}{\mathrm{d}u}\frac{\mathrm{d}u}{\mathrm{d}v}\frac{\mathrm{d}v}{\mathrm{d}x},$$

或记为

$$\{f[\varphi(\psi(x))]\}'=f'(u)\varphi'(v)\psi'(x).$$

视频:复合函数求导法则

【例 5】 设 $y=\sin(2x+1)$,求 $\frac{\mathrm{d}y}{\mathrm{d}x}$.

解 这个函数由 $y=\sin u,u=2x+1$ 复合而成,由复合函数求导法则得

$$\frac{\mathrm{d}y}{\mathrm{d}x}=\frac{\mathrm{d}y}{\mathrm{d}u}\frac{\mathrm{d}u}{\mathrm{d}x}=(\sin u)'\cdot(2x+1)'=\cos u\cdot 2=2\cos(2x+1).$$

【例 6】 设 $y=\ln\tan x$,求 $\frac{\mathrm{d}y}{\mathrm{d}x}$.

解 这个函数由 $y=\ln u,u=\tan x$ 复合而成,由复合函数求导法则得

$$\frac{\mathrm{d}y}{\mathrm{d}x}=\frac{\mathrm{d}y}{\mathrm{d}u}\frac{\mathrm{d}u}{\mathrm{d}x}=\frac{1}{u}\cdot\sec^2x=\cot x\cdot\sec^2x=\frac{1}{\sin x\cos x}=2\csc 2x.$$

【例 7】 设 $y=\ln\cos\mathrm{e}^x$,求 $\frac{\mathrm{d}y}{\mathrm{d}x}$.

解 这个函数由 $y=\ln u,u=\cos v,v=\mathrm{e}^x$ 复合而成,因此

$$\frac{\mathrm{d}y}{\mathrm{d}x}=\frac{\mathrm{d}y}{\mathrm{d}u}\frac{\mathrm{d}u}{\mathrm{d}v}\frac{\mathrm{d}v}{\mathrm{d}x}=\frac{1}{u}\cdot(-\sin v)\cdot\mathrm{e}^x=-\mathrm{e}^x\tan\mathrm{e}^x.$$

从上面例子可以看出,运用复合函数求导法则的关键是正确选择中间变量,将所给的函数分解为若干个基本初等函数.熟练掌握法则以后,可以不必写出中间变量.

【例 8】 设 $y=\mathrm{e}^{\sin\frac{1}{x}}$,求 $\frac{\mathrm{d}y}{\mathrm{d}x}$.

解 $\frac{\mathrm{d}y}{\mathrm{d}x}=(\mathrm{e}^{\sin\frac{1}{x}})'=\mathrm{e}^{\sin\frac{1}{x}}\cdot\cos\frac{1}{x}\cdot\left(\frac{1}{x}\right)'=-\frac{1}{x^2}\mathrm{e}^{\sin\frac{1}{x}}\cos\frac{1}{x}.$

【例 9】 证明:$(x^\mu)'=\mu x^{\mu-1}(\mu\in\mathbf{R})$.

证明 因为 $x^{\mu}=e^{\mu\ln x}$，所以

$$(x^{\mu})'=(e^{\mu\ln x})'=e^{\mu\ln x}(\mu\ln x)'=\frac{\mu}{x}x^{\mu}=\mu x^{\mu-1}.$$

【例 10】 设 $y=\ln(x+\sqrt{x^2+1})$，求 y'.

解 $$y'=\frac{1}{x+\sqrt{x^2+1}}(x+\sqrt{x^2+1})'=\frac{1}{x+\sqrt{x^2+1}}[1+(\sqrt{x^2+1})']$$

$$=\frac{1}{x+\sqrt{x^2+1}}\left[1+\frac{1}{2\sqrt{x^2+1}}(x^2+1)'\right]=\frac{1}{x+\sqrt{x^2+1}}\left(1+\frac{2x}{2\sqrt{x^2+1}}\right)$$

$$=\frac{1}{\sqrt{x^2+1}}.$$

【例 11】 设 $y=\sin^n x\cdot\cos nx$，求 y'.

解 先用积的求导法则，得

$$y'=(\sin^n x)'\cos nx+\sin^n x\cdot(\cos nx)'.$$

在计算 $(\sin^n x)'$ 与 $(\cos nx)'$ 时，都要应用链式法则，由此得

$$\begin{aligned}y'&=n\sin^{n-1}x\cos x\cos nx+\sin^n x(-\sin nx)\cdot n\\&=n\sin^{n-1}x(\cos x\cos nx-\sin x\sin nx)\\&=n\sin^{n-1}x\cos(n+1)x.\end{aligned}$$

评估与测试2-2

1. 填空题

(1)设 $f(x)=\dfrac{\ln x}{2-\ln x}$，则 $f'(1)=$________；

(2)设 $y=\arccos x^2$，则 $\dfrac{dy}{dx}=$________；

(3)设 $y=\ln\cos\dfrac{1}{x}$，则 $y'=$________；

(4)设 $f(x)=\sin(x+\sin x)$，则 $f'(x)=$________.

2. 求下列函数的导数.

(1) $y=(1+x^2)\sin x$； (2) $y=\dfrac{x^5+\sqrt{x}+1}{x^3}$；

(3) $y=(2x-1)^2$； (4) $y=\dfrac{1+\cos x}{1-\cos x}$；

(5) $y=\dfrac{x\sin x}{1+\cos x}$； (6) $y=3\ln x-\dfrac{2}{x}$；

(7) $y=x\cos x\ln x$； (8) $y=\dfrac{e^x-1}{e^x+1}$.

3. 求曲线 $y=\dfrac{1}{1+x^2}$ 在点 $\left(1,\dfrac{1}{2}\right)$ 的切线和法线方程.

4. 求下列函数的导数.

(1) $y=\sin 5x$；

(2) $y=(4x+1)^5$；

(3) $y=\ln(1-x)$；

(4) $y=5e^{-2x}$；

(5) $y=\sqrt{1-2x^2}$；

(6) $y=\arctan\dfrac{x}{2}$；

(7) $y=\ln(\ln x)$；

(8) $y=\sin^3 x$；

(9) $y=\sin x^3$；

(10) $y=\ln\sqrt{\dfrac{x}{1+x^2}}$；

(11) $y=(\ln x^2)^3$；

(12) $y=\sqrt{x+\sqrt{x}}$；

(13) $y=\ln(x+\sqrt{x^2+a^2})$（a 为常数）；

(14) $y=\dfrac{x}{\sqrt{x^2-1}}$；

(15) $y=x^2\arcsin 2^x$；

(16) $y=\dfrac{e^x-e^{-x}}{e^x+e^{-x}}$；

(17) $y=e^{x\ln x}$；

(18) $y=\arctan\sqrt{x^2-1}$；

(19) $y=\sqrt[3]{1+\cos 2x}$；

(20) $y=x\arcsin\dfrac{x}{2}+\sqrt{4-x^2}$.

5. 设函数 $f(x)=x(x-1)(x-2)\cdots(x-100)$，计算 $f'(0)$.

拓展阅读

我国著名的数学家华罗庚曾就数学的应用概括说："宇宙之大、粒子之微、火箭之速、化工之巧、生物之谜、日用之繁，无处不用数学."随着计算机的诞生以及社会的信息化，数学更为显著地成为现代社会的基础知识与基本工具. 让我们一起来了解数学应用的几个神奇例子吧.

数学的神奇力量

2.3 隐函数及参数方程确定的函数的导数

2.3.1 隐函数的导数

如果变量 x、y 之间的函数关系是由方程 $F(x,y)=0$ 确定的，那么这种函数叫作由方程 $F(x,y)=0$ 所确定的隐函数. 例如，方程 $x^2-y^2=1$ 确定了 y 是 x 的隐函数. 当然也确定了 x 是 y 的隐函数.

我们可以利用函数的求导法则求出隐函数的导数. 例如 $x^2-y^2=1$ 确定了 y 是 x 的隐函数，为了求 y 对 x 的导数，可将方程两边逐项对 x 求导

$$(x^2)'_x-(y^2)'_x=(1)'_x.$$

注意到 y^2 是 y 的函数，而 y 又是 x 的函数，因此 y^2 是 x 的复合函数，对 y^2 求导时要用复合函数的求导法则，于是得 $2x-2yy'=0$，所以 $y'=\dfrac{x}{y}$.

隐函数的求导法则是：方程两边逐项对自变量求导，即可得到一个包含函数的导数（如 y'）的一次方程，然后解出 y'，从而可得隐函数的导数.

【例 1】 求由方程 $xy-e^x+e^y=0$ 所确定的隐函数的导数 $\frac{dy}{dx}$.

解 方程两边分别对 x 求导，得

$$(xy)'-(e^x)'+(e^y)'=0,$$

即

$$y+xy'-e^x+e^y\cdot y'=0,$$

解得

$$y'=\frac{e^x-y}{e^y+x},$$

即

$$\frac{dy}{dx}=\frac{e^x-y}{e^y+x}.$$

【例 2】 求由方程 $x+y=e^{xy}$ 所确定的隐函数的导数 $y'\big|_{x=0}$.

解 方程两边分别对 x 求导，得

$$1+y'=e^{xy}(y+xy'),$$

解得

$$y'=-\frac{ye^{xy}-1}{xe^{xy}-1}.$$

当 $x=0$ 时，由方程得 $y=1$. 代入上式得

$$y'\big|_{x=0}=0.$$

【例 3】 求曲线 $xy+\ln y=1$ 在点 $P(1,1)$ 处的切线方程与法线方程.

解 方程两边分别对 x 求导，得

$$y+xy'+\frac{1}{y}y'=0,$$

解得

$$y'=-\frac{y^2}{xy+1}.$$

在点 $P(1,1)$ 处，切线的斜率为 $k_{切}=y'\big|_{\substack{x=1\\y=1}}=-\frac{1}{2}$，法线的斜率 $k_{法}=-\frac{1}{k_{切}}=2$. 于是，在点 $P(1,1)$ 处的切线方程为

$$y-1=-\frac{1}{2}(x-1),$$

即

$$x+2y-3=0;$$

法线方程为

$$y-1=2(x-1),$$
即
$$2x-y-1=0.$$

2.3.2 对数求导法

根据隐函数求导法，我们还可以得到一个简化求导运算的方法. 它适合于几个因子通过乘、除、乘方、开方所构成的比较复杂的函数(包括幂指函数)的求导. 这个方法是先取对数，化乘、除为加、减，化乘方、开方为乘积，然后利用隐函数求导法求导，因此称为对数求导法.

【例 4】 求 $y=x^{\sin x}(x>0)$的导数.

解 对 $y=x^{\sin x}$ 两边取对数，得
$$\ln y=\sin x\ln x,$$
上式两边分别对 x 求导，得
$$\frac{1}{y}y'=\cos x\ln x+\frac{\sin x}{x},$$
所以
$$y'=y\left(\cos x\ln x+\frac{\sin x}{x}\right)=x^{\sin x}\left(\cos x\ln x+\frac{\sin x}{x}\right).$$

【例 5】 求函数 $y=\sqrt[3]{\dfrac{x(3x-1)}{(5x+3)(2-x)}}\left(\dfrac{1}{3}<x<2\right)$的导数.

解 对函数两边取对数，得
$$\ln y=\frac{1}{3}[\ln x+\ln(3x-1)-\ln(5x+3)-\ln(2-x)],$$
上式两边分别对 x 求导，得
$$\frac{1}{y}y'=\frac{1}{3}\left(\frac{1}{x}+\frac{3}{3x-1}-\frac{5}{5x+3}+\frac{1}{2-x}\right),$$
于是
$$y'=\frac{1}{3}\sqrt[3]{\frac{x(3x-1)}{(5x+3)(2-x)}}\left(\frac{1}{x}+\frac{3}{3x-1}-\frac{5}{5x+3}+\frac{1}{2-x}\right).$$

2.3.3 参数方程所确定的函数的导数

在解析几何中参数方程
$$\begin{cases}x=\varphi(t)\\y=\psi(t)\end{cases}$$
可以确定一个以 x 为自变量，y 为因变量的函数，称此函数关系所表示的函数为由参数方程所确定的函数.

如果函数 $x=\varphi(t)$，$y=\psi(t)$都可导，且 $\varphi'(t)\neq 0$，又 $x=\varphi(t)$具有单调连续的反函数 $t=\varphi^{-1}(x)$，则参数方程所确定的函数可以看成 $y=\psi(t)$与 $t=\varphi^{-1}(x)$复合而成的函数，根

据复合函数与反函数的求导法则，有

$$\frac{dy}{dx}=\frac{dy}{dt}\frac{dt}{dx}=\frac{dy}{dt}\frac{1}{\frac{dx}{dt}}=\psi'(t)\frac{1}{\varphi'(t)}=\frac{\psi'(t)}{\varphi'(t)}.$$

【例 6】 求摆线 $\begin{cases}x=a(t-\sin t)\\ y=a(1-\cos t)\end{cases}$ $(0\leqslant t\leqslant 2\pi)$，

(1)在任意点的切线斜率；(2)在 $t=\frac{\pi}{2}$ 处的切线方程.

解 (1)摆线在任意点的切线斜率为

$$\frac{dy}{dx}=\frac{a\sin t}{a(1-\cos t)}=\cot\frac{t}{2};$$

(2)当 $t=\frac{\pi}{2}$ 时，摆线上对应点为 $\left(a\left(\frac{\pi}{2}-1\right),a\right)$，在此点的切线斜率为

$$\left.\frac{dy}{dx}\right|_{t=\frac{\pi}{2}}=\left.\cot\frac{t}{2}\right|_{t=\frac{\pi}{2}}=1,$$

于是，切线方程为

$$y-a=x-a\left(\frac{\pi}{2}-1\right),$$

即

$$y=x+a\left(2-\frac{\pi}{2}\right).$$

评估与测试2-3

1. 求由下列方程所确定的隐函数的导数 y' 或在指定点的导数.

(1) $\sqrt{x}+\sqrt{y}=\sqrt{a}$；

(2) $\arctan\frac{y}{x}=\ln\sqrt{x^2+y^2}$；

(3) $x^2+2xy-y^2=2x$，$\left.y'\right|_{(2,0)}$；

(4) $y\sin x-\cos(x-y)=0$，$\left.y'\right|_{\left(0,\frac{\pi}{2}\right)}$.

2. 求曲线 $x^3+y^5+2xy=0$ 在点$(-1,-1)$处的切线方程.

3. 用对数求导法求下列导数.

(1) $y=(1+\cos x)^{\frac{1}{x}}$；　　(2) $y=(x-1)\sqrt[3]{\frac{(x-2)^2}{x-3}}$.

4. 求下列参数式函数的导数 $\frac{dy}{dx}$ 或在指定点的导数.

(1) $\begin{cases}x=t\cos t\\ y=t\sin t\end{cases}$；　　(2) $\begin{cases}x=t-\arctan t\\ y=\ln(1+t^2)\end{cases}$，$\left.\frac{dy}{dx}\right|_{t=1}$.

5. 已知曲线$\begin{cases}x=t^2+at+b\\ y=ce^t-e\end{cases}$在 $t=1$ 时过原点，且曲线在原点的切线平行于直线 $2x-y+1=0$，求 a,b,c.

拓展阅读

20 世纪 80 年代初，数学大师陈省身同意担任南开大学数学所所长时，他正担任着美国国家数学研究所所长. 我们从陈先生为南开数学所的建设给胡国定先生的信件中看到，内容多是介绍著名数学家来讲学，为中国学生出外留学以及争取他们回国，捐钱捐物，以及对南开未来的设想，等等. 涉及的国内外人物有 100 多人.

数学趣味故事

2.4 高阶导数

2.4.1 高阶导数的概念

我们知道，变速直线运动的速度 v 是路程 s 对时间 t 的导数，即

$$v=\frac{ds}{dt} \text{或} v=s'(t).$$

而加速度 a 又是速度 v 对时间 t 的导数，即

$$a=\frac{dv}{dt}=\frac{d}{dt}\left(\frac{ds}{dt}\right) \text{或} a=(s'(t))'.$$

这种导数的导数$\frac{d}{dt}\left(\frac{ds}{dt}\right)$或$(s'(t))'$叫作 s 对 t 的二阶导数，记作

$$\frac{d^2s}{dt^2} \text{或} s''(t).$$

所以，直线运动的加速度就是路程函数 s 对时间 t 的二阶导数.

对函数 $f(x)$的导函数 $f'(x)$再求一次导数，就叫作函数 $f(x)$的二阶导数，记作 $f''(x)$或$\frac{d^2y}{dx^2}$，即

$$f''(x)=\lim_{\Delta x\to 0}\frac{f'(x+\Delta x)-f'(x)}{\Delta x}.$$

类似地可以定义三阶、四阶、…、n 阶导数，分别记作 y'''、$y^{(4)}$、…、$y^{(n)}$ 或 $\frac{d^3y}{dx^3}$、$\frac{d^4y}{dx^4}$、…、$\frac{d^ny}{dx^n}$. y'称为一阶导数，高于一阶的导数均称为高阶导数.

2.4.2 高阶导数的求法

求高阶导数就是接连多次求导，因此可用函数的求导方法计算高阶导数，但一般函数的高阶导数的表达式是相当复杂的，现介绍几个常用函数的高阶导数.

【例 1】 求下列函数的二阶导数：

(1) $y=\cos^2\dfrac{x}{2}$；　　(2) $y=x\ln x$.

解 (1) $y'=2\cos\dfrac{x}{2}\left(-\sin\dfrac{x}{2}\right)\cdot\dfrac{1}{2}=-\dfrac{1}{2}\sin x,y''=-\dfrac{1}{2}\cos x$；

(2) $y'=\ln x+1,y''=\dfrac{1}{x}$.

【例 2】 已知函数 $y=2x^3-x^2+3$，求 $y^{(n)}$.

解 $y'=6x^2-2x,y''=12x-2,y'''=12,y^{(n)}=0(n\geqslant 4)$.

【例 3】 求 $y=x^n$ 的高阶导数.

解 $(x^n)'=nx^{n-1}$，

$(x^n)''=n(n-1)x^{n-2}$，

$(x^n)'''=n(n-1)(n-2)x^{n-3}$，

…

$(x^n)^{(n)}=n(n-1)(n-2)\cdots 2\cdot 1=n!$，

从而

$$(x^n)^{(n+1)}=(x^n)^{(n+2)}=\cdots=0.$$

【例 4】 求正弦函数 $y=\sin x$ 的 n 阶导数.

解 $y'=\cos x=\sin\left(x+\dfrac{\pi}{2}\right)$，

$y''=\cos\left(x+\dfrac{\pi}{2}\right)=\sin\left(x+2\cdot\dfrac{\pi}{2}\right)$，

$y'''=\cos\left(x+2\cdot\dfrac{\pi}{2}\right)=\sin\left(x+3\cdot\dfrac{\pi}{2}\right)$，

…

一般地，

$$(\sin x)^{(n)}=\sin\left(x+n\cdot\frac{\pi}{2}\right).$$

类似地，有

$$(\cos x)^{(n)}=\cos\left(x+n\cdot\frac{\pi}{2}\right).$$

【例 5】 已知 $x+y+\sin y=0$，求 y''.

解 方程两端对 x 求导，得

$$1+y'+\cos y\cdot y'=0,$$

解得

$$y'=-\frac{1}{1+\cos y}.$$

上式两端再对 x 求导，得

$$y''=-\frac{y'\sin y}{(1+\cos y)^2}=\frac{\sin y}{(1+\cos y)^3}.$$

【例 6】 求参数式函数

$$\begin{cases}x=a(t-\sin t)\\ y=a(1-\cos t)\end{cases}(t\neq 2n\pi,n\in\mathbf{Z})$$

的二阶导数 $\frac{d^2y}{dx^2}$.

解 由 2.3.3 节例 6 知

$$y'=\frac{dy}{dx}=\cot\frac{t}{2}(t\neq 2n\pi,n\in\mathbf{Z}).$$

求二阶导数 $\frac{d^2y}{dx^2}$ 相当于求由参数方程

$$\begin{cases}x=a(t-\sin t)\\ y'=\cot\dfrac{t}{2}\end{cases}$$

确定的函数 $y'=f'(x)$ 对 x 的导数. 由参数式函数的求导法则，有

$$\frac{d^2y}{dx^2}=\frac{dy'}{dx}=\frac{\left(\cot\frac{t}{2}\right)'}{[a(t-\sin t)]'}=-\frac{1}{a(1-\cos t)^2}\quad(t\neq 2n\pi,n\in\mathbf{Z}).$$

评估与测试2-4

1. 求下列函数的二阶导数.

(1) $y=\frac{1}{x}+2^x$；　(2) $y=\sqrt{a^2-x^2}$；

(3) $y=(1+x^2)\arctan x$；　(4) $y=\ln(x+\sqrt{1+x^2})$；

(5) $y=e^{-t}\cos 2t$；　(6) $y=xe^{x^2}$.

2. 求下列函数在指定点的二阶导数.

(1) $y=\ln(\ln x),x=e^2$；　(2) $y=\tan\frac{x}{2},x=\frac{2\pi}{3}$.

3. 求下列函数的 n 阶导数.

(1) $y=\sin^2 x$；　(2) $y=\frac{1-x}{1+x}$；

(3) $y=x\ln x$；　(4) $y=\frac{1}{x^2-1}$.

4. 求由下列方程所确定的函数 $y=y(x)$ 的二阶导数.

(1) $y^3-x^2y=2$；　(2) $y=x+\arctan y$；

(3) $\begin{cases}x=a\cos^3 t\\ y=a\sin^3 t\end{cases}$ (a 为常数)；　(4) $\begin{cases}x=\ln(1+t^2)\\ y=t-\arctan t\end{cases}$.

拓展阅读

低头并不是承认自己不如别人，而是一种不卑不亢的姿态. 也许很多人都非常出类拔萃，但不要忘记人外有人，天外有天，时时不要忘记低下自己的头，保持谦卑的态度，踏踏实实地做事，这反而让别人更看重. 真正的成功者，就算低着头，也会有光芒，一样会得到别人的尊重和敬佩.

晏婴与吕成

2.5 函数的微分

在实际问题中，我们经常要计算当自变量有一微小增量 Δx 时，相应的函数的改变量 Δy 的大小. 如果函数比较复杂，那么计算函数的改变量 $\Delta y=f(x_0+\Delta x)-f(x_0)$ 也会很复杂. 能否找到一个既简单，又有较高精确度的计算 Δy 近似值的方法，就是我们在本节将要讨论的.

视频：微分的概念

2.5.1 微分的概念

1. 微分的定义

【引例】(金属薄片面积的增量)　一块正方形金属薄片受温度影响，其边长由 x_0 变化到 $x_0+\Delta x$，其面积 $A(x)=x^2$ 相应的改变量为

$$\Delta A=(x_0+\Delta x)^2-x_0^2=2x_0\cdot\Delta x+(\Delta x)^2.$$

如图 2-4 所示，阴影部分表示 ΔA. 它由两个部分组成：第一部分 $2x_0\cdot\Delta x$ 是 Δx 的一次函数；第二部分 $(\Delta x)^2$，当 $\Delta x\to 0$ 时，是比 Δx 高阶的无穷小. 因此，第一部分叫作 ΔA 的线性主部. 当 $|\Delta x|$ 很小时，ΔA 可用其线性主部来近似代替，即 $\Delta A\approx 2x_0\cdot\Delta x$，其误差为 $(\Delta x)^2$，比 Δx 小得多，故可忽略不计. 由于 $A(x)=x^2$，则 $A'(x_0)=2x_0$. ΔA 又可写作 $\Delta A\approx A'(x_0)\cdot\Delta x$.

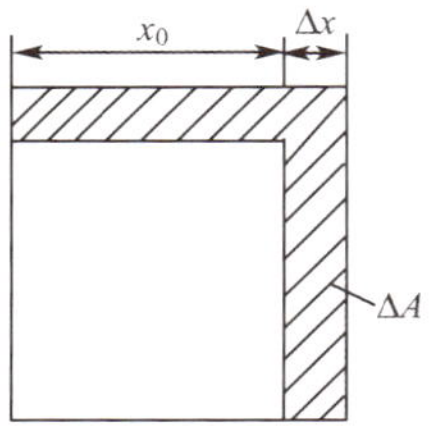

图 2-4

定义　设函数 $y=f(x)$ 在点 x_0 处可导，Δx 是自变量 x 的改变量，称 $f'(x_0)\Delta x$ 为函数 $y=f(x)$ 在点 x_0 处关于 Δx 的**微分**，记为：

$$\mathrm{d}y=f'(x_0)\Delta x.$$

当函数 $f(x)=x$ 时，函数的微分 $\mathrm{d}f(x)=\mathrm{d}x=x'\Delta x=\Delta x$，即 $\mathrm{d}x=\Delta x$.

因此我们规定自变量的微分等于自变量的增量，这样函数 $y=f(x)$ 在点 x_0 处的微分可以写成

$$\mathrm{d}y=f'(x_0)\Delta x=f'(x_0)\mathrm{d}x.$$

如果函数 $y=f(x)$ 在区间 (a,b) 内每一点处都可微，则称 $f(x)$ 是 (a,b) 内的可微函数. 函数 $f(x)$ 在 (a,b) 内任一点 x 处的微分就称为函数的微分，记为 $\mathrm{d}y$，即有

$$\mathrm{d}y=f'(x)\mathrm{d}x.$$

将上式两边同除以 dx，有

$$\frac{dy}{dx}=f'(x).$$

由此可见，导数等于函数的微分与自变量的微分之商，即 $f'(x)=\frac{dy}{dx}$，正因为这样，导数也称为"微商"，而微分的分式$\frac{dy}{dx}$也常常被用作导数的符号.

应当注意，微分与导数虽然有着密切的联系，但它们是有区别的：导数是函数在一点处的变化率，而微分是函数在一点处由自变量所引起的函数变化量的主要部分. 导数的值只与 x 有关，而微分的值与 x 和 Δx 都有关.

【例 1】 求函数 $y=x^2$ 在 $x=1$，$\Delta x=0.1$ 时的改变量及微分.

解
$$\Delta y=(x+\Delta x)^2-x^2=1.1^2-1^2=0.21.$$

在点 $x=1$ 处，

$$y'\Big|_{x=1}=2x\Big|_{x=1}=2,$$

所以

$$dy=y'\Delta x=2\times 0.1=0.2.$$

2. 微分的几何意义

如图 2-5 所示，曲线 $y=f(x)$在点$(x_0, f(x_0))$处的切线方程为

$$y-f(x_0)=f'(x_0)(x-x_0).$$

若记 $\Delta x=x-x_0$，则上式化为

$$y-f(x_0)=f'(x_0)\Delta x.$$

上式右端恰为微分 dy. 因此，微分 dy 表示当 x 由 x_0 变到 $x_0+\Delta x$ 时曲线在点$(x_0, f(x_0))$处切线 MP 相应的纵坐标的改变量.

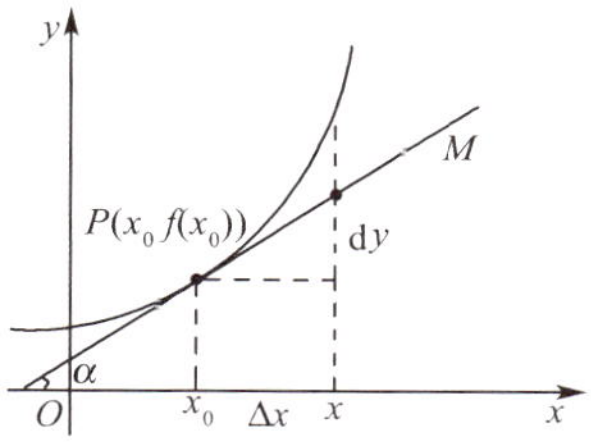

图 2-5

2.5.2 微分的运算

从函数的微分表达式 $dy=f'(x)dx$ 可以看出，函数的微分等于导数 $f'(x)$乘以 dx，根据导数公式和导数运算法则，就能得到相应的微分公式和微分运算法则.

1. 微分基本公式

(1) $d(C)=0$（C 为常数）；　　(2) $d(x^\alpha)=\alpha x^{\alpha-1}dx$（$\alpha$ 为实数）；

(3) $d(a^x)=a^x\ln a\,dx$；　　(4) $d(e^x)=e^x dx$；

(5) $d(\log_a x)=\frac{1}{x\ln a}dx$；　　(6) $d(\ln x)=\frac{1}{x}dx$；

(7) $d(\sin x)=\cos x\,dx$；　　(8) $d(\cos x)=-\sin x\,dx$；

(9) $d(\tan x)=\sec^2 x\,dx$；　　(10) $d(\cot x)=-\csc^2 x\,dx$；

(11) $d(\sec x)=\sec x\tan x\,dx$；　　(12) $d(\csc x)=-\csc x\cot x\,dx$；

(13) $d(\arcsin x)=\frac{1}{\sqrt{1-x^2}}dx$；　　(14) $d(\arccos x)=-\frac{1}{\sqrt{1-x^2}}dx$；

(15) $d(\arctan x)=\frac{1}{1+x^2}dx$；　　(16) $d(\text{arccot}\,x)=-\frac{1}{1+x^2}dx$.

2. 函数的和、差、积、商的微分法则

(1) $d(u \pm v) = du \pm dv$；　　(2) $d(uv) = v\,du + u\,dv$；

(3) $d(Cu) = C\,du$（C 为常数）；　　(4) $d\left(\dfrac{u}{v}\right) = \dfrac{v\,du - u\,dv}{v^2}\ (v \neq 0)$.

求微分时，可以先求出 $f'(x)$ 再乘以 dx，亦可直接使用微分法则.

3. 一阶微分形式不变性

设函数 $y = f(u)$，根据微分的定义，当 u 是自变量时，函数 $y = f(u)$ 的微分是

$$dy = f'(u)du.$$

如果 u 不是自变量，而是 x 的可导函数 $u = \varphi(x)$，则复合函数 $y = f(\varphi(x))$ 的导数为

$$y' = f'(u)\varphi'(x).$$

于是，复合函数 $y = f[\varphi(x)]$ 的微分为

$$dy = f'(u)\varphi'(x)dx.$$

由于

$$\varphi'(x)dx = du,$$

所以

$$dy = f'(u)du.$$

由此可见，不论 u 是自变量还是函数（中间变量），函数 $y = f(u)$ 的微分总保持同一形式 $dy = f'(u)du$，这一性质称为一阶微分形式不变性. 有时，利用一阶微分形式不变性求复合函数的微分比较方便.

【例 2】 求 $y = \sin(2x+1)$ 的微分 dy.

解法 1 $dy = (\sin(2x+1))'dx = \cos(2x+1) \cdot 2dx = 2\cos(2x+1)dx$.

解法 2 $dy = d\sin(2x+1) = \cos(2x+1)d(2x+1) = 2\cos(2x+1)dx$.

【例 3】 求 $y = e^{ax^2+bx}$ 的微分 dy.

解

$$\begin{aligned} dy &= d(e^{ax^2+bx}) = e^{ax^2+bx}d(ax^2+bx) \\ &= e^{ax^2+bx}(d(ax^2)+d(bx)) = e^{ax^2+bx}(2ax+b)dx. \end{aligned}$$

【例 4】 求 $y = \ln\tan\dfrac{x}{2}$ 的微分 dy.

解

$$\begin{aligned} y' &= \left(\ln\tan\frac{x}{2}\right)' = \frac{1}{\tan\frac{x}{2}}\left(\tan\frac{x}{2}\right)' = \frac{1}{\tan\frac{x}{2}} \cdot \left(\sec^2\frac{x}{2}\right) \cdot \left(\frac{x}{2}\right)' \\ &= \frac{1}{\tan\frac{x}{2}} \cdot \sec^2\frac{x}{2} \cdot \frac{1}{2} = \csc x, \end{aligned}$$

所以

$$dy = \csc x\,dx.$$

2.5.3 微分在近似计算中的应用

1. 近似计算 Δy

由 $f'(x_0) = \lim\limits_{\Delta x \to 0}\dfrac{\Delta y}{\Delta x}$，可得

$$\frac{\Delta y}{\Delta x}=f'(x_0)+\partial\text{(其中}\partial\text{为无穷小量)}.$$

故

$$\Delta y=f'(x_0)\cdot\Delta x+\partial\cdot\Delta x.$$

当 $\Delta x\to 0$ 时,第一项 $f'(x_0)\cdot\Delta x$ 是 Δx 的线性函数,第二项 $\partial\cdot\Delta x$ 是当 $\Delta x\to 0$ 时比 Δx 高阶的无穷小量.所以 Δy 就近似等于 $f'(x_0)\cdot\Delta x$,即 $\Delta y\approx f'(x_0)\cdot\Delta x$.

2. 近似计算 $f(x_0+\Delta x)$

由 $\Delta y=f(x_0+\Delta x)-f(x_0)$ 可得 $f(x_0+\Delta x)-f(x_0)\approx f'(x_0)\cdot\Delta x$,所以

$$f(x_0+\Delta x)\approx f(x_0)+f'(x_0)\cdot\Delta x.$$

特别地,当 $x_0=0,\Delta x=x$ 时,有

$$f(x)\approx f(0)+f'(0)\cdot x.$$

【例 5】 利用微分求 $\sqrt{2}$ 的近似值.

解 令 $f(x)=\sqrt{x}$,则 $f'(x)=\dfrac{1}{2\sqrt{x}}$,取 $x_0=1.96,\Delta x=0.04$.利用公式 $f(x_0+\Delta x)\approx f(x_0)+f'(x_0)\cdot\Delta x$ 得到

$$\begin{aligned}\sqrt{2}&=f(x_0+\Delta x)\approx f(x_0)+f'(x_0)\cdot\Delta x\\&=\sqrt{1.96}+\frac{1}{2\sqrt{1.96}}\times 0.04=1.4+\frac{0.04}{2.8}\approx 1.414.\end{aligned}$$

【例 6】 利用微分求 $\cos 29°$ 的近似值.

解 令 $f(x)=\cos x$,则 $f'(x)=-\sin x$,取 $x_0=30°=\dfrac{\pi}{6},\Delta x=-1°=-\dfrac{\pi}{180}$.利用公式 $f(x_0+\Delta x)\approx f(x_0)+f'(x_0)\cdot\Delta x$,得到

$$\begin{aligned}\cos 29°&=\cos(30°-1°)=\cos\left(\frac{\pi}{6}-\frac{\pi}{180}\right)\\&=f(x_0+\Delta x)\approx f(x_0)+f'(x_0)\cdot\Delta x\\&=\cos\frac{\pi}{6}-\sin\frac{\pi}{6}\left(-\frac{\pi}{180}\right)=\frac{\sqrt{3}}{2}+\frac{1}{2}\cdot\frac{\pi}{180}\\&\approx 0.874\ 8.\end{aligned}$$

利用公式 $f(x)\approx f(0)+f'(0)\cdot x$,可推出常用的近似计算公式,当 $|x|$ 很小时,我们有

(1) $(1+x)^\alpha\approx 1+\alpha x$; (2) $e^x\approx 1+x$;

(3) $\ln(1+x)\approx x$; (4) $\sin x\approx x$;

(5) $\tan x\approx x$.

例如:

$e^{-0.02}\approx 1+(-0.02)=0.98$;

$\ln 0.99\approx\ln(1-0.01)=-0.01$;

$\sqrt[5]{0.98}=(1-0.02)^{\frac{1}{5}}\approx 1+\dfrac{1}{5}\times(-0.02)=0.996$.

评估与测试2-5

1. 已知 $y=x^3-x$，计算在 $x=2$ 处，当 $\Delta x=0.01$ 时的 Δy 及 dy.

2. 求下列函数的微分.

(1) $y=x^3$；

(2) $y=xe^x$；

(3) $y=\dfrac{1}{x}+2\sqrt{x}$；

(4) $y=\dfrac{x}{1-x^2}$；

(5) $y=x\sin 2x$；

(6) $y=(\ln(1-x))^2$；

(7) $y=\dfrac{\sin^2 x}{x}$；

(8) $y=\sqrt{x^2+1}$.

3. 将适当的函数填入下列括号内，使等式成立.

(1) $d(\quad)=\dfrac{1}{x+1}dx$；

(2) $d(\quad)=e^{-2x}dx$；

(3) $d(\quad)=\dfrac{1}{\sqrt{x}}dx$；

(4) $d(\quad)=\sec^2 3x\,dx$；

(5) $d(\sin^2 x)=(\quad)d(\sin x)$；

(6) $d(\ln(2x+3))=(\quad)d(2x+3)=(\quad)dx$.

4. 计算下列近似值.

(1) $\sqrt[4]{1.001}$；

(2) $\sin 29°$；

(3) $e^{1.01}$；

(4) $\ln 1.02$.

拓展阅读

宁允展是南车青岛四方机车车辆股份有限公司车辆钳工高级技师，高铁首席研磨师.他是国内第一位从事高铁转向架"定位臂"研磨的工人，也是这道工序最高技能水平的代表.他研磨的定位臂已经创造了连续十年无次品的纪录，他和他的团队研磨的转向架安装在673列高速动车组，奔驰9亿多千米，相当于绕地球2万多圈.

大国工匠：高铁上的中国精度

第2章参考答案

第 3 章 导数的应用

导数作为积分的核心概念，不仅在数学领域占有重要地位，而且在现实世界中的应用同样广泛而深远. 在第 2 章中，我们已经研究了导数与微分的概念与运算，它不仅是连接数学与实际问题的桥梁，而且为我们提供了一种分析函数变化和趋势的有力工具.

在科学技术日益发展的今天，导数的应用已经渗透到各个学科和领域，成为解决实际问题不可或缺的一部分. 本章我们将利用导数来研究函数以及函数的某些性态，并应用其解决一些实际问题. 本章主要讲授微分中值定理，洛必达法则，函数的单调性、极值与最值，函数图形的描绘等内容.

通过对本章的学习，学生能够理解、掌握拉格朗日中值定理，会用洛必达法则解决有关未定式的极限；会判断函数的单调性与单调区间，会求函数的极值和最值；能绘制函数的图形.

学习目标

素质目标

(1)从导数的应用中发现数学之美，领悟数学作为一种普遍性语言的魅力；

(2)从函数极值的学习中洞察事物发展的变化本质和规律，树立科学的世界观和方法论.

知识目标

(1)理解中值定理内容及应用，掌握洛必达法则，求解“$\frac{0}{0}$”型和“$\frac{\infty}{\infty}$”型不定式的极限；

(2)理解函数单调性、凹凸性的判别法，求解单调区间、凹凸区间、极值及拐点的坐标，掌握最大值和最小值的求法，并能解决最值的应用问题；

(3)理解函数的特性，能准确地绘制函数图像.

能力目标

(1)能够利用导数求解函数的极值，理解极值的一阶导数条件和二阶导数条件；

(2)能够识别函数的拐点，了解拐点与二阶导数的关系；

(3)能够应用导数求解最优化问题.

3.1 微分中值定理与洛必达法则

罗尔中值定理、拉格朗日中值定理、柯西中值定理统称为微分中值定理. 微分中值定理揭示了函数在某区间上的整体性质与函数在该区间某一点的导数之间的关系，洛必达法则是解决“$\frac{0}{0}$”或“$\frac{\infty}{\infty}$”型未定式的基本规则.

3.1.1 微分中值定理

定理 1（罗尔中值定理） 若函数 $f(x)$ 满足：

(1) 在闭区间 $[a,b]$ 上连续；

(2) 在开区间 (a,b) 内可导；

(3) $f(a)=f(b)$，

则在 (a,b) 内至少存在一点 ξ，使得 $f'(\xi)=0$.

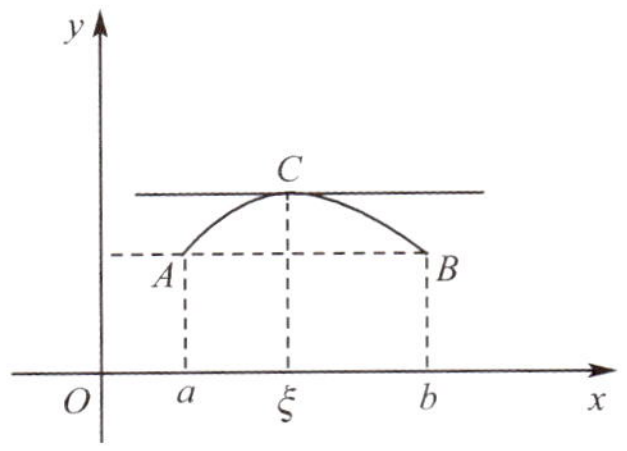

图 3-1

本定理不做理论证明，几何意义如下：如果曲线弧 $y=f(x)$ 在闭区间 $[a,b]$ 上为连续弧段，在开区间 (a,b) 内曲线弧上的每一点都有不垂直于 x 轴的切线，且曲线弧在两个端点处的纵坐标相等. 那么，曲线弧上至少有一点 $C(\xi,f(\xi))$，过点 C 的切线必定平行于连接该曲线弧两个端点的弦 AB，即点 C 的切线平行于 x 轴（图 3-1）.

注意：罗尔定理的三个条件是结论成立的充分条件而不是必要条件. 如函数 $y=x^2$ 在区间 $[-1,2]$ 上不满足条件(3)，但有 $\xi=0\in(-1,2)$ 使 $f'(\xi)=0$. 不满足条件(1)或(2)，甚至三个条件都不满足时，结论仍可能成立.

【例 1】 验证函数 $y=\sin x$ 在 $[0,\pi]$ 上满足罗尔定理的条件，并求出 ξ.

证明 由于 $y=\sin x$ 在 $[0,\pi]$ 上连续，在 $(0,\pi)$ 内可导，并且 $\sin 0=\sin\pi=0$，所以 $y=\sin x$ 在 $[0,\pi]$ 上满足罗尔定理的条件. 由 $(\sin x)'\Big|_{x=\xi}=\cos\xi=0$，解得 $\xi=\frac{\pi}{2}$.

【例 2】 不求函数 $f(x)=(x-1)(x-2)(x-3)$ 的导数，说明方程 $f'(x)=0$ 有几个实根.

解 函数 $f(x)$ 在 **R** 上可导，由于 $f(x)$ 有三个零点：$x_1=1$，$x_2=2$，$x_3=3$. 因此方程 $f'(x)=0$ 至少有两个实根；又 $f'(x)=0$ 是二次方程，至多有两个实根. 所以 $f'(x)=0$ 有且仅有两个实根分别落在区间 $(1,2)$、$(2,3)$ 内.

定理 2（拉格朗日中值定理） 函数 $f(x)$ 满足：

(1) 在闭区间 $[a,b]$ 上连续；

(2) 在开区间 (a,b) 内可导，

则在 (a,b) 内至少存在一点 ξ 使 $f(b)-f(a)=f'(\xi)(b-a)$.

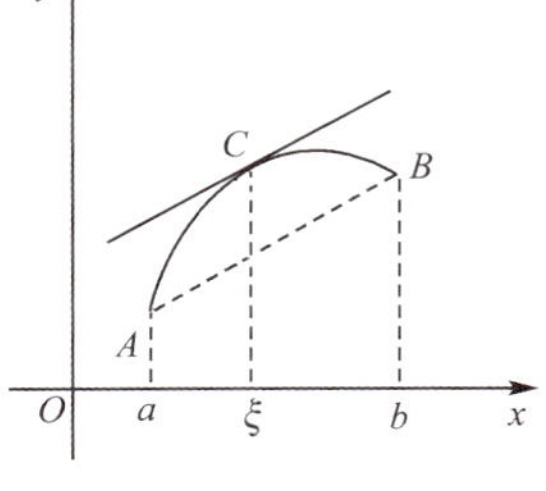

图 3-2

本定理的几何意义如图 3-2 所示. 连续曲线 $y=f(x)$ 的弧 AB 上除端点外处处有不垂直于 x 轴的切线，则弧上至少有一点 C，在该点处曲线的切线平行于弦 AB.

注意：拉格朗日定理的两个条件也是使结论成立的充分而不必要条件. 另外拉格朗日定

理中，若 $f(a)=f(b)$，则拉格朗日定理为罗尔定理，所以罗尔定理是拉格朗日定理的特例.

由拉格朗日定理可得今后在积分学中有着重要应用的推论.

推论 1 函数 $f(x)$ 在闭区间 $[a,b]$ 上连续，在开区间 (a,b) 内 $f'(x)\equiv 0$，则 $f(x)\equiv C$（C 为常数），$x\in[a,b]$.

推论 2 在开区间 (a,b) 内，$f'(x)=g'(x)$，则 $f(x)=g(x)+C$（C 为常数），$x\in(a,b)$.

【例 3】 $x\in[0,1]$，证明：$\arcsin x+\arcsin\sqrt{1-x^2}=\dfrac{\pi}{2}$.

证明 设 $f(x)=\arcsin x+\arcsin\sqrt{1-x^2}$，则 $f(x)$ 是初等函数，在 $[0,1]$ 上连续，$x\in(0,1)$ 时，

$$f'(x)=\frac{1}{\sqrt{1-x^2}}+\frac{1}{\sqrt{1-(1-x^2)}}\frac{-x}{\sqrt{1-x^2}}=0,$$

由推论 1，$f(x)=C$，$x\in[0,1]$. 又 $x=0$ 时，$\arcsin 0+\arcsin 1=\dfrac{\pi}{2}$，因此 $x\in[0,1]$ 时，

$$\arcsin x+\arcsin\sqrt{1-x^2}=\frac{\pi}{2}.$$

定理 3（**柯西中值定理**） 若函数 $f(x)$ 和 $g(x)$ 在闭区间 $[a,b]$ 上连续，在开区间 (a,b) 内可导，且 $g'(x)$ 在 (a,b) 内的每一点处均不为零，则在 (a,b) 内至少有一点 ξ，使等式

$$\frac{f(b)-f(a)}{g(b)-g(a)}=\frac{f'(\xi)}{g'(\xi)}$$

成立.

显然，如果取 $g(x)=x$，那么 $g(b)-g(a)=b-a$，$g'(x)=1$，从而柯西中值公式可以写成 $f(b)-f(a)=f'(\xi)(b-a)$，$a<\xi<b$. 这就变成拉格朗日中值公式了. 因此拉格朗日中值定理是柯西中值定理在取 $g(x)=x$ 时的特例. 所以柯西中值定理又称为广义中值定理.

3.1.2 洛必达法则

在第 1 章介绍求函数的极限时，曾遇到过当 $x\to x_0$（或 $x\to\infty$）时，函数 $\dfrac{f(x)}{g(x)}$ 的分子、分母都趋于零或都趋于无穷大的情况. 求这类函数的极限是不能直接用商的极限运算法则去计算的. 极限 $\lim\limits_{\substack{x\to x_0\\(x\to\infty)}}\dfrac{f(x)}{g(x)}$ 可能存在，也可能不存在，通常称之为未定式，分别简记为“$\dfrac{0}{0}$”型或“$\dfrac{\infty}{\infty}$”型.

定理 4 设函数 $f(x)$、$g(x)$ 满足：

(1) $\lim\limits_{x\to x_0}f(x)=\lim\limits_{x\to x_0}g(x)=0$ 或 $\lim\limits_{x\to x_0}f(x)=\lim\limits_{x\to x_0}g(x)=\infty$；

(2) 在 x_0 附近 $f(x)$、$g(x)$ 都可导，且 $g'(x)\neq 0$；

(3) $\lim\limits_{x\to x_0}\dfrac{f'(x)}{g'(x)}=A$（或 ∞），

则
$$\lim_{x\to x_0}\frac{f(x)}{g(x)}=\lim_{x\to x_0}\frac{f'(x)}{g'(x)}=A(\text{或}\infty).$$

洛必达法则的实质就是通过对分子分母分别求导,使得原来极限脱离“$\frac{0}{0}$”或“$\frac{\infty}{\infty}$”状态,进而求出该极限.

【例 4】 计算$\lim\limits_{x\to\pi}\frac{\sin 5x}{\sin 3x}$.

解 这是“$\frac{0}{0}$”型未定式,
$$\lim_{x\to\pi}\frac{\sin 5x}{\sin 3x}=\lim_{x\to\pi}\frac{(\sin 5x)'}{(\sin 3x)'}=\lim_{x\to\pi}\frac{5\cos 5x}{3\cos 3x}=\frac{5}{3}\frac{\cos 5\pi}{\cos 3\pi}=\frac{5}{3}.$$

由例 4 看到,用洛必达法则求一些“$\frac{0}{0}$”型的极限比过去的方法简便得多,下面指出使用洛必达法则的注意点:

(1)不是不定式的极限决不能用洛必达法则. 如上式中的$\lim\limits_{x\to\pi}\frac{5\cos 5x}{3\cos 3x}$已不是不定式了,若再用洛必达法则就会导致错误;

(2)使用一次洛必达法则后仍是不定式时,可连续使用洛必达法则,但连续使用前应注意化简极限的式子,若式中有极限值为非零常数的因式,则可先行求出;

(3)与其他求极限的方法综合运用,注意选择简便的解法;

(4)洛必达法则的条件是充分而不必要条件,若$\lim\frac{f'(x)}{g'(x)}$不存在时,不能断定$\lim\frac{f(x)}{g(x)}$不存在,这时应使用其他方法求解.

以上四条注意点,通过下面例题具体说明.

【例 5】 求$\lim\limits_{x\to 0}\frac{x-\sin x}{x^3}$.

解 $\lim\limits_{x\to 0}\frac{x-\sin x}{x^3}=\lim\limits_{x\to 0}\frac{1-\cos x}{3x^2}=\lim\limits_{x\to 0}\frac{\sin x}{6x}=\frac{1}{6}$.

【例 6】 求$\lim\limits_{x\to+\infty}\frac{\frac{\pi}{2}-\arctan x}{\frac{1}{x}}$.

解 $$\lim_{x\to+\infty}\frac{\frac{\pi}{2}-\arctan x}{\frac{1}{x}}=\lim_{x\to+\infty}\frac{-\frac{1}{1+x^2}}{-\frac{1}{x^2}}=\lim_{x\to+\infty}\frac{x^2}{1+x^2}=1.$$

【例 7】 求$\lim\limits_{x\to\infty}\frac{x+\cos x}{x}$,并说明不能用洛必达法则求此极限的原因.

解 $\lim\limits_{x\to\infty}\frac{x+\cos x}{x}=\lim\limits_{x\to\infty}\left(1+\frac{1}{x}\cos x\right)=1+0=1$.

由于$\lim\limits_{x\to\infty}\frac{(x+\cos x)'}{x'}=\lim\limits_{x\to\infty}(1-\sin x)$不存在,不满足洛必达法则的条件(3),所以不能用洛必达法则求此极限.

【例 8】 求 $\lim\limits_{x\to+\infty}\dfrac{e^x}{x^2}$.

解 $\lim\limits_{x\to+\infty}\dfrac{e^x}{x^2}=\lim\limits_{x\to+\infty}\dfrac{e^x}{2x}=\lim\limits_{x\to+\infty}\dfrac{e^x}{2}=+\infty$.

【例 9】 求 $\lim\limits_{x\to0^+}\dfrac{\ln\tan3x}{\ln\tan2x}$.

解 $\lim\limits_{x\to0^+}\dfrac{\ln\tan3x}{\ln\tan2x}=\lim\limits_{x\to0^+}\dfrac{\tan2x\cdot3\sec^2 3x}{\tan3x\cdot2\sec^2 2x}=\dfrac{3}{2}\lim\limits_{x\to0^+}\dfrac{\tan2x}{\tan3x}=\dfrac{3}{2}\lim\limits_{x\to0^+}\dfrac{2x}{3x}=1$.

【例 10】 求 $\lim\limits_{x\to+\infty}\dfrac{\ln x}{x^n}(n>0)$.

解 $\lim\limits_{x\to+\infty}\dfrac{\ln x}{x^n}=\lim\limits_{x\to+\infty}\dfrac{\frac{1}{x}}{nx^{n-1}}=\lim\limits_{x\to+\infty}\dfrac{1}{nx^n}=0$.

除“$\dfrac{0}{0}$”与“$\dfrac{\infty}{\infty}$”型未定式之外,还有“$0\cdot\infty$”“$\infty-\infty$”“0^0”“1^∞”“∞^0”等型未定式,这里就不一一介绍了,下面就“$\infty-\infty$”型未定式再举一例.

【例 11】 求 $\lim\limits_{x\to1}\left(\dfrac{x}{x-1}-\dfrac{1}{\ln x}\right)$.

解 这是“$\infty-\infty$”型未定式,通过“通分”将其化为“$\dfrac{0}{0}$”型.

$$\lim_{x\to1}\left(\frac{x}{x-1}-\frac{1}{\ln x}\right)=\lim_{x\to1}\frac{x\ln x-(x-1)}{(x-1)\ln x}=\lim_{x\to1}\frac{x\frac{1}{x}+\ln x-1}{\ln x+\frac{x-1}{x}}$$

$$=\lim_{x\to1}\frac{\ln x}{1-\frac{1}{x}+\ln x}=\lim_{x\to1}\frac{\frac{1}{x}}{\frac{1}{x^2}+\frac{1}{x}}=\frac{1}{2}.$$

评估与测试3-1

1. 验证函数 $f(x)=x^3-3x+1$ 在闭区间$[-\sqrt{3},\sqrt{3}]$上满足罗尔定理的条件,并求定理结论中的 ξ.

2. 不求函数 $y=x(x-1)(x-2)(x-3)$ 的导数,说明方程 $f'(x)=0$ 有几个实根,并指出实根所在的区间.

3. 证明函数 $y=x^2+3x+2$ 在任一区间$[a,b]$上应用拉格朗日定理所求得的 ξ 都是$\dfrac{1}{2}(a+b)$.

4. 函数 $f(x)=x^2+2x$ 在区间$[0,2]$上满足拉格朗日中值定理的条件,求 ξ.

5. 证明 $\arctan x+\operatorname{arccot}x=\dfrac{\pi}{2}$.

6. 用洛必达法则求下列极限.

(1) $\lim\limits_{x\to\pi}\dfrac{\sin 3x}{\tan 5x}$；

(2) $\lim\limits_{x\to 1}\dfrac{x^2-1}{x-1}$；

(3) $\lim\limits_{x\to a}\dfrac{\sin x-\sin a}{x^2-a^2}$；

(4) $\lim\limits_{x\to 0}\dfrac{e^x-2^x}{x}$；

(5) $\lim\limits_{x\to 1}(1-x)\tan\dfrac{\pi x}{2}$；

(6) $\lim\limits_{x\to a}\dfrac{x^m-a^m}{x^n-a^n}(a\neq 0,n\neq 0)$；

(7) $\lim\limits_{x\to+\infty}\dfrac{\dfrac{\pi}{2}-\arctan x}{\dfrac{1}{x}}$；

(8) $\lim\limits_{x\to+\infty}\dfrac{\ln^2 x}{x}$.

7. 说明下面极限用洛必达法则运算错在哪里，并给出正确的解法.

$$\lim_{x\to\infty}\frac{x-\sin x}{x+\sin x}=\lim_{x\to\infty}\frac{1-\cos x}{1+\cos x}=\lim_{x\to\infty}\frac{\sin x}{-\sin x}=-1.$$

拓展阅读

微分中值定理作为微积分学的基本定理之一，具有广泛的应用和深远的影响. 它不仅在数学领域发挥着重要作用，还为物理学、工程学等其他学科提供了有力的数学工具. 微分中值定理的研究和应用推动了数学理论的发展和创新，为人类认识和改造世界提供了重要的支撑.

微分中值定理的演变

3.2 函数的单调性

第 1 章中我们已经介绍了函数在区间上单调的概念，下面我们利用导数对函数的单调性进行研究.

如果函数 $y=f(x)$ 在区间 $[a,b]$ 上单调增加，那么它的图像是一条沿 x 轴正向上升的曲线（图 3-3），这时曲线上各点切线的倾斜角都是锐角，因此它们的斜率 $f'(x)$ 都是正的，即 $f'(x)>0$. 同理，如果函数 $y=f(x)$ 在区间 $[a,b]$ 上单调减少，那么它的图像是一条沿 x 轴正向下降的曲线（图 3-4），这时曲线上各点切线的倾斜角都是钝角，它们的斜率 $f'(x)$ 都是负的，即 $f'(x)<0$.

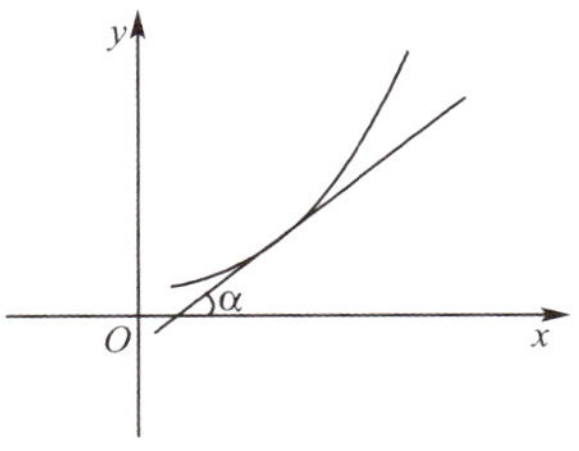

图 3-3

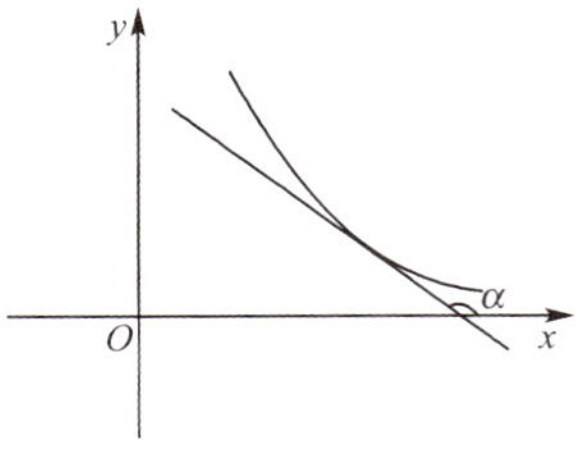

图 3-4

视频：函数的单调性

由此可见，函数的单调性与导数的符号有关. 这就给我们提出了一个问题：如果已知一个函数 $y=f(x)$，能否利用它的导数的符号来判定函数单调性呢？回答是肯定的. 下面我们给出函数单调性的一个判定法.

定理 设函数 $f(x)$在闭区间$[a,b]$上连续，在开区间(a,b)内可导且 $f'(x)>0(<0)$，则函数 $y=f(x)$在闭区间$[a,b]$上单调增加(减少).

证明 从略.

必须说明：(1)定理的条件："在开区间(a,b)内 $f'(x)>0(<0)$"，可以改为"在开区间(a,b)内除个别点导数不存在或导数为零外，都有 $f'(x)>0(<0)$."其他条件不变，则原来的结论仍成立. (2)上述定理中$[a,b]$为闭区间，如果换成开区间、半开区间或无穷区间，仍然有相似的结论.

【例 1】 判定函数 $y=x-\sin x$ 在$[0,2\pi]$上的单调性.

解 因 $y=x-\sin x$ 在$[0,2\pi]$上连续，又在$(0,2\pi)$内 $y'=1-\cos x>0$，故 $y=x-\sin x$ 在$[0,2\pi]$上单调增加.

利用定理求一般函数的单调区间时，可在函数的定义域内，用导数为零的点和导数不存在的点划分函数的定义域，保证 $f'(x)$在各个部分区间内保持固定的符号，最后确定函数的单调区间.

由此可得求 $f(x)$的单调区间的步骤：

(1)确定 $f(x)$的定义域；

(2)求出导数为零的点和导数不存在的点；并用这些点划分定义域，判断每个区间上 $f'(x)$的符号；列表得出结果.

【例 2】 求函数 $f(x)=x^3-6x^2+9x$ 的单调区间.

解 $f'(x)=3x^2-12x+9=3(x-1)(x-3)$，令 $f'(x)=0$，得 $x_1=1$，$x_2=3$.

通过列表方式表示 $f'(x)$的正负区间，从而也表示了 $f(x)$的单调区间.

x	$(-\infty,1)$	$(1,3)$	$(3,+\infty)$
$f'(x)$	+	−	+
$f(x)$	↗	↘	↗

表中第一行是函数的定义域被导数为零的点和导数不存在的点分割成的各个部分；第二行是对应着第一行函数的定义域的各部分导数的符号，如在定义域内某个点导数不存在，则在第二行的对应位置用"×"表示；第三行是对应着第一行函数的定义域的各部分函数值的增、减情形，分别用箭头↗、↘表示.

由上表可知，函数 $f(x)$的单调增加区间为$(-\infty,1]$和$[3,+\infty)$，单调减少区间为$[1,3]$.

【例 3】 讨论函数 $y=x^3$ 的单调性.

解 函数的定义域为$(-\infty,+\infty)$，$y'=3x^2$，显然，除了点 $x=0$ 使 $y'(0)=0$ 外，其余各点处均有 $y'>0$.

故函数 $y=x^3$(图 3-5)在定义域$(-\infty,+\infty)$内是单调增加的.

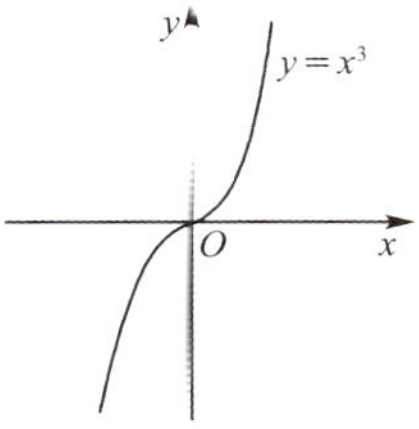

图 3-5

【例 4】 讨论函数 $f(x)=x^{\frac{2}{3}}$ 的单调区间.

解 函数的定义域为$(-\infty,+\infty)$，$f'(x)=\dfrac{2}{3\sqrt[3]{x}}$. 没有使导数等于零的点，但在点 $x=0$ 处导数不存在. 点 $x=0$ 将定义域分为两个区间$(-\infty,0)$和$(0,+\infty)$. 在区间$(-\infty,$

0)内 $f'(x)<0$；在区间$(0,+\infty)$内 $f'(x)>0$.

故函数 $f(x)=x^{\frac{2}{3}}$ 的单调减少区间为$(-\infty,0]$，单调增加区间为$[0,+\infty)$.

评估与测试3-2

1. 判断下列函数的单调性.

(1) $f(x)=x^3+2x$；　(2) $f(x)=x-\ln(1+x^2)$；

(3) $f(x)=x+\cos x$.

2. 确定下列函数的单调区间.

(1) $y=x^3-3x^2$；　(2) $y=2x^2-\ln x$；

(3) $y=(x-1)(x+1)^3$；　(4) $y=x^2e^{-x}$.

拓展阅读

约瑟夫·拉格朗日被誉为数学界的金字塔，作为法国著名的数学家和物理学家，他成功地将数学分析的基础脱离了几何与力学，使得数学的独立性更为清晰. 他的工作不仅推动了数学、力学和天文学等多个学科的发展，也为后世的研究者提供了宝贵的思想和方法论上的启示.

数学界的金字塔

3.3　函数的极值与最值

在生产和科学实验中，要求优质、高产、低消耗，反映在数学上就是优化问题，其中最基本的是求函数的最大(小)值问题，因此讨论函数的最值有重要的应用价值. 函数的最值与极值有密切的关系，而且极值也是函数的重要性质之一. 本节先用导数研究函数的极值，再利用极值讨论它的最值.

视频：函数的极值

3.3.1　函数的极值

1. 函数极值的定义

现在，我们来研究函数的一个局部性质.

例如，在图 3-6 中，函数在 c_1、c_3 等处的值比各自的小邻域内的所有函数值都大，这就是函数的极大值. 同样在 c_2、c_4 等处的函数值比各自的小邻域内的所有函数值都小，这就是函数的极小值.

定义　设函数 $f(x)$在 x_0 的某邻域内有定义，对于该邻域内任意点 $x(x\neq x_0)$，若有 $f(x_0)>f(x)$，则称 $f(x_0)$为函数 $f(x)$的极大值，且称 x_0 为极大值点；若有 $f(x_0)<f(x)$，则称 $f(x_0)$为函数 $f(x)$的极小值，且称 x_0 为极小值点.

极大值和极小值统称为极值，极大值点和极小值点统称为极值点.

从图 3-6 可以看出，极大值 $f(c_1)$ 比极小值 $f(c_4)$ 还要小，这是因为极值是一个局部性的概念，是在一个邻域内的最大值或最小值，而不是在整个所考虑的区间内的最大值或最小值.

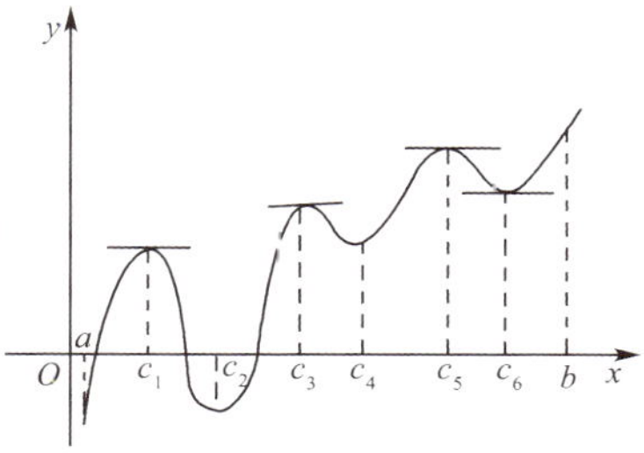

图 3-6

2. 函数极值的判定和求法

由图 3-6 可以看出，在函数取得极值处，曲线的切线是水平的，即在极值点函数的导数为零. 反过来，曲线上有水平切线的地方，即在导数为零的点处，函数不一定取得极值. 下面我们给出函数取得极值的必要条件.

定理 1（**极值的必要条件**） 设函数 $f(x)$ 在点 x_0 可导，且在点 x_0 取得极值，则函数 $f(x)$ 在点 x_0 的导数 $f'(x_0)=0$.

证明 从略.

使导数为零的点（方程 $f'(x_0)=0$ 的实根）叫作函数 $f(x)$ 的驻点.

这个定理的几何意义是：如果函数 $y=f(x)$ 在点 x_0 处具有极值，且曲线 $y=f(x)$ 在点 $(x_0,f(x_0))$ 处有不垂直于 x 轴的切线，则该切线平行于 x 轴.

要说明的是，定理 1 的逆命题不成立. 也就是说，可导函数的极值点必是驻点，反过来，驻点却不一定是极值点，下面的定理告诉我们怎样判断极值点.

定理 2（**极值的第一充分条件**） 设函数 $f(x)$ 在 x_0 处连续，在以 x_0 为中心的某一区间（不含点 x_0）内可导，且 $f'(x_0)=0$ 或 $f'(x_0)$ 不存在.

（1）如果当 $x<x_0$ 时 $f'(x)>0$，当 $x>x_0$ 时 $f'(x)<0$，则 $f(x_0)$ 是极大值；

（2）如果当 $x<x_0$ 时 $f'(x)<0$，当 $x>x_0$ 时 $f'(x)>0$，则 $f(x_0)$ 是极小值；

（3）如果在以 x_0 为中心的某一区间（不含点 x_0）内 $f'(x)$ 不变号，则 $f(x_0)$ 不是极值.

【例 1】 求函数 $f(x)=\dfrac{1}{3}x^3-x^2-3x+3$ 的极值.

解 $f(x)$ 的定义域为 $(-\infty,+\infty)$，$f'(x)=x^2-2x-3=(x+1)(x-3)$，令 $f'(x)=0$，得驻点 $x_1=-1$，$x_2=3$，通过列表表示 $f'(x)$ 的符号.

x	$(-\infty,-1)$	-1	$(-1,3)$	3	$(3,+\infty)$
$f'(x)$	$+$	0	$-$	0	$+$
$f(x)$	↗	极大值 $\frac{14}{3}$	↘	极小值 -6	↗

由上表可知，函数的极大值为 $f(-1)=\dfrac{14}{3}$，极小值为 $f(3)=-6$.

【例 2】 求函数 $y=(x-1)\sqrt[3]{x^2}$ 的单调区间和极值.

解 函数的定义域为 $(-\infty,+\infty)$，$y=x^{\frac{5}{3}}-x^{\frac{2}{3}}$，$y'=\dfrac{5}{3}x^{\frac{2}{3}}-\dfrac{2}{3}x^{-\frac{1}{3}}=\dfrac{5x-2}{3\sqrt[3]{x}}$.

可能极值点为 $x_1=\dfrac{2}{5}$（驻点）和 $x_2=0$（不可导点）. 为了得到单调区间和判断极值点，列表考察 y' 的符号.

x	$(-\infty,0)$	0	$\left(0,\frac{2}{5}\right)$	$\frac{2}{5}$	$\left(\frac{2}{5},+\infty\right)$
y'	$+$	$\times$	$-$	0	$+$
y	↗	极大值 $y(0)=0$	↘	极小值 $y\left(\frac{2}{5}\right)=-\frac{3}{5}\sqrt[3]{\frac{4}{25}}$	↗

由上表可知，函数的单调递增区间为$(-\infty,0)$和$\left(\frac{2}{5},+\infty\right)$，单调递减区间为$\left(0,\frac{2}{5}\right)$.

函数的极大值为 $y(0)=0$，极小值为 $y\left(\frac{2}{5}\right)=-\frac{3}{5}\sqrt[3]{\frac{4}{25}}$.

除了用定理 2 去判定函数的极值外，当函数在驻点处具有二阶导数时，还有下面函数极值的第二充分条件.

定理 3（**极值的第二充分条件**） 设函数 $f(x)$在点 x_0 处具有二阶导数，且 $f'(x_0)=0$，$f''(x_0)\neq 0$.

(1)若 $f''(x_0)<0$，则函数在 x_0 处取得极大值；

(2)若 $f''(x_0)>0$，则函数在 x_0 处取得极小值.

证明 从略.

定理 3 的条件比定理 2 强，但应用起来比定理 2 方便. 当 $f''(x_0)=0$ 时定理 3 失效，需用定理 2 判断极值.

【例 3】 求函数 $f(x)=(x^2-1)^3+1$ 的极值.

解 $f'(x)=6x(x^2-1)^2$，令 $f'(x)=0$，则 $x_1=-1$，$x_2=0$，$x_3=1$. $f''(x)=6(x^2-1)(5x^2-1)$.

因 $f''(0)=6>0$，故 $f(x)$在 $x=0$ 处取得极小值，极小值为 $f(0)=0$. 又因 $f''(-1)=f''(1)=0$，故定理 3 失效.

由定理 2 的判别法知在 $x_1=-1$，$x_3=1$ 处函数没有极值.

3.3.2 函数的最值

在实践中经常会遇到如何做才能使“用料最省”“效率最高”“性能最好”“进程最快”等问题，这类问题在数学上就是最大值、最小值问题.

视频：函数的最值

闭区间$[a,b]$上的连续函数 $f(x)$一定存在最大值和最小值. 显然，函数在闭区间$[a,b]$上的最大值和最小值只能在区间(a,b)内的极值点和区间端点处达到. 在具体计算中，为了避免判断极值，只要先求出所有可能的极值点（驻点和不可导点），然后求 $f(x)$在这些点处相应的函数值，再与端点函数值 $f(a)$和 $f(b)$一起比较大小，即可得出函数的最大值和最小值.

【例 4】 求函数 $f(x)=x^3-3x^2-9x+5$ 在闭区间$[-4,4]$上的最大值和最小值.

解 $f'(x)=3x^2-6x-9=3(x+1)(x-3)$. 令 $f'(x)=0$，得驻点 $x_1=-1$，$x_2=3$.

因为 $f(-1)=10$，$f(3)=-22$，$f(-4)=-71$，$f(4)=-15$. 比较这些值的大小，知函数的最大值为 $f(-1)=10$，最小值为 $f(-4)=-71$.

在实际应用中，如果在(a,b)内 $f(x)$只有一个驻点 x_0，而该实际问题本身又可以知道 $f(x)$在(a,b)内确实存在最大值（或最小值），那么 $f(x_0)$就是所要求的最大值（或最小值），不需要再算出 $f(a)$和 $f(b)$并进行比较了.

【例 5】 用边长为 48 cm 的正方形铁皮做一个无盖的铁盒时，在铁皮的四角各截去一个面积相等的小正方形，然后把四边折起，就能焊成铁盒. 问在四角截去多大的正方形，才能使所做的铁盒容积最大？

解 设截去的小正方形的边长为 x cm，铁盒的容积为 V cm^3. 据题意，有

$$V=x(48-2x)^2 \quad (0<x<24).$$

问题归结为：求 x 为何值时，函数 $V(x)$ 在区间 $(0,24)$ 内取得最大值.

$$\begin{aligned}V'&=(48-2x)^2-4x(48-2x)\\&=(48-2x)(48-6x)\\&=12(24-x)(8-x).\end{aligned}$$

令 $V'=0$，求得在 $(0,24)$ 内函数的驻点为 $x=8$.

由于铁盒必然存在最大容积，而现在函数在 $(0,24)$ 内只有一个驻点，因此，当 $x=8$ 时，函数 $V(x)$ 取得最大值. 也就是说，当所截去的正方形边长为 8 cm 时，铁盒的容积最大.

【例 6】 铁路线上 AB 的距离为 100 km，工厂 C 距 A 处为 20 km，AC 垂直于 AB，今要在 AB 线上选定一点 D 向工厂修筑一条公路，已知铁路与公路每千米货物运费之比为 3∶5，问 D 选在何处，才能使从 B 到 C 的运费最少？

解 设 $AD=x$，则 $DB=100-x$，$CD=\sqrt{20^2+x^2}$.

由于铁路每千米货物运费与公路每千米货物运费之比为 3∶5，因此，不妨设铁路上每千米运费为 $3a$，则公路上每千米运费为 $5a$，并设从点 B 到点 C 需要的总运费为 y，则

$$y=5a\sqrt{20^2+x^2}+3a(100-x) \quad (0\leqslant x\leqslant 100),$$

问题归结为：求函数 y 在区间 $[0,100]$ 上的最小值.

$$y'=a\left(\frac{5x}{\sqrt{400+x^2}}-3\right),$$

令 $y'=0$，得唯一驻点 $x=15$.

由实际问题知，使运费最少的 x 一定存在，且必在区间 $[0,100]$ 内取得，故当 $AD=x=15$ 时，即点 D 选在距点 A 为 15 km 处时，运费最少.

评估与测试3-3

1. 求下列函数的极值点和极值.

(1) $y=2x^3+3x^2-12x+5$；　(2) $y=x-\ln(1+x)$；

(3) $y=x-\arctan x$；　(4) $y=x-1+\dfrac{1}{x-1}$.

2. 设函数 $f(x)=a\ln x+bx^2+x$ 在 $x_1=1$、$x_2=2$ 处都取得极值，试求出 a、b 的值，并问这时 $f(x)$ 在 x_1、x_2 处是取得极大值还是极小值？

3. 求 $f(x)=\sin 2x-x$ 在 $\left[-\dfrac{\pi}{2},\dfrac{\pi}{2}\right]$ 上的最大值和最小值.

4. 求下列函数在给定区间上的最大值和最小值.

(1) $y=x^4-8x^2+2$，$x\in[-1,3]$；　(2) $y=x+\sqrt{1-x}$，$x\in[-5,1]$；

(3) $y=\ln(x^2+1)$，$x\in[-1,2]$；　(4) $y=\sqrt{5-4x}$，$x\in[-1,1]$.

5. 用仪器测量某种零件的长度 n 次，所得数据为 $x_1,x_2,\cdots,x_n$，验证：用 $\overline{x}=\frac{1}{n}(x_1+x_2+\cdots+x_n)$ 作为该零件的长度可使以下的平方和 $(x-x_1)^2+(x-x_2)^2+\cdots+(x-x_n)^2$ 最小.

6. 制造容积为 $16\pi\ \mathrm{m}^3$ 的有盖圆柱形容器，问底半径与高各为多少时可使用料最省？

拓展阅读

费马定理，又被称为“费马最后的定理”，是由 17 世纪法国数学家皮埃尔·德·费马提出的. 费马定理的提出和证明不仅对数学领域产生了深远的影响，也展示了数学家们对于未知领域的探索精神和不懈追求. 通过不断的努力和研究，数学家们终于攻克了这一难题，为数学的发展做出了重要的贡献.

费马定理的由来

3.4 函数作图法

在中学中，我们主要依靠描点作图画出一些简单函数的图形. 一般来说，这样得到的图形比较粗糙，且无法确切反映函数的性态. 也就是说，由此方法得到的图形可能无法判断函数是单调增加还是单调减少，是直线上升，还是曲线上升. 可见，对于函数图形的描绘，仅知道函数的单调区间是不够的，我们还必须知道曲线的凹凸性.

3.4.1 曲线的凹凸性与拐点

定义 设函数 $f(x)$ 在区间 I 上有连续导数. 如果在区间 I 上，曲线 $y=f(x)$ 总位于其任意一点的切线的上方，则称曲线 $y=f(x)$ 在区间 I 上是凹的（图 3-7）；如果在区间 I 上，曲线 $y=f(x)$ 总位于其任意一点的切线的下方，则称曲线 $f(x)$ 在区间 I 上是凸的（图 3-8）.

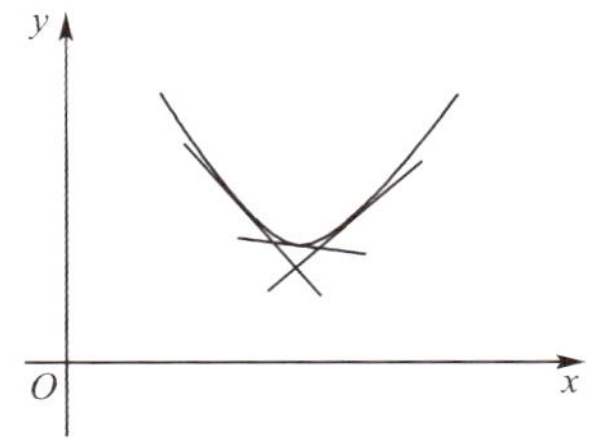

图 3-7

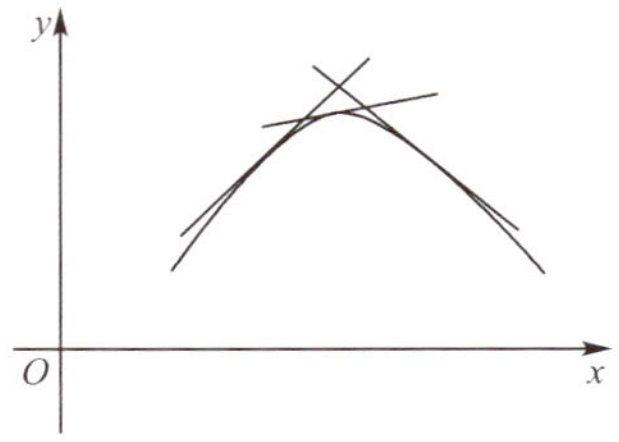

图 3-8

曲线上“凹”与“凸”的分界点称为曲线的拐点.

我们可以根据二阶导数的符号来判定曲线的凹凸性.

定理（凹凸性判定定理） 设函数 $f(x)$ 在区间 $[a,b]$ 上连续，且在 (a,b) 内具有一阶和二阶导数.

(1) 若在 (a,b) 内 $f''(x)>0$，则曲线 $y=f(x)$ 在 $[a,b]$ 上是凹的；

(2) 若在 (a,b) 内 $f''(x)<0$，则曲线 $y=f(x)$ 在 $[a,b]$ 上是凸的.

【例 1】 判断曲线 $y=\ln x$ 的凹凸性.

解 函数 $y=f(x)$的定义域为$(0,+\infty)$,且 $y'=\dfrac{1}{x}$,$y''=-\dfrac{1}{x^2}$.

因为在定义域$(0,+\infty)$内,恒有 $y''<0$,所以曲线 $y=\ln x$ 是凸的.

【例 2】 曲线 $y=x^2$ 是否有拐点?

解 函数 $y=x^2$ 的定义域为$(-\infty,+\infty)$,且 $y'=2x$,$y''=2$.

因为在定义域$(-\infty,+\infty)$内,恒有 $y''>0$,所以在$(-\infty,+\infty)$内曲线始终是凹的,故曲线无拐点(图 3-9).

【例 3】 求曲线 $y=x^3$ 的凹凸区间和拐点.

解 函数 $y=x^3$ 的定义域为$(-\infty,+\infty)$,且 $y'=3x^2$,$y''=6x$. 令 $y''=0$,得 $x=0$.

因为当 $x<0$ 时,$y''<0$;当 $x>0$ 时,$y''>0$. 故曲线 $y=x^3$ 在$(-\infty,0]$上是凸的,在$[0,+\infty)$上是凹的,原点$(0,0)$是其拐点(图 3-10).

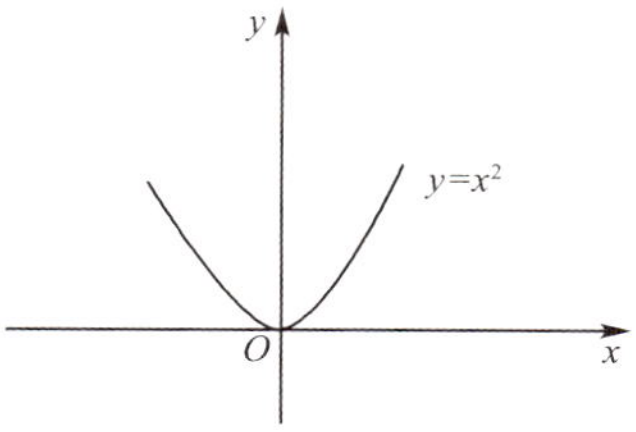

图 3-9

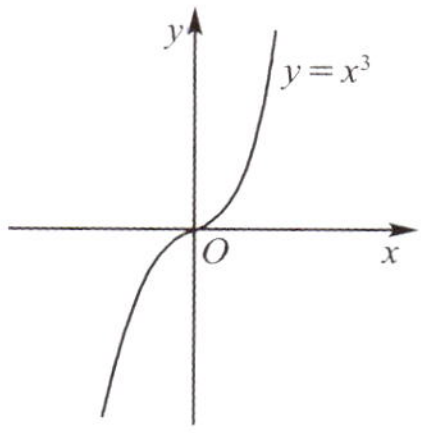

图 3-10

3.4.2 函数图形的描绘

知道函数的升降与凹凸,我们就可以大致描绘函数的图形了.

一般作函数 $y=f(x)$的图形,可以按如下步骤进行:

①确定函数 $y=f(x)$的定义域;

②求出函数的一阶导数 $f'(x)$与二阶导数 $f''(x)$;

③求出 $f'(x)$、$f''(x)$为零和不存在的点;

④列表分析并作图.

【例 4】 作函数 $y=x^3-x^2-x+1$ 的图形.

解 (1)函数的定义域为$(-\infty,+\infty)$;

(2)$y'=3x^2-2x-1=(3x+1)(x-1)$,$y''=6x-2=2(3x-1)$;

(3)令 $y'=0$ 得 $x_1=-\dfrac{1}{3}$或 $x_2=1$,令 $y''=0$ 得 $x_3=\dfrac{1}{3}$;

(4)列表分析并作图(图 3-11).

x	$\left(-\infty,-\frac{1}{3}\right)$	$-\frac{1}{3}$	$\left(-\frac{1}{3},\frac{1}{3}\right)$	$\frac{1}{3}$	$\left(\frac{1}{3},1\right)$	1	$(1,+\infty)$
y'	+	0	−	−	−	0	+
y''	−	−	−	0	+	+	+
y	↗	$\frac{32}{27}$ 极大值	↘	$\left(\frac{1}{3},\frac{16}{27}\right)$ 拐点	↘	0 极小值	↗

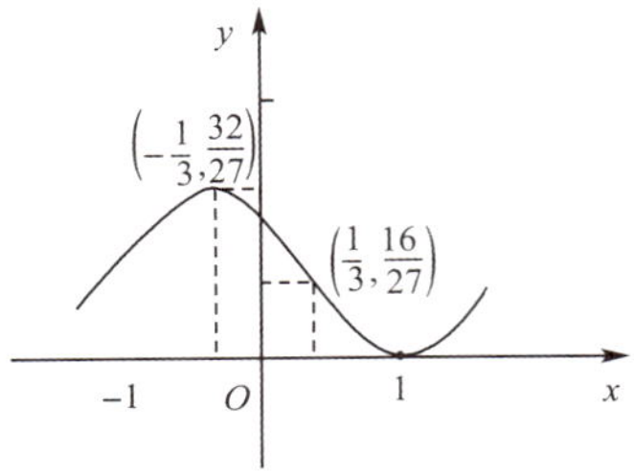

图 3-11

评估与测试3-4

1. 求下列曲线的凹凸区间和拐点.

(1) $y=x^3-6x^2+12x+4$；　　(2) $y=x^2\ln x$；

(3) $y=\dfrac{1}{x+3}$；　　(4) $y=\ln(1+x^2)$.

2. a、b 为何值时，点 $(1,-2)$ 为曲线 $y=ax^3+bx^2$ 的拐点？

3. 求曲线 $y=xe^{-x}$ 的凹凸区间和拐点.

4. 描绘下列函数的图形.

(1) $y=x^3-3x^2$；　　(2) $y=x^2+\dfrac{2}{x}$.

拓展阅读

莱布尼茨的生平充满了传奇色彩. 他出生于德国的莱比锡，祖父三代人均曾在萨克森政府供职. 他在早年便展现出对学术的浓厚兴趣，12岁时自学拉丁文并开始学习希腊文，14岁进入莱比锡大学学习，20岁时完成学业并专攻法律和一般大学课程. 尽管他是一名律师，但他经常在颠簸的马车上完成复杂的数学公式推导，显示了他对数学的深深热爱和执着.

微积分的创始者之一：莱布尼茨

第3章参考答案

第4章 不定积分

微积分学由微分学与积分学两大分支组成,微分学研究函数的导数与微分及其在函数研究中的应用.积分学主要研究积分的性质、计算及其在自然科学和技术科学中的应用.已知速度求路程、已知切线求曲线以及某些图形求面积与体积等问题,可利用微积分学中的积分学知识解决.

我们已经深入探讨了一元函数的微分学,但在科学技术的广阔领域中,经常需要我们探究与微分学相对立的问题,这就引导我们走向一元函数的积分学.微分学和积分学,在概念的确立和运算方法的运用上,呈现出一种相互对应、互为逆操作的关系.一个函数不定积分的计算,也被称为反导数.

本章将从已知某函数的导函数求这个函数来引进不定积分的概念,介绍不定积分性质和求不定积分的基本方法等,使复杂的函数可以分解为简单的函数进行积分,从而简化计算过程.同时,为以后进一步学习积分学打下基础.

学习目标

素质目标

(1)从不定积分的求解过程中,挖掘学生的科学精神和探索精神;

(2)从不定积分的学习中培养学生的集体主义精神,坚定信念,勇往直前,为追求国家富强、民族振兴而努力奋斗.

知识目标

(1)理解不定积分的概念和几何意义;

(2)理解原函数与不定积分之间的对应关系;

(3)理解基本的积分公式和性质,掌握不定积分的换元积分法和分部积分法.

能力目标

(1)能够建立变量之间的函数关系;

(2)能够运用基本的积分公式和法则进行不定积分的计算;

(3)能够利用换元积分法和分部积分法的解题技巧,求解各种不定积分.

4.1 不定积分的概念

4.1.1 原函数与不定积分的概念

上一章我们学习了求已知函数的导函数,在许多实际问题中我们经常要进行求导的逆运算,也就是求一个未知的函数,使其导函数恰好是某一个已知的函数.首先看下面的例子.

【例 1】 已知曲线过原点,且曲线上各点处的切线斜率等于该点横坐标的二倍,求曲线的方程.

解 设曲线方程为 $y=f(x)$,$M(x,y)$为曲线上的任意点,则曲线在该点的切线的斜率为 y',由题意得:

$$y'=2x.$$

同时要求是过原点的曲线,即 $x=0$ 时,$y=0$.

我们不难求出所求的曲线方程为 $y=x^2$.

我们把这种求导运算的逆运算称为求原函数.

定义 1 如果在区间 I 上,可导函数 $F(x)$的导函数为 $f(x)$,即

$$F'(x)=f(x)\text{或 } \mathrm{d}F(x)=f(x)\mathrm{d}x\,(x\in I),$$

则 $F(x)$为 $f(x)$在区间 I 上的原函数.

如$(x^2+1)'=2x$,所以 x^2+1 是函数 $2x$ 的一个原函数.显然 x^2 也是函数 $2x$ 的一个原函数.这说明原函数不是唯一的.

关于原函数,我们还要说明两点:

(1)如果 $f(x)$在某区间连续,那么它的原函数一定存在.

(2)若 $f(x)$存在原函数,原函数就不是唯一的.由于常数的导数等于 0,故对任意的常数 C,$F(x)+C$ 也是 $f(x)$的原函数,亦即若 $f(x)$有一个原函数 $F(x)$,则 $f(x)$必有无穷多个原函数,且易知 $F(x)+C$ 是 $f(x)$的全体原函数的集合,其中 C 是任意常数.

对于第二点,我们用一个新的概念——不定积分来表示该问题,即有下面的定义.

定义 2 函数 $f(x)$ 的全体原函数的集合叫作 $f(x)$ 的不定积分,记为$\int f(x)\mathrm{d}x$,即$\int f(x)\mathrm{d}x=F(x)+C$,其中,$\int$ 称为**积分号**,$f(x)$ 称为**积分函数**,$f(x)\mathrm{d}x$ 称为**被积表达式**,而 x 称为**积分变量**.

从不定积分的定义,$\int f(x)\mathrm{d}x$ 是 $f(x)$ 的原函数,那么易知有下面关系:

(1) $\left[\int f(x)\mathrm{d}x\right]'=f(x)$;$\mathrm{d}\left[\int f(x)\mathrm{d}x\right]=f(x)\mathrm{d}x$;

(2) $\int F'(x)\mathrm{d}x=F(x)+C$ 或$\int \mathrm{d}F(x)=F(x)+C$.

从中大家可以看到求导与积分的关系 —— 互逆.

【例 2】 求下列不定积分.

(1)$\int x^3\mathrm{d}x$;　　　　(2)$\int \cos x\,\mathrm{d}x$.

解 (1) 因为$\left(\frac{1}{4}x^4\right)'=x^3$，所以$\int x^3\,dx=\frac{1}{4}x^4+C$；

(2) 因为$(\sin x)'=\cos x$，所以$\int \cos x\,dx=\sin x+C$.

4.1.2 不定积分的几何意义

若$F(x)$是$f(x)$的一个原函数，则称$y=F(x)$的图像为$f(x)$的一条积分曲线. 于是函数$f(x)$的不定积分表示$f(x)$的某一条积分曲线沿着纵轴方向任意地平行移动所得到的所有积分曲线组成的曲线族. 显然，若在每一条积分曲线上横坐标相同的点处作切线，则这些切线都是互相平行的. 如图 4-1 和图 4-2.

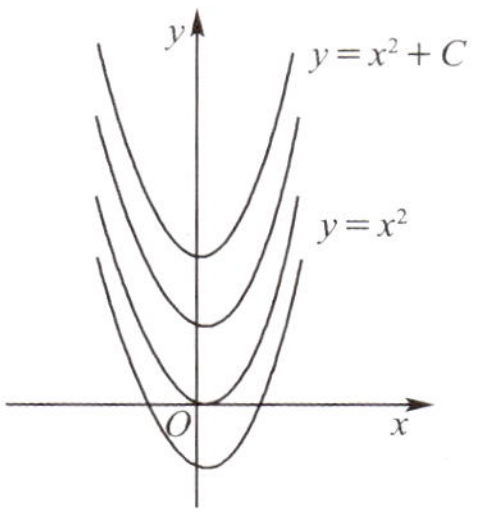

图 4-1

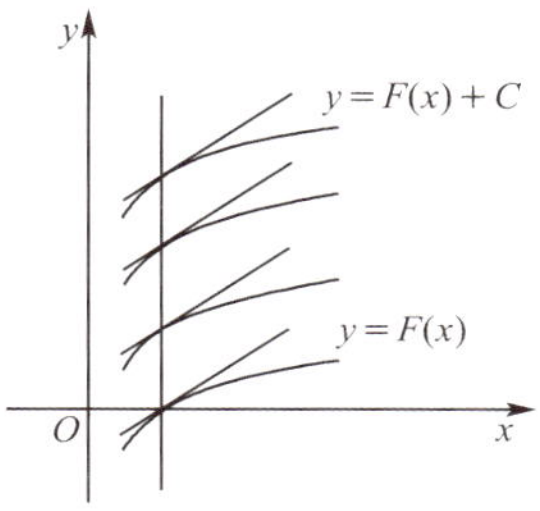

图 4-2

4.1.3 不定积分的基本公式和性质

1. 基本积分公式

由于求不定积分是求导数的逆运算，所以由导数公式可以相应得出下列基本积分公式：

(1) $\int k\,dx=kx+C$（k 为常数）；

(2) $\int x^\mu\,dx=\frac{1}{\mu+1}x^{\mu+1}+C\ (\mu\neq-1)$；

(3) $\int \frac{1}{x}\,dx=\ln|x|+C$；

(4) $\int e^x\,dx=e^x+C$；

(5) $\int a^x\,dx=\frac{a^x}{\ln a}+C$；

(6) $\int \cos x\,dx=\sin x+C$；

(7) $\int \sin x\,dx=-\cos x+C$；

(8) $\int \sec^2 x\,dx=\tan x+C$；

(9) $\int \csc^2 x\,dx=-\cot x+C$；

(10) $\int \sec x\tan x\,dx=\sec x+C$；

(11) $\int \csc x\cot x\,dx=-\csc x+C$；

(12) $\int \frac{1}{1+x^2}\,dx=\arctan x+C$；

(13) $\int \frac{1}{\sqrt{1-x^2}}\,dx=\arcsin x+C$.

以上公式是以后求积分的基础，请读者熟记.

2. 不定积分的性质

性质 1 被积函数中不为零的常数因子可提到积分号外. 即

$$\int kf(x)\,dx=k\int f(x)\,dx\quad(k\text{ 是常数},k\neq0).$$

性质 2 两个函数和的积分，等于各函数积分的和．即

$$\int [f(x) \pm g(x)]\mathrm{d}x = \int f(x)\mathrm{d}x \pm \int g(x)\mathrm{d}x.$$

性质 2 对有限多个函数也是成立的，它表明：和函数可逐项积分．

【例 3】 求下列不定积分．

(1) $\int \frac{1}{x^2}\mathrm{d}x$；

(2) $\int x\sqrt{x}\,\mathrm{d}x$．

解 (1) $\int \frac{1}{x^2}\mathrm{d}x = \int x^{-2}\mathrm{d}x = \frac{x^{-2+1}}{-2+1} + C = -\frac{1}{x} + C$；

(2) $\int x\sqrt{x}\,\mathrm{d}x = \int x^{\frac{3}{2}}\mathrm{d}x = \frac{2}{5}x^{\frac{5}{2}} + C$．

【例 4】 求下列不定积分．

(1) $\int (2x^3 + 1 - \mathrm{e}^x)\mathrm{d}x$；

(2) $\int \tan^2 x\,\mathrm{d}x$；

(3) $\int \sin^2 \frac{x}{2}\mathrm{d}x$；

(4) $\int \frac{x^2-1}{x^2+1}\mathrm{d}x$．

解 (1) $\int (2x^3 + 1 - \mathrm{e}^x)\mathrm{d}x = 2\int x^3\mathrm{d}x + \int \mathrm{d}x - \int \mathrm{e}^x\mathrm{d}x = 2\cdot\frac{x^4}{4} + x - \mathrm{e}^x + C$

$$= \frac{1}{2}x^4 + x - \mathrm{e}^x + C;$$

(2) $\int \tan^2 x\,\mathrm{d}x = \int (\sec^2 x - 1)\mathrm{d}x = \int \sec^2 x\,\mathrm{d}x - \int \mathrm{d}x = \tan x - x + C$；

(3) $\int \sin^2 \frac{x}{2}\mathrm{d}x = \int \frac{1-\cos x}{2}\mathrm{d}x = \frac{1}{2}\int \mathrm{d}x - \frac{1}{2}\int \cos x\,\mathrm{d}x = \frac{1}{2}x - \frac{1}{2}\sin x + C$；

(4) $\int \frac{x^2-1}{x^2+1}\mathrm{d}x = \int \frac{x^2+1-2}{x^2+1}\mathrm{d}x = \int \left(1 - \frac{2}{x^2+1}\right)\mathrm{d}x$

$$= \int \mathrm{d}x - 2\int \frac{1}{x^2+1}\mathrm{d}x = x - 2\arctan x + C.$$

设法化被积函数为和式，然后再逐项积分是一种重要的解题方法．

评估与测试4-1

1．计算下列不定积分．

(1) $\int \frac{\mathrm{d}x}{x^2\sqrt{x}}$；

(2) $\int \cos^2 \frac{x}{2}\mathrm{d}x$；

(3) $\int \frac{1+\cos^2 x}{1+\cos 2x}\mathrm{d}x$；

(4) $\int \sqrt{1-\sin 2x}\,\mathrm{d}x \left(0 < x < \frac{\pi}{4}\right)$；

(5) $\int \frac{1+x+x^2}{x(1+x^2)}\mathrm{d}x$；

(6) $\int \frac{x^4}{1+x^2}\mathrm{d}x$．

2．已知曲线过点(1,5)，并且曲线上任一点的切线斜率为 $k = 1 - x$，求此曲线方程．

3．一物体做直线运动，其速度 $v = 3t^2 + 4t$，当 $t = 2$ 时，物体经过的路程 $s = 16$，求这个物体的运动规律．

拓展阅读

积分思想作为数学的一个重要分支，其萌芽与发展漫长而多彩，凝聚了多个文明与时代的智慧结晶．其发展历程源远流长，涵盖了从古代到现代的多个阶段和多个文明．从古希腊的萌芽到古代中国的贡献，再到微积分发展简史和现代发展，积分思想不断得到完善和应用，为数学和其他学科的发展做出重要的贡献．

积分思想的萌芽与发展

4.2 换元积分法

4.2.1 第一类换元积分法（凑微分法）

视频：凑微分法

我们讨论形如 $\int\cos 2x\,\mathrm{d}x$ 的不定积分：

由于 $\int\mathrm{d}F(x)=F(x)$，我们把 $\cos 2x\,\mathrm{d}x$ 表示成 $\mathrm{d}F(x)$ 即可．而此时 $\frac{1}{2}\mathrm{d}\sin 2x=\frac{1}{2}\cos 2x\,\mathrm{d}(2x)=\cos 2x\,\mathrm{d}x$．所以

$$\int\cos 2x\,\mathrm{d}x=\int\mathrm{d}\left(\frac{1}{2}\sin 2x\right)=\frac{1}{2}\sin 2x+C.$$

这里实际上是令 $t=2x$，即 $x=\frac{1}{2}t$，将 $\int\cos 2x\,\mathrm{d}x$ 化成 $\int\mathrm{d}\left(\frac{1}{2}\sin 2x\right)=\frac{1}{2}\sin 2x+C$．这里作了变换 $t=2x$，也即 $x=\frac{1}{2}t$．

定理 1（第一类换元法） 如果被积函数的形式是 $f[\varphi(x)]\varphi'(x)$（或可以化为这种形式），且 $u=\varphi(x)$ 在某区间上可导，$f(u)$ 具有原函数 $F(u)$，则求不定积分 $\int f[\varphi(x)]\varphi'(x)\mathrm{d}x$ 时可以将被积函数中的 $\varphi'(x)\mathrm{d}x$ 凑成微分 $\mathrm{d}\varphi(x)$，令 $u=\varphi(x)$，然后对新变量 u 求不定积分，就得到下面的换元公式：

$$\int f[\varphi(x)]\varphi'(x)\mathrm{d}x=\int f[\varphi(x)]\mathrm{d}\varphi(x)\xlongequal{\text{令 }\varphi(x)=u}\int f(u)\mathrm{d}u$$

$$=F(u)+C\xrightarrow{\text{代回 }u=\varphi(x)}F[\varphi(x)]+C.$$

这种积分方法称为第一类换元积分法（凑微分法）．

【例 1】 求 $\int x\sqrt{4+x^2}\,\mathrm{d}x$．

解 $\int x\sqrt{4+x^2}\,\mathrm{d}x=\frac{1}{2}\int\sqrt{4+x^2}\cdot(4+x^2)'\mathrm{d}x=\frac{1}{2}\int\sqrt{4+x^2}\,\mathrm{d}(4+x^2)$

$$\xlongequal{u=4+x^2}\frac{1}{2}\int\sqrt{u}\,\mathrm{d}u=\frac{1}{2}\cdot\frac{2}{3}u^{\frac{3}{2}}+C=\frac{1}{3}(4+x^2)^{\frac{3}{2}}+C.$$

熟悉方法后，可略去中间的换元步骤，直接凑微分成积分公式的形式.

【例 2】 求$\int\sin^3x\cos x\,\mathrm{d}x$.

解 令 $u=\sin x$，由定理 1 得：

$$\int\sin^3x\cos x\,\mathrm{d}x=\int(\sin x)^3(\sin x)'\mathrm{d}x$$

$$=\int u^3\,\mathrm{d}u=\frac{1}{4}u^4+C=\frac{1}{4}\sin^4x+C.$$

【例 3】 求$\int x\mathrm{e}^{x^2}\mathrm{d}x$.

解 $\int x\mathrm{e}^{x^2}\mathrm{d}x=\frac{1}{2}\int\mathrm{e}^{x^2}\mathrm{d}x^2=\frac{1}{2}\mathrm{e}^{x^2}+C.$

【例 4】 求$\int\frac{1}{x(4+\ln x)}\mathrm{d}x$.

解 $\int\frac{1}{x(4+\ln x)}\mathrm{d}x=\int\frac{1}{4+\ln x}\mathrm{d}(4+\ln x)=\ln|4+\ln x|+C.$

【例 5】 求下列不定积分.

(1)$\int\sin^2x\,\mathrm{d}x$； (2)$\int(1-2x)^{100}\mathrm{d}x$.

解 (1)$\int\sin^2x\,\mathrm{d}x=\int\frac{1-\cos2x}{2}\mathrm{d}x=\frac{1}{2}\int\mathrm{d}x-\frac{1}{2}\int\cos2x\,\mathrm{d}x$

$$=\frac{1}{2}x-\frac{1}{4}\int\cos2x\,\mathrm{d}(2x)=\frac{1}{2}x-\frac{1}{4}\sin2x+C;$$

(2)$\int(1-2x)^{100}\mathrm{d}x=-\frac{1}{2}\int(1-2x)^{100}\mathrm{d}(1-2x)=-\frac{1}{202}(1-2x)^{101}+C.$

从上面的例题看出，凑微分时应注意调整系数与符号. 在凑微分时，常要用到下列的微分式子，熟悉它们有助于求不定积分.

(1)$\mathrm{d}x=\mathrm{d}(x+b)=\frac{1}{a}\mathrm{d}(ax+b)(a\neq0)$； (2)$x\,\mathrm{d}x=\frac{1}{2}\mathrm{d}(x^2)$；

(3)$\frac{1}{x}\mathrm{d}x=\mathrm{d}\ln x$； (4)$\frac{1}{\sqrt{x}}\mathrm{d}x=2\mathrm{d}\sqrt{x}$；

(5)$\frac{1}{x^2}\mathrm{d}x=\mathrm{d}\left(-\frac{1}{x}\right)=-\mathrm{d}\left(\frac{1}{x}\right)$； (6)$\frac{1}{1+x^2}\mathrm{d}x=\mathrm{d}(\arctan x)$；

(7)$\frac{1}{\sqrt{1-x^2}}\mathrm{d}x=\mathrm{d}(\arcsin x)$； (8)$\mathrm{e}^x\mathrm{d}x=\mathrm{d}(\mathrm{e}^x)$；

(9)$\sin x\,\mathrm{d}x=-\mathrm{d}(\cos x)$； (10)$\cos x\,\mathrm{d}x=\mathrm{d}(\sin x)$；

(11)$\sec^2x\,\mathrm{d}x=\mathrm{d}(\tan x)$； (12)$\csc^2x\,\mathrm{d}x=-\mathrm{d}(\cot x)$；

(13)$\sec x\tan x\,\mathrm{d}x=\mathrm{d}(\sec x)$； (14)$\csc x\cot x\,\mathrm{d}x=-\mathrm{d}(\csc x)$.

显然，微分式子并非只有这些，很多时候要根据具体问题具体分析、灵活运用. 要想熟练地运用第一类换元法计算不定积分，牢记基本积分公式的各个被积函数的形式是非常重要的，它是我们思考“如何凑微分”以及“凑成谁的微分”的出发点.

4.2.2 第二类换元积分法

前面我们用第一类换元积分法求解了一些例题，但有些不定积分，如 $\int \frac{\mathrm{d}x}{\sqrt{x^2+a^2}}(a \neq 0)$、$\int \frac{\mathrm{d}x}{1+\sqrt[3]{x}}$ 等，很难用凑微分的方法来积分. 对于这些不定积分，有时可引入新的积分变量 t，使 $x=\varphi(t)$，把原积分变成一个新的容易求解的积分式.

定理 2（第二类换元积分法） 若函数 $x=\varphi(t)$ 有连续的导数且 $\varphi'(t) \neq 0$，又函数 $f[\varphi(t)]\varphi'(t)$ 有原函数，则

$$\begin{aligned}\int f(x)\mathrm{d}x &\xlongequal{x=\varphi(t)} \int f[\varphi(t)]\mathrm{d}\varphi(t) \\ &= \int f[\varphi(t)]\varphi'(t)\mathrm{d}t = F(t)+C \\ &\xlongequal{t=\varphi^{-1}(x)} F[\varphi^{-1}(x)]+C.\end{aligned}$$

我们把这种积分方法叫作第二类换元积分法.

在使用第二类换元积分法公式时，通过变换 $x=\varphi(t)$ 化成 t 为积分变量的积分，最后一定要把 $t=\varphi^{-1}(x)$ 代回.

下面主要介绍第二类换元积分法中的简单根式代换法. 当被积函数仅含有根式 $\sqrt[n]{\frac{cx+d}{ax+b}}$ 时，难以用凑微分的方法有理化，可以令 $\sqrt[n]{\frac{cx+d}{ax+b}}=t$，解出 x，求得 $\mathrm{d}x$，代入被积表达式，化为关于 t 的积分，下面通过例题加以说明.

【例 6】 求 $\int \frac{\sqrt{x-1}}{x}\mathrm{d}x$.

解 由于被积函数含有 $\sqrt{x-1}$，令 $\sqrt{x-1}=t$，则 $x=t^2+1$，$\mathrm{d}x=2t\mathrm{d}t$. 于是

$$\begin{aligned}\int \frac{\sqrt{x-1}}{x}\mathrm{d}x &= \int \frac{2t^2}{t^2+1}\mathrm{d}t = 2\int \frac{(t^2+1)-1}{t^2+1}\mathrm{d}t = 2\int\left(1-\frac{1}{t^2+1}\right)\mathrm{d}t \\ &= 2(t-\arctan t)+C = 2(\sqrt{x-1}-\arctan\sqrt{x-1})+C.\end{aligned}$$

【例 7】 求 $\int \frac{\mathrm{d}x}{\sqrt{x}+\sqrt[3]{x}}$.

解 为同时化去根式 $\sqrt{x}$ 和 $\sqrt[3]{x}$，令 $\sqrt[6]{x}=t$，则 $x=t^6$，$\mathrm{d}x=6t^5\mathrm{d}t$，于是

$$\begin{aligned}\int \frac{\mathrm{d}x}{\sqrt{x}+\sqrt[3]{x}} &= \int \frac{6t^5}{t^3+t^2}\mathrm{d}t = 6\int \frac{t^3}{t+1}\mathrm{d}t \\ &= 6\int \frac{(t^3+1)-1}{t+1}\mathrm{d}t = 6\int\left(t^2-t+1-\frac{1}{t+1}\right)\mathrm{d}t \\ &= 2t^3-3t^2+6t-6\ln|t+1|+C \\ &= 2\sqrt{x}-3\sqrt[3]{x}+6\sqrt[6]{x}-6\ln(\sqrt[6]{x}+1)+C.\end{aligned}$$

小结：当被积函数中出现根号而又不能通过凑微分变成基本积分公式表中的某种形式时，常采用第二类换元积分法，将整个根式设为 t.

三角代换也是常用的积分换元形式. 当被积函数含有二次根式

$\sqrt{a^2-x^2}\,(a>0)$ 时，令 $x=a\sin t$；

$\sqrt{x^2+a^2}\,(a>0)$ 时，令 $x=a\tan t$；

$\sqrt{x^2-a^2}\,(a>0)$ 时，令 $x=a\sec t$.

代换化去根式，下面举一个例子说明，对其他代换感兴趣的读者可参考其他教材.

【例 8】 求 $\int\sqrt{a^2-x^2}\,dx\,(a>0)$.

解 令 $x=a\sin t\left(-\frac{\pi}{2}<t<\frac{\pi}{2}\right)$，则 $\sqrt{a^2-x^2}=a\cos t$，$dx=a\cos t\,dt$. 于是

$$\int\sqrt{a^2-x^2}\,dx=a^2\int\cos^2 t\,dt=\frac{a^2}{2}\int(1+\cos 2t)\,dt$$
$$=\frac{a^2}{2}\left(t+\frac{1}{2}\sin 2t\right)+C$$
$$=\frac{a^2}{2}(t+\sin t\cos t)+C.$$

为了把最后一式还原为 x 的表达式，可以根据三角公式得出

$$t=\arcsin\frac{x}{a},\cos t=\frac{\sqrt{a^2-x^2}}{a}.$$

因此

$$\int\sqrt{a^2-x^2}\,dx=\frac{a^2}{2}\arcsin\frac{x}{a}+\frac{x}{2}\sqrt{a^2-x^2}+C.$$

评估与测试4-2

1. 求下列不定积分.

(1) $\int(2x-1)\cos(x^2-x+1)\,dx$；

(2) $\int\frac{\arctan x}{1+x^2}\,dx$；

(3) $\int\cos 3x\cos x\,dx$；

(4) $\int\tan^3 x\,dx$；

(5) $\int\frac{dx}{(x-1)(x+2)}$；

(6) $\int\frac{e^{\arcsin x}}{\sqrt{1-x^2}}\,dx$；

(7) $\int\frac{dx}{x^2+2x+3}$；

(8) $\int\frac{2x+1}{(x-1)^8}\,dx$；

(9) $\int\frac{2x^2-1}{x(x-4)}\,dx$；

(10) $\int\frac{2x-3}{x^2-2x+2}\,dx$.

2. 求下列不定积分.

(1) $\int\frac{e^{3\sqrt{x}}}{\sqrt{x}}\,dx$；

(2) $\int\frac{dx}{\sqrt{e^{2x}-1}}$；

(3) $\int\frac{dx}{1+\sqrt{2x}}$；

(4) $\int\frac{dx}{\sqrt{4x^2+9}}$；

(5) $\int\frac{2x-1}{\sqrt{1-x^2}}\,dx$；

(6) $\int\frac{dx}{\sqrt{x}+\sqrt[4]{x}}$；

(7) $\int \frac{dx}{x\sqrt{x^2-1}}$；　　　　(8) $\int \frac{\sqrt{x^2-9}}{x}dx\ (x>3)$.

拓展阅读

回顾换元积分法的数学史，我们可以看到它的发展历程充满了探索、创新和实践.从莱布尼茨和牛顿的开创性工作，到18、19世纪的广泛应用和深化拓展，再到20世纪及当代的深入研究与广泛应用，换元法始终伴随着微积分学的发展而不断进步，并继续发挥其重要作用.

换元法的传承与创新

4.3 分部积分法

分部积分法也是求不定积分最主要的方法.

设函数 $u=u(x)$、$v=v(x)$ 具有连续导数，则 $(uv)'=u'v+v'u$，

$$d(uv)=(u'v+v'u)dx=vdu+udv,$$

移项得

$$udv=d(uv)-vdu,$$

两边积分得

$$\int udv=uv-\int vdu.$$

视频：分部积分法

称上式为分部积分公式，它可以将求 $\int udv$ 的积分转化为求 $\int vdu$ 的积分，当后面这个积分较容易求时，分部积分公式就起到了化难为易的作用.

注意：运用好分部积分法的关键是恰当地选择 u 和 dv，一般要考虑如下两点：

(1) v 要容易求得(可用凑微分法求出)；

(2) $\int vdu$ 要比 $\int udv$ 容易积出.

【例1】 求 $\int x\cos x\,dx$.

解 $\int x\cos x\,dx=\int x\,d\sin x=x\sin x-\int \sin x\,dx$

$$=x\sin x+\cos x+C.$$

【例2】 求 $\int xe^x\,dx$.

解 $\int xe^x\,dx=\int x\,de^x=xe^x-\int e^x\,dx$

$$=xe^x-e^x+C.$$

【例3】 求 $\int x^2\sin 2x\,dx$.

解 $\int x^2\sin 2x\,dx=-\frac{1}{2}\int x^2 d\cos 2x$

$$=-\frac{1}{2}\left(x^2\cos 2x-\int\cos 2x\,dx^2\right)$$

$$=-\frac{x^2}{2}\cos 2x+\int x\cos 2x\,dx.$$

使用了一次分部积分公式以后，积分$\int x^2\sin 2x\,dx$ 转化为$\int x\cos 2x\,dx$，幂函数的次数降低了一次，只要对后一个积分再用一次分部积分公式即可.

$$\int x\cos 2x\,dx=\frac{1}{2}\int x\,d\sin 2x=\frac{1}{2}\left(x\sin 2x-\int\sin 2x\,dx\right)$$

$$=\frac{x}{2}\sin 2x+\frac{1}{4}\cos 2x+C.$$

因此

$$\int x^2\sin 2x\,dx=-\frac{x^2}{2}\cos 2x+\frac{x}{2}\sin 2x+\frac{1}{4}\cos 2x+C.$$

由以上例子可见，如果被积函数是正整数的幂函数和三角函数或幂函数和指数函数的乘积，可考虑用分部积分法，一般选取幂函数为公式中的 u.

【例 4】 求$\int x^2\ln x\,dx$.

解 $\int x^2\ln x\,dx=\frac{1}{3}\int\ln x\,dx^3=\frac{1}{3}\left(x^3\ln x-\int x^3 d\ln x\right)$

$$=\frac{x^3}{3}\ln x-\frac{1}{3}\int x^2 dx=\frac{x^3}{3}\ln x-\frac{x^3}{9}+C.$$

【例 5】 求$\int 2x\arctan x\,dx$.

解 因为$\int 2x\arctan x\,dx=\int\arctan x\,dx^2$，而$\int x^2 d\arctan x=\int\frac{x^2}{1+x^2}dx$ 比$\int 2x\arctan x\,dx$ 容易积分，所以可取 $u=\arctan x$，$dv=2x\,dx$，有

$$\int 2x\arctan x\,dx=\int\arctan x\,dx^2=x^2\arctan x-\int x^2 d\arctan x$$

$$=x^2\arctan x-\int\frac{x^2}{1+x^2}dx$$

$$=x^2\arctan x-x+\arctan x+C.$$

【例 6】 求$\int\arcsin x\,dx$.

解 $\int\arcsin x\,dx=x\arcsin x-\int x\,d\arcsin x$

$$=x\arcsin x-\int\frac{x}{\sqrt{1-x^2}}dx$$

$$=x\arcsin x+\frac{1}{2}\int(1-x^2)^{-\frac{1}{2}}d(1-x^2)$$

$$=x\arcsin x+\sqrt{1-x^2}+C.$$

由以上例子可见，如果被积函数是正整数的幂函数和对数函数或幂函数和反三角函数的乘积，可考虑用分部积分法．一般不选取幂函数为公式中的 u．

【例 7】 求$\int e^{-x}\cos x\,dx$．

解 设$\int e^{-x}\cos x\,dx=I$，则

$$I=-\int\cos x\,de^{-x}=-\left(e^{-x}\cos x-\int e^{-x}\,d\cos x\right)$$
$$=-e^{-x}\cos x-\int e^{-x}\sin x\,dx,$$

经过一次分部积分后，不定积分$\int e^{-x}\cos x\,dx$ 转化成了同一类型的$\int e^{-x}\sin x\,dx$，对后一个积分再作一次积分，选择的 u、dv 务必与第一次用分部积分法时选择的类型保持一致，即取$u=\sin x$、$dv=de^{-x}$（为什么不能选择其他的 u、dv？读者不妨试一试，取 $u=e^{-x}$、$dv=d\cos x$ 将得到怎样的结论），于是

$$I=-e^{-x}\cos x+\int\sin x\,de^{-x}=-e^{-x}\cos x+e^{-x}\sin x-\int e^{-x}\,d\sin x$$
$$=-e^{-x}\cos x+e^{-x}\sin x-\int e^{-x}\cos x\,dx$$
$$=e^{-x}(\sin x-\cos x)-I,$$

即

$$I=e^{-x}(\sin x-\cos x)-I.$$

上式是关于 I 的一个方程，由于 I 包含了任意常数，当把上式右端的 $-I$ 移到左端时，右端不再有不定积分的符号，因此务必同时加上任意常数．即

$$2I=e^{-x}(\sin x-\cos x)+2C,$$
$$I=\frac{1}{2}e^{-x}(\sin x-\cos x)+C.$$

评估与测试4-3

1. 填空题

(1) 设 $f(x)$ 的一个原函数是$\dfrac{\ln x}{x^2}$，则$\int xf'(x)dx=$________；

(2) 设 $f(x)=\sin 2x$，则$\int x^2f''(x)dx=$________．

2. 求下列不定积分．

(1) $\int x\cos 3x\,dx$；

(2) $\int 2xe^{-2x}\,dx$；

(3) $\int(x^2-x+1)\ln x\,dx$；

(4) $\int\arctan x\,dx$；

(5) $\int e^{3x}\cos 2x\,dx$；

(6) $\int xf''(x)dx$．

拓展阅读

黎曼是一位伟大的数学家，他的贡献不仅在于他创立的新理论和新方法，更在于他对数学的深刻理解和洞察，以及他对数学发展的推动和影响.他在1854年创立了黎曼几何学，同时在数论领域也做出了重要贡献，他的才华和贡献使他成为世界数学史上最具独创精神的数学家之一.

"愈贫愈坚"的少年天才黎曼

第4章参考答案

第 5 章 定积分及其应用

古希腊人对面积问题非常感兴趣,他们知道如何计算三角形、圆和相关图形的面积,但是求其他图形是一个新问题.阿基米德应用一种叫作近似逼近的方法来计算一段抛物线的面积及其他几个几何量,但近 2000 年以来,由阿基米德创造出来的计算方法依然是其他人无法比拟的.直到 17 世纪中叶,几个欧洲思想家特别是费马和帕斯卡开始推动阿基米德留下的逼近法,之后牛顿和莱布尼茨取得了决定性的突破,表明可以用逼近法计算的量,那么很容易通过使用反导数来计算.这一重要的发现被称为微积分基本原理,它将主题的两部分结合起来,并且无疑是整个数学中最重要的一个事实.

学习目标

素质目标

(1)体会以直代曲、积零为整的思想;

(2)体会量变质变规律,提供了事物发展是质变和量变的统一、连续性和阶段性的统一的观察事物的原则和方法.

知识目标

(1)理解原函数的概念;

(2)理解定积分的概念,掌握定积分的求解方法;

(3)理解定积分的几何意义,掌握定积分的几何应用.

能力目标

(1)能够求解函数的定积分;

(2)能够应用换元积分法与分部积分法计算定积分;

(3)能够建立数学模型计算定积分.

5.1 定积分的概念与性质

为了获知粮食的单位面积产量，需要估算一片田地的面积. 如果这片田地有着弯曲的周边，该如何求其面积呢？

早在三百多年以前，许多科学家就致力于研究这类几何问题，以及如何计算变力做功、水闸所受压力、变速直线运动的路程等物理问题. 随着这些问题的逐一解决，定积分也就应运而生了.

5.1.1 定积分的实际背景

1. 曲边梯形的面积

【引例】 如何求解不规则图形的面积呢？

设 $y=f(x)$ 是定义在 $[a,b]$ 上的非负连续函数，由曲线 $y=f(x)$ 与 x 轴、直线 $x=a$、$x=b$ 围成的图形称为曲边梯形(图 5-1)，求该曲边梯形的面积 .

通过观察发现，由于曲边梯形有一条边是曲线，底边上各点处的高 $f(x)$ 在 $[a,b]$ 上是连续变化的，因此不能用求直边形面积的方法来求其面积. 我们设想：能否将该曲边梯形沿着 y 轴方向切割成许多窄窄的长条，然后在每个长条内"以直代曲"呢？由函数的连续性可知，自变量变化很小时，相应的函数值变化也很小. 所以，分割越细，误差越小，因此取极限就可获得曲边梯形的面积值.

上述思路具体实施分为下述四步：

(1) 大化小(分割)

在区间 $[a,b]$ 内任意插入 $n-1$ 个分点，

$$a=x_0<x_1<x_2<\cdots<x_i<\cdots<x_n=b,$$

把区间 $[a,b]$ 分割成 n 个小区间 $[x_{i-1},x_i]$ $(i=1,2,\cdots,n)$（称为区间 $[a,b]$ 的一个分割），并分别记小区间的长度为 $\Delta x_i=x_i-x_{i-1}$ $(i=1,2,\cdots,n)$. 相应地，把曲边梯形分割成 n 个窄曲边梯形(图 5-2).

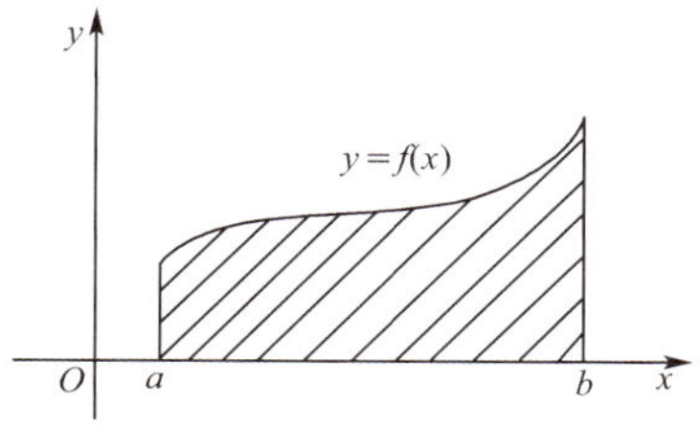

图 5-1

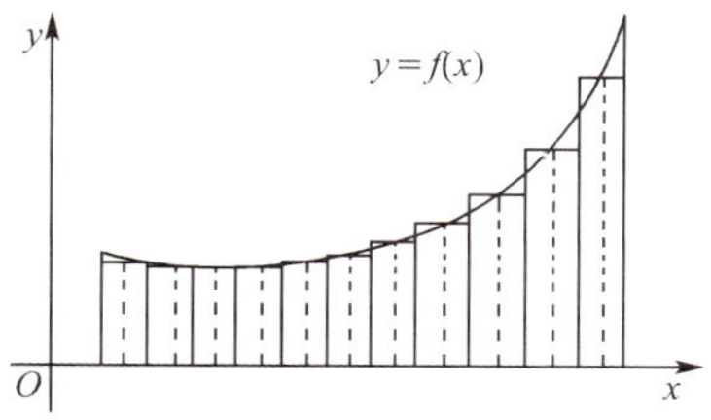

图 5-2

(2)常代变(近似代替)

即“以直代曲”，在小区间$[x_{i-1},x_i]$上任取一点ξ_i，以$f(\xi_i)$为高，Δx_i为底的小矩形面积$f(\xi_i)\Delta x_i$作为窄曲边梯形面积ΔA_i的近似值，从而在$[x_{i-1},x_i]$上以直线$y=f(\xi_i)$代替曲线$y=f(x)$，有

$$\Delta A_i\approx f(\xi_i)\Delta x_i;i=1,2,\cdots,n.$$

(3)近似和(求和)

把所有小矩形面积相加，得整个曲边梯形面积A的近似值，即

$$A=\sum_{i=1}^{n}\Delta A_i\approx\sum_{i=1}^{n}f(\xi_i)\Delta x_i.$$

(4) 取极限

显然，随区间$[a,b]$内的分点不断增加，第三步所得近似值的精度将不断提高，并不断逼近曲边梯形面积值，记最大的小区间长度为λ，即$\lambda=\max\{\Delta x_1,\Delta x_2,\cdots,\Delta x_n\}$，并令$\lambda\to 0$，取上述和式极限，就得到了曲边梯形的面积

$$A=\lim_{\lambda\to 0}\sum_{i=1}^{n}f(\xi_i)\Delta x_i.$$

2. 变速直线运动的路程

设某物体做直线运动，已知速度$v=v(t)$是时间间隔$[T_1,T_2]$上的连续函数，且$v(t)\geqslant 0$，计算这段时间内物体所走的路程.

若是匀速运动，则路程$s=v(T_2-T_1)$；若$v(t)$是变速的，路程就不能用初等方法求得了.

解决这个问题的思路和步骤与求曲边梯形面积相类似.

(1) 大化小(分割)

在时间间隔$[T_1,T_2]$内任意插入$n-1$个分点(图5-3)，

$$T_1=t_0<t_1<t_2<\cdots<t_i<\cdots<t_n=T_2,$$

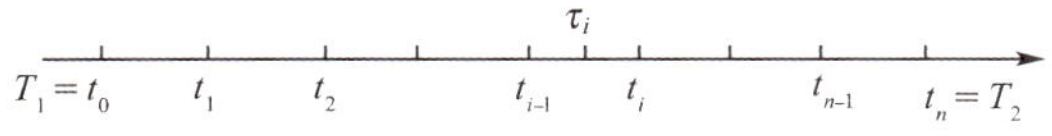

图 5-3

把时间间隔$[T_1,T_2]$分割成n个小区间$[t_{i-1},t_i](i=1,2,\cdots,n)$(称为时间段$[T_1,T_2]$的一个分割)，并分别记每个小时间段的长度为$\Delta t_i=t_i-t_{i-1}(i=1,2,\cdots,n)$.

(2) 常代变(近似代替)

即“以常代变”，把每个小时间段$[t_{i-1},t_i]$上的运动视为匀速，任取时刻$\tau_i\in[t_{i-1},t_i]$，作乘积$v(\tau_i)\Delta t_i$；显然，这一小段时间内物体所走路程Δs_i可近似表示为：

$$\Delta s_i \approx v(\tau_i)\Delta t_i;i=1,2,\cdots,n.$$

(3) 近似和(求和)

把 n 个小段时间上的路程相加,得物体总路程 s 的近似值,即

$$s=\sum_{i=1}^{n}\Delta s_i \approx \sum_{i=1}^{n} v(\tau_i)\Delta t_i.$$

(4) 取极限

让时间间隔$[T_1,T_2]$内的分点无限增加,令最大的时间间隔 $\lambda=\max\{\Delta t_1,\Delta t_2,\cdots,\Delta t_n\}\to 0$,则上述和式的极限就是 s 的精确值,即

$$s=\lim_{\lambda\to 0}\sum_{i=1}^{n} v(\tau_i)\Delta t_i.$$

以上两个实例,虽然实际意义不同,但解决问题的方法却完全相同:都采用分割、近似代替、求和、取极限的方法;而最后归结为同一种结构的和式的极限.事实上,可以用这一方法描述的量在各个科学领域中是很广泛的,如曲线的长度、旋转体的体积、液体中闸门的静压力及经济学中的某些量等,抛开这些问题的具体意义,抓住它们在数量关系上的共性与本质并加以概括,便抽象出定积分的概念.

5.1.2　定积分的概念

视频:定积分的概念

定义　设 $f(x)$ 为定义在区间$[a,b]$上的有界函数,在$[a,b]$中任意插入 $n-1$ 个分点:

$$a=x_0<x_1<x_2<\cdots<x_i<\cdots<x_n=b,$$

将区间$[a,b]$分为 n 个小区间$[x_{i-1},x_i]$$(i=1,2,\cdots,n)$,小区间的长度分别记为 $\Delta x_i=x_i-x_{i-1}(i=1,2,\cdots,n)$,在小区间$[x_{i-1},x_i]$上任取一点 ξ_i,作乘积 $f(\xi_i)\Delta x_i$ 的和式

$$\sum_{i=1}^{n} f(\xi_i)\Delta x_i.$$

若当 $\lambda=\max\limits_{1\leqslant i\leqslant n}\{\Delta x_i\}\to 0$ 时,上述和式极限存在,且与区间$[a,b]$的分法无关,与 ξ_i 的取法无关,则称此极限为函数 $f(x)$ 在区间$[a,b]$上的定积分,记为$\int_a^b f(x)\mathrm{d}x$,即

$$\int_a^b f(x)\mathrm{d}x=\lim_{\lambda\to 0}\sum_{i=1}^{n} f(\xi_i)\Delta x_i,$$

其中,$f(x)$ 称为**被积函数**,x 称为**积分变量**,$f(x)\mathrm{d}x$ 称为**被积表达式**,$[a,b]$ 称为**积分区间**,a 称为**积分下限**,b 称为**积分上限**,$\int$ 称为**积分号**.

根据定积分的定义,前面两个实例可以记为:

曲边梯形的面积　$A=\int_a^b f(x)\mathrm{d}x$;

变速直线运动的路程　$s=\int_{T_1}^{T_2} v(t)\mathrm{d}t$.

关于定积分有以下几点说明:

(1) 定积分$\int_a^b f(x)\mathrm{d}x$ 的值与积分变量的符号无关,即有

$$\int_a^b f(x)\mathrm{d}x=\int_a^b f(t)\mathrm{d}t=\int_a^b f(u)\mathrm{d}u.$$

(2) 定义中积分限 $a<b$,我们补充如下规定:

当 $a=b$ 时,$\int_a^b f(x)\mathrm{d}x=0$;

当 $a>b$ 时,$\int_a^b f(x)\mathrm{d}x=-\int_b^a f(x)\mathrm{d}x$.

(3) 定积分的存在性:当 $f(x)$ 在$[a,b]$上连续或只有有限个第一类间断点时,$f(x)$ 在$[a,b]$上的定积分存在(也称可积).

5.1.3 定积分的几何意义

在曲边梯形的面积中,我们看到如果 $f(x)>0$,图形在 x 轴之上,积分值为正,有

$$\int_a^b f(x)\mathrm{d}x=A.$$

如果 $f(x)\leqslant 0$,那么曲边梯形位于 x 轴下方,积分值为负,此时定积分$\int_a^b f(x)\mathrm{d}x$ 在几何上表示上述曲边梯形面积的相反数,即

$$\int_a^b f(x)\mathrm{d}x=-A.$$

如果 $f(x)$ 在$[a,b]$上有正有负时,那么积分值就等于曲线 $y=f(x)$ 在 x 轴上方部分与下方部分面积的代数和(图 5-4),有

$$\int_a^b f(x)\mathrm{d}x=A_1-A_2+A_3.$$

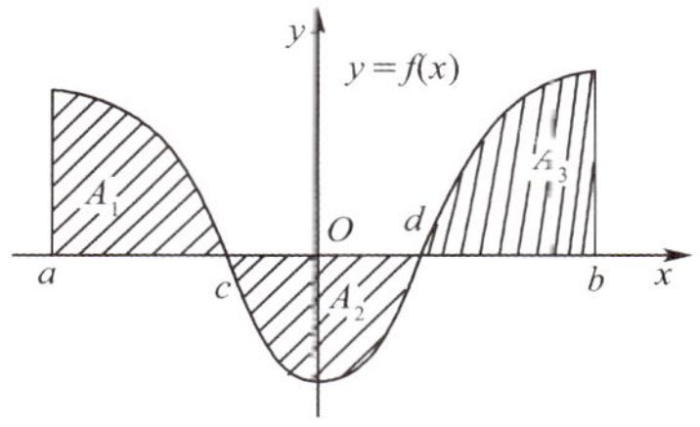

图 5-4

【例 1】 证明$\int_a^b c\,\mathrm{d}x=c(b-a)$,其中 c 为常数.

证明 由定积分定义,$f(x)=c$;c 是常数,积分和式

$$\sum_{i=1}^n f(\xi_i)\Delta x_i=\sum_{i=1}^n c\Delta x_i=c\sum_{i=1}^n \Delta x_i=c(b-a),$$

所以

$$\int_a^b c\,\mathrm{d}x=\lim_{\lambda\to 0}\sum_{i=1}^n f(\xi_i)\Delta x_i=\lim_{\lambda\to 0}c(b-a)=c(b-a).$$

事实上,从几何意义可以看出,$\int_a^b c\,\mathrm{d}x$ 是 $y=c$,$y=0$,$x=a$,$x=b$ 围成矩形的面积,即 $c(b-a)$. 在 $c<0$ 时,面积为 $-c(b-a)$,再带上个负号才成为定积分,故仍为

$$\int_a^b c\,\mathrm{d}x=-(-c)(b-a)=c(b-a).$$

5.1.4 定积分的性质

定积分是一种和式的极限,根据定积分的定义及极限运算法则,可以得以下性质. 下面的论述中,假定有关函数在所讨论区间上可积.

性质 1 $\int_a^b kf(x)\mathrm{d}x = k\int_a^b f(x)\mathrm{d}x$（$k$ 为常数）.

性质 2 $\int_a^b [f(x) \pm g(x)]\mathrm{d}x = \int_a^b f(x)\mathrm{d}x \pm \int_a^b g(x)\mathrm{d}x$.

推广：有限个可积函数的和、差的定积分等于它们定积分的和、差，即

$$\int_a^b [f_1(x) \pm f_2(x) \pm \cdots \pm f_n(x)]\mathrm{d}x = \int_a^b f_1(x)\mathrm{d}x \pm \int_a^b f_2(x)\mathrm{d}x \pm \cdots \pm \int_a^b f_n(x)\mathrm{d}x.$$

性质 3（**积分区间的可加性**） 对任意常数 c，$\int_a^b f(x)\mathrm{d}x = \int_a^c f(x)\mathrm{d}x + \int_c^b f(x)\mathrm{d}x$.

性质 4（**比较性质**） 在 $[a,b]$ 上若 $f(x) \geqslant g(x)$，则 $\int_a^b f(x)\mathrm{d}x \geqslant \int_a^b g(x)\mathrm{d}x$.

上述几条性质，均可由定积分定义证得（证明从略）.

性质 5（**估值定理**） 若函数 $f(x)$ 在闭区间 $[a,b]$ 上的最大值与最小值分别为 M 和 m，则

$$m(b-a) \leqslant \int_a^b f(x)\mathrm{d}x \leqslant M(b-a).$$

从定积分的几何意义看（图 5-5），这是显然的：

$$S_{矩形aA_1B_1b} \leqslant S_{曲边梯形aABb} \leqslant S_{矩形aA_2B_2b}.$$

性质 6（**积分中值定理**） 若函数 $f(x)$ 在 $[a,b]$ 上连续，则至少存在一点 $\xi \in [a,b]$，使得

$$\int_a^b f(x)\mathrm{d}x = f(\xi)(b-a).$$

积分中值定理有明显的几何意义：曲边 $y=f(x)$ 在 $[a,b]$ 底上所围成的曲边梯形的面积，等于同一底边而高为 $f(\xi)$ 的矩形面积（图 5-6）.

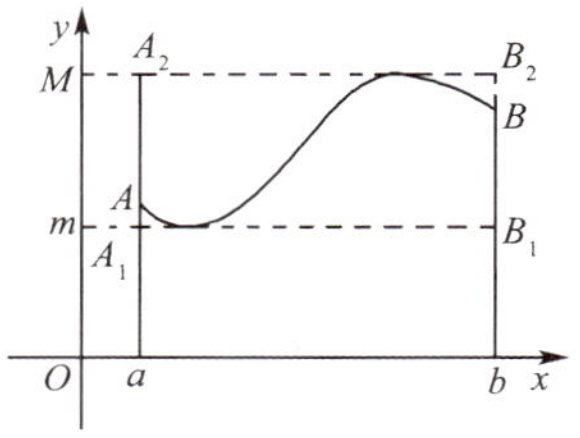

图 5-5

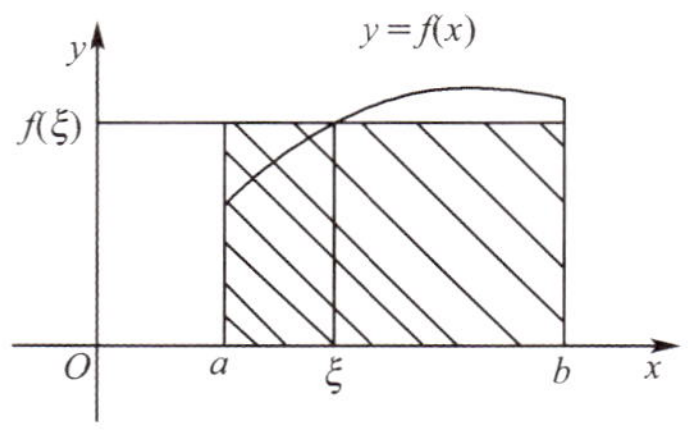

图 5-6

【例 2】 比较下列各对定积分值的大小.

(1) $\int_0^1 x\,\mathrm{d}x$ 与 $\int_0^1 x^2\mathrm{d}x$；　　(2) $\int_1^2 \ln x\,\mathrm{d}x$ 与 $\int_1^2 \ln^2 x\,\mathrm{d}x$.

解 (1) 当 $x \in [0,1]$ 时，有 $x \geqslant x^2$，由性质 4 得 $\int_0^1 x\,\mathrm{d}x \geqslant \int_0^1 x^2\mathrm{d}x$；

(2) 当 $x \in [1,2]$ 时，$0 \leqslant \ln x < 1$，故 $\ln x \geqslant \ln^2 x$，由性质 4 得

$$\int_1^2 \ln x\,\mathrm{d}x \geqslant \int_1^2 \ln^2 x\,\mathrm{d}x.$$

评估与测试5-1

1. 设一质量非均匀的细棒，长度为 l，取棒的一端为原点，假设细棒上任一点 x 处线密度为 $\rho(x)$，试用定积分表示细棒的质量 M.

2. 说明下列定积分的几何意义，并指出它们的值.

(1) $\int_0^1 (2x+1)\mathrm{d}x$；　(2) $\int_{-r}^{r} \sqrt{r^2-x^2}\,\mathrm{d}x$；　(3) $\int_1^2 x\,\mathrm{d}x$.

3. 不经计算比较下列定积分的大小.

(1) $\int_0^1 x^2\mathrm{d}x$ 与 $\int_0^1 x^3\mathrm{d}x$；　(2) $\int_0^{\pi} \sin x\,\mathrm{d}x$ 与 $\int_0^{\pi} \cos x\,\mathrm{d}x$.

4. 设 $f(x)$ 为区间 $[a,b]$ 上单调增加的连续函数，证明：

$$f(a)(b-a) \leqslant \int_a^b f(x)\mathrm{d}x \leqslant f(b)(b-a).$$

5. 汽车出厂检测实验中，汽车行驶过程中被刹车制动后 4 s 内停下，这一过程中每秒速度值经仪器记录如下(表 5-1).

表 5-1　每秒速度值记录

制动后时间(s)	0	1	2	3	4
速度(m/s)	12	8	5	2	0

试根据此表，估算制动后汽车至少及最多要滑行的距离 s.

拓展阅读

定积分的概念起源于求平面图形的面积问题. 古希腊时期的阿基米德在公元前 240 年左右就曾用求和的方法计算过抛物线弓形及其他图形的面积. 公元 263 年刘徽提出了割圆术. 积分观念的形成比微分观念的形成要早. 直到牛顿和莱布尼茨工作出现之前，有关微积分的种种结果还是零散的、孤立的，完整的微积分理论还未能形成.

定积分之缘起

5.2　微积分基本公式

从上节看到，如果我们按照定积分定义来计算定积分，是复杂的不易计算的，有时甚至是不可能的. 本节将通过对定积分与原函数关系的讨论，导出一种计算定积分的简便有效的方法.

5.2.1　变上限定积分

设函数 $f(x)$ 在区间 $[a,b]$ 上连续，若 $x \in [a,b]$，则定积分 $\int_a^x f(x)\mathrm{d}x$ 存在. 该式中 x

既表示积分上限,又表示积分变量,但它们含义不同,为区别起见,把积分变量改用字母 t 表示,即

$$\int_a^x f(t)\mathrm{d}t; x \in [a,b], \tag{5-1}$$

由于定积分 $\int_a^b f(x)\mathrm{d}x$ 表示一个数值,这个值只取决于被积函数 $f(x)$ 和积分区间 $[a,b]$. 由此,给定积分区间 $[a,b]$ 上的一个 x 值,按式(5-1)就有一个积分值与之对应,因此,式(5-1)可看作积分上限 x 的函数,其定义域是 $[a,b]$,记作 $\Phi(x)$,即

$$\Phi(x)=\int_a^x f(t)\mathrm{d}t; x \in [a,b],$$

上式通常称为**积分上限函数**.

从几何意义上看,$\Phi(x)$ 表示区间 $[a,x]$ 所对应的曲边梯形的面积,它随 x 的变化而变化,因而 $\Phi(x)$ 是 x 的函数(图 5-7).

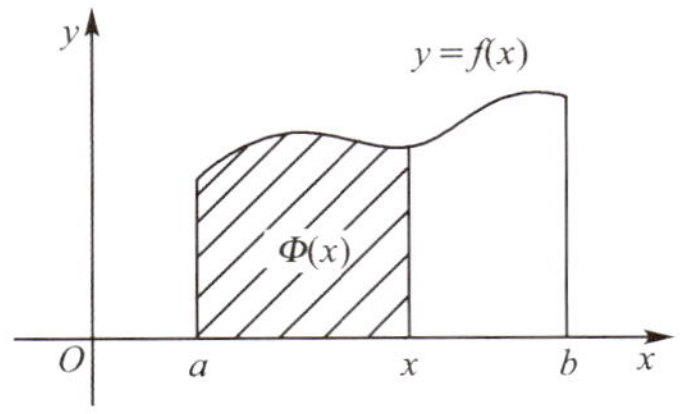

图 5-7

定理 1(微积分学基本定理) 若函数 $f(x)$ 在区间 $[a,b]$ 上连续,则函数 $\Phi(x)=\int_a^x f(t)\mathrm{d}t$ 在区间 $[a,b]$ 上可导,且其导数就是 $f(x)$,即

$$\frac{\mathrm{d}}{\mathrm{d}x}\Phi(x)=\frac{\mathrm{d}}{\mathrm{d}x}\int_a^x f(t)\mathrm{d}t=f(x).$$

证明 现考察自变量 x 有增量 Δx 时,所引起的 $\Phi(x)$ 的改变量 $\Delta\Phi(x)$,有

$$\Delta\Phi(x)=\Phi(x+\Delta x)-\Phi(x)=\int_a^{x+\Delta x} f(t)\mathrm{d}t-\int_a^x f(t)\mathrm{d}t=\int_x^{x+\Delta x} f(t)\mathrm{d}t.$$

由积分中值定理得

$$\Delta\Phi(x)=\int_x^{x+\Delta x} f(t)\mathrm{d}t=f(\xi)\Delta x \quad (\xi \text{ 介于 } x \text{ 与 } x+\Delta x \text{ 之间}).$$

从而有

$$\frac{\Delta\Phi(x)}{\Delta x}=f(\xi).$$

所以

$$\frac{\mathrm{d}}{\mathrm{d}x}\Phi(x)=\lim_{\Delta x\to 0}\frac{\Delta\Phi(x)}{\Delta x}=\lim_{\Delta x\to 0} f(\xi)=f(x).$$

按原函数定义,该定理又告诉我们:连续函数一定有原函数,并且这一原函数就是 $f(x)$ 的变上限定积分 $\int_a^x f(t)\mathrm{d}t$. 这就充分说明了在上一章不定积分中关于连续函数一定存在原函数的结论.

【例 1】 $\Phi(x)=\int_a^x \mathrm{e}^{t^2}\mathrm{d}t$,求 $\Phi'(0)$.

解 由定理 1,$\Phi'(x)=\mathrm{e}^{x^2}$,所以 $\Phi'(0)=1$.

【例 2】 计算 $\lim\limits_{x\to 0}\dfrac{\int_0^x \cos t^2\mathrm{d}t}{x}$.

解 这是一个“$\frac{0}{0}$”型未定式,根据洛必达法则,有

$$\lim_{x\to 0}\frac{\int_0^x \cos t^2\,dt}{x}=\lim_{x\to 0}\frac{\left(\int_0^x \cos t^2\,dt\right)'}{x'}=\lim_{x\to 0}\cos x^2=1.$$

【例 3】 求 $\frac{d}{dx}\int_0^{x^2}\sin t^2\,dt$.

解 注意到该例变上限定积分的上限是 x^2，即是 x 的函数，若设 $\mu=x^2$，则 $\int_0^{x^2}\sin t^2\,dt$ 可看作由函数 $\Phi(\mu)=\int_0^{\mu}\sin t^2\,dt$ 与函数 $\mu=x^2$ 复合而成的. 于是

$$\frac{d}{dx}\int_0^{x^2}\sin t^2\,dt=\frac{d}{d\mu}\int_0^{\mu}\sin t^2\,dt\cdot\frac{d\mu}{dx}=\sin\mu^2\cdot 2x=2x\sin x^4.$$

由上例，我们可以得到如下一般结论：

若函数 $\varphi(x)$ 可微，函数 $f(x)$ 连续时，则

$$\frac{d}{dx}\int_a^{\varphi(x)}f(t)\,dt=f[\varphi(x)]\varphi'(x).$$

5.2.2 牛顿 - 莱布尼茨公式

先看一个实例：设物体以速度 $v=v(t)$ 做直线运动，试求时间段 $[T_1,T_2]$ 内物体所经过的路程 s. 从定积分定义出发，物体所经过的路程为 $s=\int_{T_1}^{T_2}v(t)\,dt$.

若从不定积分出发，则函数为 $\int v(t)\,dt=s(t)+C$，其中 $s'(t)=v(t)$，于是时间段 $[T_1,T_2]$ 内物体所经过的路程为 $s(T_2)-s(T_1)$.

综上所述，$\int_{T_1}^{T_2}v(t)\,dt=s(T_2)-s(T_1)$.

上式表明：速度函数 $v(t)$ 在 $[T_1,T_2]$ 上的定积分，等于其原函数 $s(t)$ 在区间 $[T_1,T_2]$ 上的改变量，这一结论具有普遍意义.

定理 2（**微积分基本公式**） 设函数 $f(x)$ 在 $[a,b]$ 上连续，且 $F(x)$ 是 $f(x)$ 在 $[a,b]$ 上的一个原函数，则

$$\int_a^b f(x)\,dx=F(b)-F(a) \tag{5-2}$$

证明 已知 $F(x)$ 是 $f(x)$ 的一个原函数，又 $\int_a^x f(t)\,dt$ 也是 $f(x)$ 的一个原函数，于是

$$\int_a^x f(t)\,dt=F(t)+C_0\quad(x\in[a,b]).$$

将 $x=a$ 代入上式，得 $C_0=-F(a)$，即

$$\int_a^x f(t)\,dt=F(x)-F(a).$$

将 $x=b$ 代入上式，并将积分变量 t 改为 x，即得

$$\int_a^b f(x)\,dx=F(b)-F(a).$$

公式(5-2)称为**牛顿 - 莱布尼茨公式**，也称为**微积分基本公式**，它阐明了定积分与原函数之间的关系：定积分的值等于被积函数的任一个原函数在积分上限与积分下限的函数值之差. 这样，就使定积分的计算变得简便多了.

为书写方便，上述公式常采用下面的格式：

$$\int_a^b f(x)\mathrm{d}x = F(x)\Big|_a^b = F(b) - F(a).$$

【例 4】 求下列定积分.

(1) $\int_{-1}^{1} \frac{1}{1+x^2}\mathrm{d}x$； (2) $\int_0^{\frac{\pi}{2}} \cos x\,\mathrm{d}x$； (3) $\int_1^2 \left(x+\frac{1}{x}\right)^2 \mathrm{d}x$.

解 (1) $f(x)=\frac{1}{1+x^2}$ 在区间 $[-1,1]$ 上连续，且 $F(x)=\arctan x$ 是 $f(x)$ 的一个原函数，由公式(5-2)得

$$\int_{-1}^{1} \frac{1}{1+x^2}\mathrm{d}x = \arctan x\Big|_{-1}^{1} = \arctan 1 - \arctan(-1) = \frac{\pi}{4} - \left(-\frac{\pi}{4}\right) = \frac{\pi}{2};$$

(2) $\int_0^{\frac{\pi}{2}} \cos x\,\mathrm{d}x = \sin x\Big|_0^{\frac{\pi}{2}} = \sin\frac{\pi}{2} - \sin 0 = 1$；

(3)
$$\int_1^2 \left(x+\frac{1}{x}\right)^2 \mathrm{d}x = \int_1^2 \left(x^2+2+\frac{1}{x^2}\right)\mathrm{d}x = \int_1^2 x^2\mathrm{d}x + \int_1^2 2\mathrm{d}x + \int_1^2 \frac{1}{x^2}\mathrm{d}x$$
$$= \frac{1}{3}x^3\Big|_1^2 + 2x\Big|_1^2 + \left(-\frac{1}{x}\right)\Big|_1^2 = \frac{7}{3} + 2 + \frac{1}{2} = \frac{29}{6}.$$

【例 5】 求 $\int_{\frac{\pi}{4}}^{\frac{\pi}{3}} \frac{\mathrm{d}x}{\sin x\cos x}$.

解 先计算不定积分，有

$$\int \frac{\mathrm{d}x}{\sin x\cos x} = \int \frac{\sin^2 x + \cos^2 x}{\sin x\cos x}\mathrm{d}x = \int(\tan x + \cot x)\mathrm{d}x$$
$$= -\ln|\cos x| + \ln|\sin x| + C = \ln|\tan x| + C.$$

于是

$$\int_{\frac{\pi}{4}}^{\frac{\pi}{3}} \frac{\mathrm{d}x}{\sin x\cos x} = \ln|\tan x|\Big|_{\frac{\pi}{4}}^{\frac{\pi}{3}} = \ln\tan\frac{\pi}{3} - \ln\tan\frac{\pi}{4} = \ln\sqrt{3} - \ln 1 = \frac{1}{2}\ln 3.$$

由上题我们看出，牛顿-莱布尼茨公式指明了定积分与不定积分的联系，即

$$\int_a^b f(x)\mathrm{d}x = \int f(x)\mathrm{d}x\Big|_a^b.$$

评估与测试5-2

1. 求下列函数的导数.

(1) $f(x)=\int_0^x \mathrm{e}^{-t^2}\mathrm{d}t$； (2) $f(x)=\int_{\sqrt{x}}^{1} \sqrt{1+t^2}\,\mathrm{d}t$； (3) $f(\theta)=\int_{\sin\theta}^{\cos\theta} t\,\mathrm{d}t$.

2. 求极限 $\lim\limits_{x\to 1}\frac{\int_1^x \sin(\pi t)\mathrm{d}t}{1+\cos(\pi t)}$.

3. 计算下列各题.

(1) $\int_0^1 (2-3\cos x)\mathrm{d}x$； (2) $\int_0^1 x^{100}\mathrm{d}x$；

(3) $\int_0^1 \frac{x^2-1}{x^2+1}dx$；　　(4) $\int_0^{\pi} \sqrt{1+\cos 2x}\,dx$；

(5) $\int_1^e \frac{\ln x}{2x}dx$；　　(6) $\int_{\frac{1}{\pi}}^{\frac{2}{\pi}} \frac{1}{x^2}\sin\frac{1}{x}dx$.

拓展阅读

微积分基本定理的最早形式是巴罗的几何形式的微积分基本定理.牛顿是微积分的奠基人,他将求解无穷小问题的技巧统一为两类普遍的算法——微分和积分,以流数为核心概念,并通过反流数来解决面积等积分问题.莱布尼茨将微积分的记法进一步一般化.微积分基本定理是微积分这门学科建立的标志,它揭示了微分与积分这对矛盾的内在联系和转化规律,使微分学与积分学成为一门统一的学科,具有重要的理论意义和实用价值.

微积分学基本定理

5.3　定积分的积分方法

由于牛顿-莱布尼茨公式已经把计算定积分的问题归结为求原函数(或不定积分)的问题,这样前面学过的求不定积分的换元法和分部积分法中所讲述的方法对于定积分的换元法和分部积分法也同样适用,而且思路基本一致.

5.3.1　定积分的换元积分法

【例 1】　求 $\int_0^4 \frac{dx}{1+\sqrt{x}}$.

解法 1　先求被积函数 $\frac{1}{1+\sqrt{x}}$ 的原函数,然后利用牛顿-莱布尼茨公式计算.

$$\int \frac{dx}{1+\sqrt{x}} \xlongequal{\text{令}\sqrt{x}=t} \int \frac{2t}{1+t}dt = 2\int\left(1-\frac{1}{1+t}\right)dt = 2(t-\ln|1+t|)+C$$

$$\xlongequal{\text{将}t=\sqrt{x}\text{回代}} 2(\sqrt{x}-\ln|1+\sqrt{x}|)+C.$$

于是

$$\int_0^4 \frac{dx}{1+\sqrt{x}} = 2(\sqrt{x}-\ln|1+\sqrt{x}|)\Big|_0^4 = 4-2\ln 3.$$

上述方法要求,求得的不定积分变量必须还原,但在计算定积分时该步可以省略,只要将原变量 x 的积分上、下限按照 $x=\varphi(t)$ 换成新变量 t 相应的上、下限即可.

解法 2　设 $\sqrt{x}=t$,则 $x=t^2\,(t\geqslant 0)$.

当 $x=0$ 时,$t=0$;当 $x=4$ 时,$t=2$.于是

$$\int_0^4 \frac{\mathrm{d}x}{1+\sqrt{x}} = \int_0^2 \frac{2t}{1+t}\mathrm{d}t = 2\int_0^2 \left(1-\frac{1}{1+t}\right)\mathrm{d}t$$

$$= 2(t-\ln|1+t|)\Big|_0^2 = 4-2\ln 3.$$

解法 2 与解法 1 最明显的不同之处就是解法 2 省略了变量回代这一步，在定积分的计算中，该方法具有普遍性.

视频：换元积分法

定理 设函数 $f(x)$ 在区间 $[a,b]$ 上连续，变换 $x=\varphi(t)$ 满足：

(1) $\varphi(\alpha)=a$，$\varphi(\beta)=b$；

(2) 在区间 $[\alpha,\beta]$（或 $[\beta,\alpha]$）上 $\varphi(t)$ 单调且有连续的导数，则有

$$\int_a^b f(x)\mathrm{d}x = \int_\alpha^\beta f[\varphi(t)]\varphi'(t)\mathrm{d}t.$$

上式称为定积分的换元积分公式，该公式两个方向均可使用，从右端到左端称为定积分的第一类换元积分法，从左端到右端称为定积分的第二类换元积分法. 在应用该公式解题过程中一定要注意以下两点：

(1)"换元同时换限"，通过关系式 $x=\varphi(t)$，原上（下）限对应新上（下）限，下限不一定小于上限. 为书写方便，换限用表 5-2 表示.

表 5-2　换元同时换限

原积分变量	下限 → 上限
新积分变量	下限 → 上限

(2) 换元后，不必像不定积分那样，代回原积分变量，只要对新积分变量直接用牛顿 - 莱布尼茨公式即可.

【例 2】 计算 $\int_0^{\sqrt{3}} x\sqrt{x^2+1}\,\mathrm{d}x$.

解 令 $u=x^2+1$，则

x	$0 \to \sqrt{3}$
u	$1 \to 4$

$$x\,\mathrm{d}x = \frac{1}{2}\mathrm{d}u,$$

于是

$$\int_0^{\sqrt{3}} x\sqrt{x^2+1}\,\mathrm{d}x = \frac{1}{2}\int_1^4 \sqrt{u}\,\mathrm{d}u = \frac{1}{3}u^{\frac{3}{2}}\Big|_1^4 = \frac{1}{3}\times(8-1) = \frac{7}{3}.$$

利用第一类换元积分法计算定积分时，也可以不引入中间变量，此时定积分的积分上下限不必变更. 在例 2 中，若不设中间变量 $u=x^2+1$，则

$$\int_0^{\sqrt{3}} x\sqrt{x^2+1}\,\mathrm{d}x = \frac{1}{2}\int_0^{\sqrt{3}} \sqrt{x^2+1}\,\mathrm{d}(x^2+1) = \frac{1}{3}(x^2+1)^{\frac{3}{2}}\Big|_0^{\sqrt{3}} = \frac{1}{3}\times(8-1) = \frac{7}{3}.$$

【例 3】 计算 $\int_0^2 \sqrt{4-x^2}\,\mathrm{d}x$.

解 令 $x=2\sin t$，则

x	$0 \to 2$
t	$0 \to \frac{\pi}{2}$

$$\mathrm{d}x = 2\cos t\,\mathrm{d}t,$$

于是

$$\int_0^2 \sqrt{4-x^2}\,\mathrm{d}x = \int_0^{\frac{\pi}{2}} 4\cos^2 t\,\mathrm{d}t = \int_0^{\frac{\pi}{2}} (2+2\cos 2t)\,\mathrm{d}t = (2t+\sin 2t)\Big|_0^{\frac{\pi}{2}} = \pi.$$

【例 4】 计算$\int_0^{\frac{\pi}{2}} \cos^5 x \sin x\,\mathrm{d}x$.

解 令 $t=\cos x$，则 $\mathrm{d}t = -\sin x\,\mathrm{d}x$.

当 $x=0$ 时，$t=1$；当 $x=\frac{\pi}{2}$ 时，$t=0$. 于是

$$\int_0^{\frac{\pi}{2}} \cos^5 x \sin x\,\mathrm{d}x = -\int_1^0 t^5\,\mathrm{d}t = -\frac{1}{6}t^6\Big|_1^0 = \frac{1}{6}.$$

【例 5】 设 $f(x)$ 在$[-a,a]$上连续，证明：

(1) 若 $f(x)$ 为奇函数，则$\int_{-a}^{a} f(x)\,\mathrm{d}x = 0$；

(2) 若 $f(x)$ 为偶函数，则$\int_{-a}^{a} f(x)\,\mathrm{d}x = 2\int_0^a f(x)\,\mathrm{d}x$.

证明 由于

$$\int_{-a}^{a} f(x)\,\mathrm{d}x = \int_{-a}^{0} f(x)\,\mathrm{d}x + \int_0^a f(x)\,\mathrm{d}x,$$

对上式右端第一个积分作变换 $x=-t$，有

$$\int_{-a}^{0} f(x)\,\mathrm{d}x = -\int_a^0 f(-t)\,\mathrm{d}t = \int_0^a f(-t)\,\mathrm{d}t = \int_0^a f(-x)\,\mathrm{d}x.$$

故

$$\int_{-a}^{a} f(x)\,\mathrm{d}x = \int_0^a [f(-x)+f(x)]\,\mathrm{d}x.$$

(1) 当 $f(x)$ 为奇函数时，$f(-x)=-f(x)$，故

$$\int_{-a}^{a} f(x)\,\mathrm{d}x = \int_0^a 0\,\mathrm{d}x = 0.$$

(2) 当 $f(x)$ 为偶函数时，$f(-x)=f(x)$，故

$$\int_{-a}^{a} f(x)\,\mathrm{d}x = \int_0^a 2f(x)\,\mathrm{d}x = 2\int_0^a f(x)\,\mathrm{d}x.$$

利用例 5 的结论能很方便地求出一些定积分的值. 例如$\int_{-\pi}^{\pi} x^6 \sin x\,\mathrm{d}x = 0$，$\int_{-1}^{1} (x+\sqrt{4-x^2})^2\,\mathrm{d}x = \int_{-1}^{1} (4+2x\sqrt{4-x^2})\,\mathrm{d}x = 4\int_{-1}^{1}\mathrm{d}x + 0 = 8$.

5.3.2 定积分的分部积分法

设 $u(x)$，$v(x)$ 在$[a,b]$上有连续导数，则有

$$\int_a^b u\,\mathrm{d}v = uv\Big|_a^b - \int_a^b v\,\mathrm{d}u.$$

上式就是定积分的分部积分法公式.

不定积分分部积分法中所讲述的方法，在定积分分部积分法中仍然适用.

【例 6】 求$\int_0^{\frac{\pi}{2}} x\cos x\,\mathrm{d}x$.

解 令 $u=x$，$dv=\cos x\,dx=d\sin x$，代入分部积分法公式，得

$$\int_0^{\frac{\pi}{2}} x\cos x\,dx=\int_0^{\frac{\pi}{2}} x\,d\sin x=x\sin x\Big|_0^{\frac{\pi}{2}}-\int_0^{\frac{\pi}{2}}\sin x\,dx=\frac{\pi}{2}+\cos x\Big|_0^{\frac{\pi}{2}}=\frac{\pi}{2}-1.$$

【例 7】 计算$\int_0^1 x\arctan x\,dx$.

解 令 $u=\arctan x$，$dv=x\,dx=\frac{1}{2}dx^2$，代入分部积分公式，得

$$\int_0^1 x\arctan x\,dx=\frac{1}{2}\int_0^1\arctan x\,dx^2=\frac{1}{2}x^2\arctan x\Big|_0^1-\frac{1}{2}\int_0^1\frac{x^2}{1+x^2}dx$$
$$=\frac{\pi}{8}-\frac{1}{2}(x-\arctan x)\Big|_0^1=\frac{\pi}{4}-\frac{1}{2}.$$

【例 8】 计算$\int_0^{\frac{\pi}{2}} e^x\cos x\,dx$.

解 若被积函数是三角函数与指数函数的乘积，则需要进行两次分部积分.

$$\int_0^{\frac{\pi}{2}} e^x\cos x\,dx=\int_0^{\frac{\pi}{2}} e^x\,d\sin x=e^x\sin x\Big|_0^{\frac{\pi}{2}}-\int_0^{\frac{\pi}{2}}\sin x\,de^x$$
$$=e^{\frac{\pi}{2}}+\int_0^{\frac{\pi}{2}} e^x\,d\cos x=e^{\frac{\pi}{2}}-1-\int_0^{\frac{\pi}{2}} e^x\cos x\,dx.$$

所以

$$\int_0^{\frac{\pi}{2}} e^x\cos x\,dx=\frac{1}{2}(e^{\frac{\pi}{2}}-1).$$

由上面三个例子可以看出，定积分的分部积分法，本质上是先利用不定积分的分部积分法求出原函数，再用牛顿 - 莱布尼茨公式求得结果. 这两者的差别在于定积分经分部积分后，积出部分就代入上下限，即积出一步代一步，不必等到最后一起代.

评估与测试5-3

1. 利用换元法计算下列定积分.

(1)$\int_1^e\frac{\sqrt{1+\ln x}}{x}dx$；　　(2)$\int_0^{\frac{\pi}{2}}\sin x\,e^{\cos x}dx$；

(3)$\int_{\frac{1}{\pi}}^{\frac{2}{\pi}}\frac{1}{x^2}\sin\frac{1}{x}dx$；　　(4)$\int_0^1\frac{dx}{\sqrt[3]{3-2x}}$；

(5)$\int_0^1\frac{1}{\sqrt{x}+\sqrt[3]{x}}dx$；　　(6)$\int_0^1\frac{\sqrt{x}}{1+\sqrt{x}}dx$；

(7)$\int_2^{\sqrt{2}}\frac{dx}{x\sqrt{x^2-1}}$；　　(8)$\int_0^3\frac{x}{1+\sqrt{1+x}}dx$.

2. 计算下列定积分.

(1)$\int_{-1}^1(1+x^4\tan x)dx$；　　(2)$\int_{-\frac{\pi}{2}}^{\frac{\pi}{2}}(x+\cos x)\sin^2 x\,dx$.

3. 利用分部积分法计算下列定积分.

(1) $\int_0^1 (1+x)e^x \mathrm{d}x$；　　(2) $\int_0^1 x e^{2x} \mathrm{d}x$；

(3) $\int_1^e x^2 \ln x \mathrm{d}x$；　　(4) $\int_0^{\frac{\pi}{4}} x\cos 2x \mathrm{d}x$.

拓展阅读

求解数学问题时，把式子看成一个整体，用一个变量去代替它，使问题得到简化，这叫换元法. 换元的实质是转化，关键是构造元，理论依据是等量代换，目的是变换研究对象. 通过引进新的变量，可以把分散的条件联系起来，把复杂的计算和推证简化. 它可以化高次为低次、化分式为整式、化无理式为有理式，在研究方程、函数、三角、微积分等问题中有广泛的应用.

换元法的思想

5.4 定积分的几何应用

在本章第一节，我们从实际问题引进定积分的概念. 在几何、物理、经济等各个领域，有许多问题可用定积分予以解决，本节首先阐明定积分的微元法，再举例说明定积分在几何上的应用.

5.4.1 定积分的微元法

由 5.1.1 节的背景实例（曲边梯形的面积和变速直线运动的路程）分析可见，用定积分表达某个量（设为 Q）都采用分割、近似代替、求和、取极限四个步骤来进行. 可简记为

$$\Delta x_i \to f(\xi_i)\Delta x_i \to \sum_{i=1}^{n} f(\xi_i)\Delta x_i \to \lim_{\lambda\to 0}\sum_{i=1}^{n} f(\xi_i)\Delta x_i = \int_a^b f(x)\mathrm{d}x.$$

观察上述四步我们发现，第二步最关键，因为最后的被积表达式的形成就是在这一步被确定的，只要把近似式 $f(\xi_i)\Delta x_i$ 中的变量记号改变一下即可（$\xi_i \to x$，$\Delta x_i \to \mathrm{d}x$）. 而第三步、第四步可以合并成一步：在区间$[a,b]$上积分. 至于第一步，它只是指明所求量具有可加性，这是 Q 能用定积分计算的前提. 于是，上述四步就简化成了实用的两步：

(1) 分割区间$[a,b]$，在其中任取一个微小区间，记为$[x, x+\mathrm{d}x]$，然后写出在这个小区间上的局部量 ΔQ 的近似值 $f(x)\cdot\Delta x$，即 $\Delta Q \approx f(x)\cdot\Delta x = f(x)\mathrm{d}x$. 其中，$f(x)\cdot\Delta x$ 或 $f(x)\mathrm{d}x$ 称为量 Q 的微元，记作 $\mathrm{d}Q$，即 $\mathrm{d}Q = f(x)\mathrm{d}x$.

(2) 将微元 $\mathrm{d}Q$ 在$[a,b]$上积分（无限累加），即得 $Q = \int_a^b f(x)\mathrm{d}x$.

以上两步解决问题的方法称为微元法. 下面我们就用微元法来讨论定积分在几何方面的应用.

5.4.2 平面图形的面积

设平面图形由上、下两条曲线 $y=f_1(x)$，$y=f_2(x)$ 及直线 $x=a$，$x=b$ 所围成，并且在 $[a,b]$ 上 $f_1(x)\geqslant f_2(x)$（图 5-8、图 5-9）.

面积微元：

$$dA=[f_1(x)-f_2(x)]dx;$$

面积：

$$A=\int_a^b[f_1(x)-f_2(x)]dx.$$

设平面图形由左右两条曲线 $x=g_1(y)$，$x=g_2(y)$ 及直线 $y=c$，$y=d$ 所围成，并且在 $[c,d]$ 上 $g_1(y)\geqslant g_2(y)$（图 5-10）.

面积微元：

$$dA=[g_1(y)-g_2(y)]dy;$$

面积：

$$A=\int_c^d[g_1(y)-g_2(y)]dy.$$

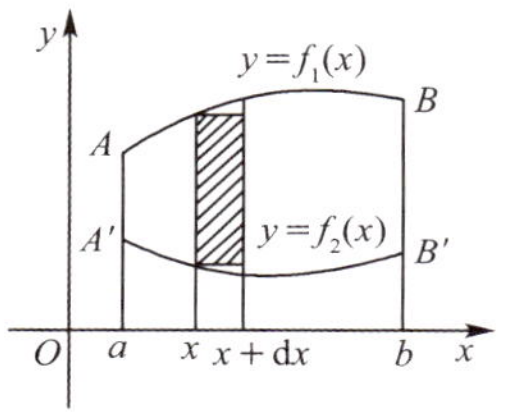

图 5-8

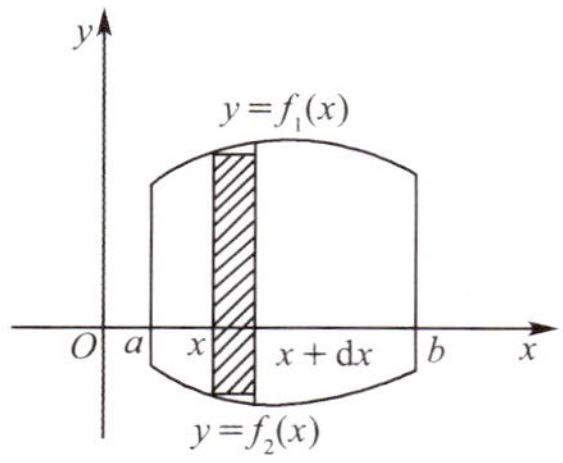

图 5-9

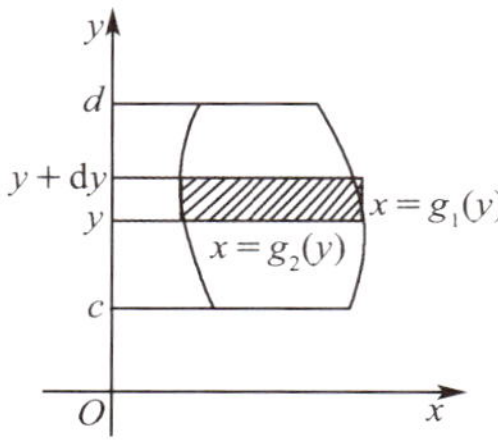

图 5-10

【例 1】 求由抛物线 $y=x^2$ 与直线 $y=2x$ 所围成的图形的面积.

解 (1)联立两曲线方程：$\begin{cases}y=x^2\\y=2x\end{cases}$，解得交点为 $O(0,0)$，$A(2,4)$，画出图形（图 5-11）.

(2)选择积分变量，写出面积微元，本题取竖条或横条作 dA 均可，习惯上取竖条，即取 x 为积分变量，则 x 的变化范围为 $[0,2]$，于是对应于小区间 $[x,x+dx]$ 的面积微元

$$dA=(2x-x^2)dx.$$

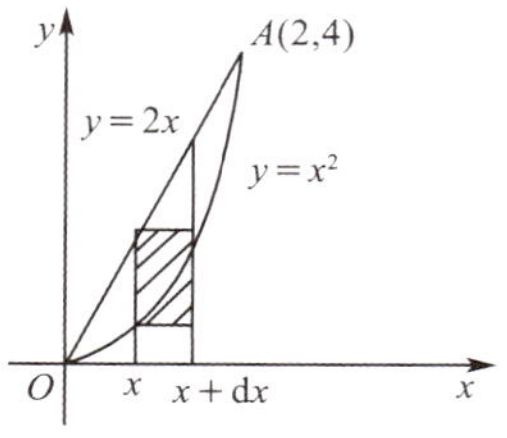

图 5-11

(3)将 A 表示成定积分，并计算

$$A=\int_0^2(2x-x^2)dx=\left(x^2-\frac{1}{3}x^3\right)\bigg|_0^2=\frac{4}{3}.$$

【例 2】 计算抛物线 $y^2=2x$ 与直线 $x-y=4$ 所围成的平面图形的面积.

解法 1 求出两条曲线的交点 $(2,-2)$ 和 $(8,4)$（图 5-12），取 y 为积分变量，则 y 的变化范围为 $[-2,4]$，于是对应于小区间 $[y,y+dy]$ 的面积微元 $dA=\left[(y+4)-\frac{1}{2}y^2\right]dy$，则

$$A=\int_{-2}^{4}\left[(y+4)-\frac{1}{2}y^2\right]dy=\left(\frac{1}{2}y^2+4y-\frac{1}{6}y^3\right)\Big|_{-2}^{4}=18.$$

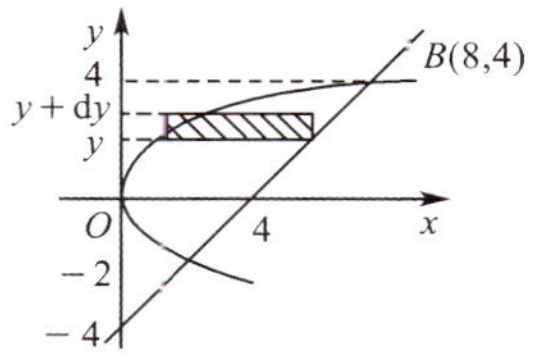

图 5-12

解法 2　用直线 $x=2$ 将图形分成两部分,左侧图形的面积

$$A_1=\int_0^2[\sqrt{2x}-(-\sqrt{2x})]dx=2\sqrt{2}\left(\frac{2}{3}x^{\frac{3}{2}}\right)\Big|_0^2=\frac{16}{3};$$

右侧图形的面积

$$A_2=\int_2^8[\sqrt{2x}-(x-4)]dx=\left(\frac{2\sqrt{2}}{3}x^{\frac{3}{2}}-\frac{1}{2}x^2+4x\right)\Big|_2^8=\frac{38}{3}.$$

所求图形的面积

$$A=A_1+A_2=\frac{16}{3}+\frac{38}{3}=18.$$

注意:由例 2 可知,对同一问题,有时可选取不同的积分变量进行计算,计算的难易程度往往不同,因此在实际计算时,应选取合适的积分变量,使计算简化.

【例 3】　求椭圆$\frac{x^2}{a^2}+\frac{y^2}{b^2}=1$所围成的图形的面积.

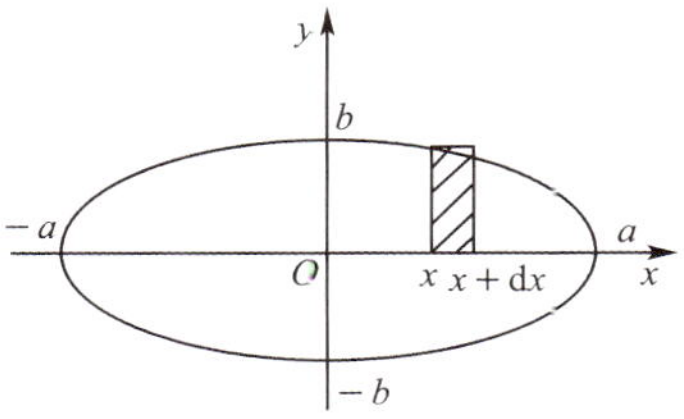

图 5-13

解　由对称性知,所求面积是第Ⅰ象限所围面积的 4 倍(图 5-13).

选取积分变量为 x,则 x 的变化范围为$[0,a]$,于是对应于$[0,a]$中任一小区间$[x,x+dx]$的面积微元是 $dA=y\,dx$,则 $A=4\int_0^a y\,dx$.

利用换元法计算上述定积分,椭圆的参数方程为$\begin{cases}x=a\cos t\\y=b\sin t\end{cases}$,故令 $x=a\cos t$,$y=b\sin t$,则 $dx=-a\sin t\,dt$,当 $x=0$ 时,$t=\frac{\pi}{2}$;$x=a$ 时,$t=0$.所以

$$A=4\int_0^a y\,dx=4\int_{\frac{\pi}{2}}^{0}b\sin t(-a\sin t)dt=4ab\int_0^{\frac{\pi}{2}}\sin^2 t\,dt$$

$$=2ab\int_0^{\frac{\pi}{2}}(1-\cos 2t)dt=2ab\left(t-\frac{1}{2}\sin 2t\right)\Big|_0^{\frac{\pi}{2}}=\pi ab.$$

一般地,当曲边梯形的曲边由参数方程$\begin{cases}x=x(t)\\y=y(t)\end{cases}$$(\alpha\leqslant t\leqslant\beta)$给出时,则曲边梯形面积为 $A=\int_\alpha^\beta y(t)x'(t)dt$,其中 $y(t)\geqslant 0$,α 与 β 分别是曲边的左、右端点所对应的参数值.

5.4.3　旋转体的体积

一个平面图形绕平面上的一条直线旋转一周而生成的空间立体称为旋转体,这条直线称为旋转轴.

现在我们来讨论由曲线 $y=f(x)(f(x)\geqslant 0)$,直线 $x=a$,$x=b(a<b)$ 和 x 轴所围成的曲边梯形 $aABb$(图 5-14)绕 x 轴旋转一周而生成的旋转体的体积(图5-15).

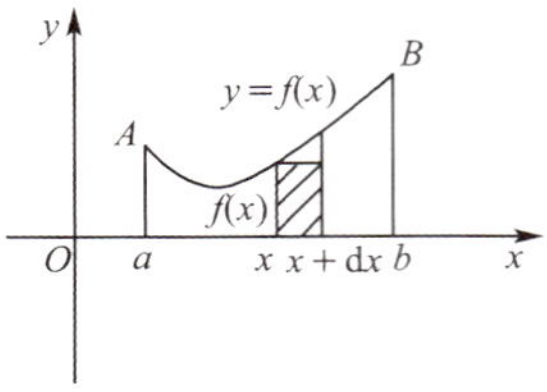

图 5-14

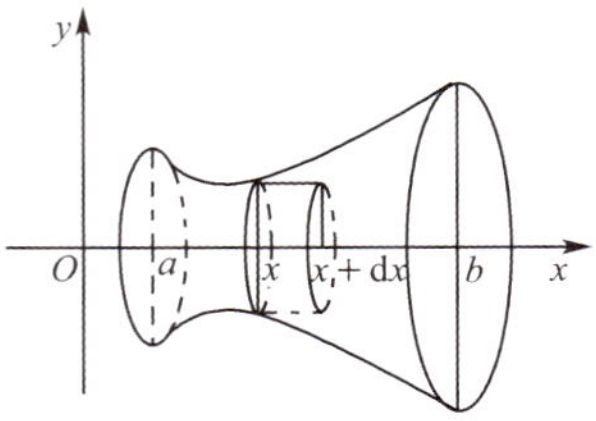

图 5-15

用微元法，先确定旋转体的体积 V 的微元 $\mathrm{d}V$.

取 x 作为积分变量，在它的变化区间 $[a,b]$ 上任取一个小区间 $[x,x+\mathrm{d}x]$，以小区间 $[x,x+\mathrm{d}x]$ 为底的小曲边梯形绕 x 轴旋转一周可生成一个薄片形的旋转体. 体积可用一个与它同底的小矩形（图 5-14 阴影部分）绕 x 轴旋转一周所得圆柱体的体积近似代替. 于是得 $\mathrm{d}V=\pi[f(x)]^2\mathrm{d}x$，从而可得旋转体的体积为

$$V=\pi\int_a^b[f(x)]^2\mathrm{d}x.$$

类似地，由曲线 $x=\varphi(y)$（$\varphi(y)\geqslant 0$），直线 $y=c$，$y=d$（$c<d$）和 y 轴所围成的曲边梯形绕 y 轴旋转而成的旋转体的体积为

$$V=\pi\int_c^d[\varphi(y)]^2\mathrm{d}y.$$

【例 4】 求由星形线 $x^{\frac{2}{3}}+y^{\frac{2}{3}}=a^{\frac{2}{3}}$（$a>0$，图 5-16）绕 x 轴旋转所成的旋转体的体积.

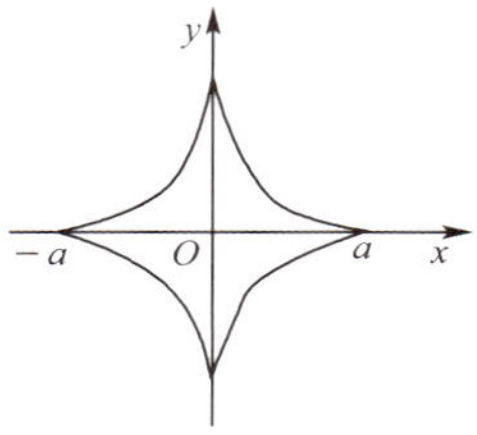

图 5-16

解 取 x 作为积分变量，由方程 $x^{\frac{2}{3}}+y^{\frac{2}{3}}=a^{\frac{2}{3}}$ 可得

$$y=f(x)=(a^{\frac{2}{3}}-x^{\frac{2}{3}})^{\frac{3}{2}}.$$

于是所求体积为

$$V=\pi\int_{-a}^{a}[f(x)]^2\mathrm{d}x=\pi\int_{-a}^{a}(a^{\frac{2}{3}}-x^{\frac{2}{3}})^3\mathrm{d}x=2\pi\int_0^a(a^{\frac{2}{3}}-x^{\frac{2}{3}})^3\mathrm{d}x$$

$$=2\pi\int_0^a(a^2-3a^{\frac{4}{3}}x^{\frac{2}{3}}+3a^{\frac{2}{3}}x^{\frac{4}{3}}-x^2)\mathrm{d}x=\frac{32}{105}\pi a^3.$$

【例 5】 求由椭圆 $\frac{x^2}{a^2}+\frac{y^2}{b^2}=1$ 所围成的图形绕 y 轴旋转而成的椭球体的体积.

解 椭球体（图 5-17）可看作是由右半椭圆 $x=\frac{a}{b}\sqrt{b^2-y^2}$（图 5-18）及 y 轴所围成的图形绕 y 轴旋转而成的.

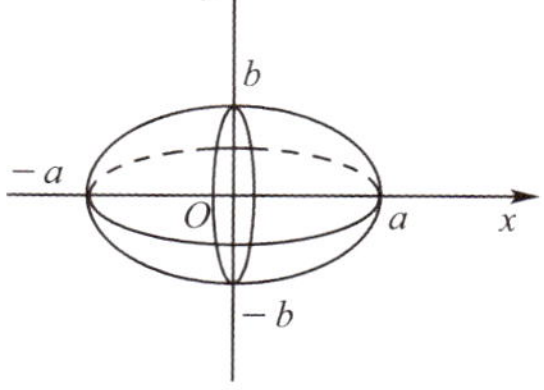

图 5-17

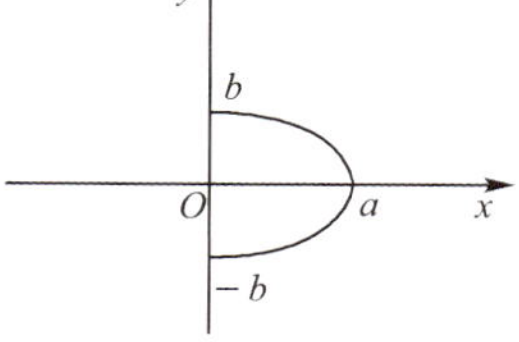

图 5-18

取 y 作为积分变量，已求得 $x=\varphi(y)=\frac{a}{b}\sqrt{b^2-y^2}$，故所求体积为

$$V=\pi\int_{-b}^{b}x^2\mathrm{d}y=\pi\int_{-b}^{b}\frac{a^2}{b^2}(b^2-y^2)\mathrm{d}y$$

$$=2\pi\frac{a^2}{b^2}\int_0^b(b^2-y^2)\mathrm{d}y=\frac{4}{3}\pi a^2 b.$$

当 $a=b$ 时，便得到半径为 a 的球体体积 $V=\frac{4}{3}\pi a^3$.

评估与测试5-4

1. 求由抛物线 $y^2=x$，$y=x^2$ 所围成的图形的面积.

2. 求由抛物线 $y=-x^2+4x-3$ 及其在点 $(0,-3)$ 和 $(3,0)$ 处的切线所围成的平面图形的面积.

3. 求由星形线 $\begin{cases}x=a\cos^3 t\\ y=a\sin^3 t\end{cases}$ $(a>0,0\leqslant t\leqslant 2\pi)$ 所围成的图形的面积.（提示：可参考公式 $\int_0^{\frac{\pi}{2}}\sin^n x\,\mathrm{d}x=\int_0^{\frac{\pi}{2}}\cos^n x\,\mathrm{d}x=\begin{cases}\frac{n-1}{n}\cdot\cdots\cdot\frac{3}{4}\cdot\frac{1}{2}\cdot\frac{\pi}{2}, & \text{当 } n \text{ 为偶数时}\\ \frac{n-1}{n}\cdot\frac{n-3}{n-2}\cdot\cdots\cdot\frac{4}{5}\cdot\frac{2}{3}\cdot 1, & \text{当 } n \text{ 为奇数时}\end{cases}$）

4. 求由直线 $x+y=4$ 与曲线 $xy=3$ 所围成的平面图形绕 x 轴旋转一周而生成的旋转体的体积.

5. 求由直线段 $y=\frac{R}{h}x$；$x\in[0,h]$，直线 $x=h$ 和 x 轴所围成的平面图形绕 x 轴旋转一周而生成的旋转体的体积.

拓展阅读

微元法是分析、解决问题的常用方法，也是从部分到整体的思维方法. 使用微元法处理问题时，需将其分解为众多微小的“元过程”. 每个“元过程”所遵循的规律是相同的，只需分析这些“元过程”，然后再将“元过程”进行必要的数学方法或思想处理，进而解出问题. 使用此方法能加强对已知规律的再思考，从而巩固知识、加深认识和提高能力.

微元法

5.5 无穷区间上反常积分

以前我们讨论定积分时，是以有限积分区间与有界函数（特别是连续函数）为前提的，但在实际问题中，往往需要突破这两个限制，这就要我们把定积分概念从这两个方面加以推广，就形成了反常积分.

定义　设函数 $f(x)$ 在无穷区间 $[a,+\infty)$ 上连续，则称记号 $\int_a^{+\infty} f(x)\mathrm{d}x$ 为无穷区间上的反常积分. 取 $b>a$，若极限 $\lim\limits_{b\to+\infty}\int_a^b f(x)\mathrm{d}x$ 存在，则称反常积分收敛，并以这一极限值为反常积分的值，即 $\int_a^{+\infty} f(x)\mathrm{d}x=\lim\limits_{b\to+\infty}\int_a^b f(x)\mathrm{d}x$. 若上述极限不存在，则称反常积分发散.

类似地，函数 $f(x)$ 在无穷区间 $(-\infty,b]$ 上的反常积分 $\int_{-\infty}^b f(x)\mathrm{d}x$，用极限 $\lim\limits_{a\to-\infty}\int_a^b f(x)\mathrm{d}x\ (a<b)$ 来定义它的敛散性.

函数 $f(x)$ 在无穷区间 $(-\infty,+\infty)$ 的反常积分 $\int_{-\infty}^{+\infty} f(x)\mathrm{d}x$，则定义为

$$\int_{-\infty}^{+\infty} f(x)\mathrm{d}x=\int_{-\infty}^{c} f(x)\mathrm{d}x+\int_{c}^{+\infty} f(x)\mathrm{d}x.$$

其中 c 是任一有限数，仅当等式右端的两个反常积分收敛时，左端的反常积分才收敛；否则左端的反常积分是发散的.

【例 1】　计算反常积分 $\int_1^{+\infty}\dfrac{\mathrm{d}x}{x^2}$.

解　按反常积分敛散性定义，取 $b>1$，则

$$I=\lim_{b\to+\infty}\int_1^b\frac{\mathrm{d}x}{x^2}=\lim_{b\to+\infty}\frac{x^{-2+1}}{-2+1}\Bigg|_1^b=\lim_{b\to+\infty}\left(\frac{1}{-b}+1\right)=1.$$

所以该反常积分收敛，其值为 1.

【例 2】　计算反常积分 $\int_{-\infty}^0\dfrac{\mathrm{d}x}{1-x}$.

解　取 $a<0$，则

$$\begin{aligned}I&=\lim_{a\to-\infty}\int_a^0\frac{\mathrm{d}x}{1-x}=\lim_{a\to-\infty}(-\ln|1-x|)\Big|_a^0\\&=\lim_{a\to-\infty}\ln|1-a|=+\infty.\end{aligned}$$

显然，上述极限不存在，所以 $\int_{-\infty}^0\dfrac{\mathrm{d}x}{1-x}$ 发散.

计算无穷区间上的反常积分时，为了书写方便，实际运算中常常略去极限符号，形式上直接利用牛顿 - 莱布尼茨公式的计算格式（注意是形式上）.

设 $F(x)$ 为连续函数 $f(x)$ 的一个原函数，记

$$F(+\infty)=\lim_{x\to+\infty}F(x),F(-\infty)=\lim_{x\to-\infty}F(x).$$

则

$$\int_a^{+\infty} f(x)\mathrm{d}x=F(x)\Big|_a^{+\infty}=F(+\infty)-F(a);$$

$$\int_{-\infty}^b f(x)\mathrm{d}x=F(x)\Big|_{-\infty}^b=F(b)-F(-\infty);$$

$$\int_{-\infty}^{+\infty} f(x)\mathrm{d}x=F(x)\Big|_{-\infty}^{+\infty}=F(+\infty)-F(-\infty).$$

以上三个反常积分的收敛与发散取决于极限 $F(+\infty)$、$F(-\infty)$ 是否存在和是否同时存在.

【例 3】 计算反常积分 $\int_{-\infty}^{+\infty}\frac{\mathrm{d}x}{1+x^2}$.

解 $\int_{-\infty}^{+\infty}\frac{\mathrm{d}x}{1+x^2}=\arctan x\Big|_{-\infty}^{+\infty}=\frac{\pi}{2}-\left(-\frac{\pi}{2}\right)=\pi$.

评估与测试5-5

计算下列反常积分.

1. $\int_{0}^{+\infty}\frac{\arctan x}{1+x^2}\mathrm{d}x$；

2. $\int_{-\infty}^{0}\cos x\,\mathrm{d}x$；

3. $\int_{1}^{+\infty}\mathrm{e}^{-\sqrt{x}}\mathrm{d}x$；

4. $\int_{1}^{+\infty}\frac{\mathrm{d}x}{x(x+1)}$；

5. $\int_{-\infty}^{+\infty}\frac{\mathrm{d}x}{x^2+2x+2}$.

拓展阅读

黎曼积分是在被积函数有界且积分区间有穷的限制下定义的，但使用时，需要取消限制，这就导致了广义积分概念的产生. 广义积分分为无穷积分与瑕积分两种. 1823 年，法国数学家柯西在《无穷小分析教程概论》中论述了在积分区间的某些值处函数值变为无穷或积分区间趋于无穷时的反常积分，阿贝尔、狄利克雷等数学家也在此方面做出了巨大的贡献.

广义积分

第5章参考答案

第 6 章 常微分方程

在科学研究和生产实践中，经常需要寻求表示客观事物的变量之间的函数关系，而这种函数关系往往不能直接得到，但可以得到含有未知函数的导数或微分的关系式，即通常所说的微分方程，它是不定积分的一个重要应用. 本章主要介绍微分方程的一些基本概念和几种常见的微分方程的解法.

学习目标

素质目标

(1) 从传染病模型等微分方程案例中提升学生的社会责任感；

(2) 培养学生的科学务实精神.

知识目标

(1) 理解常微分方程的概念；

(2) 理解可分离变量的微分方程的概念，掌握一阶线性微分方程的解法；

(3) 掌握二阶常系数线性微分方程的解法.

能力目标

(1) 能够建立变量之间的简单微分方程；

(2) 能够计算一阶线性微分方程的解；

(3) 能够计算二阶常系数线性齐次微分方程的解.

6.1 微分方程的基本概念

【引例 1】 已知曲线过点(0,1)，且曲线上各点处的切线斜率等于该点横坐标，求曲线的方程.

解 设曲线方程为 $y=f(x)$，$M(x,y)$ 为曲线上的任意一点，则曲线在该点的切线斜率为 y'，由题意得：

$$y'=x \tag{1}$$

两边积分，得

$$y=\frac{1}{2}x^2+C \tag{2}$$

其中 C 是任意常数.由题意,曲线过点(0,1),即

$$y(0)=1 \tag{3}$$

将式(3)代入式(2),得 $C=1$,从而所求的曲线方程为

$$y=\frac{1}{2}x^2+1 \tag{4}$$

【引例 2】 火车以 v_0 m/s 的速度行驶,在到达某车站前以等加速度 a m/s^2 刹车,求刹车后火车行驶的距离 s 与时间 t 的函数关系.

解 设火车开始刹车后 t s 内行驶了 s m.由题意,欲求出未知函数 $s=s(t)$.
由题意得

$$\frac{\mathrm{d}^2 s}{\mathrm{d}t^2}=a \tag{5}$$

两边同时积分一次,得

$$\frac{\mathrm{d}s}{\mathrm{d}t}=at+C_1 \tag{6}$$

两边再同时积分一次,得

$$s=\frac{1}{2}at^2+C_1t+C_2 \tag{7}$$

其中 C_1、C_2 为任意常数.由题意 $t=0$ 时,

$$s'(0)=v_0, s(0)=0 \tag{8}$$

将式(8)分别代入式(6)、式(7),得

$$C_1=v_0, C_2=0.$$

故刹车后火车行驶的距离 s 与时间 t 的函数关系为

$$s=\frac{1}{2}at^2+v_0t \tag{9}$$

引例中方程(1)(5)含有未知函数的导数,像这种含有未知函数、未知函数的导数(或微分)的方程称为**微分方程**.

未知函数是一元函数的微分方程称为**常微分方程**.未知函数是多元函数的微分方程称为**偏微分方程**.本章只讨论常微分方程,简称为微分方程(或方程).

微分方程中未知函数各阶导数的最高阶数称为该**微分方程的阶**.例如,方程(1)是一阶微分方程,方程(5)是二阶微分方程,$y'''+2y'+4y=\mathrm{e}^x$ 是三阶微分方程,…二阶及二阶以上的微分方程称为**高阶微分方程**.

由引例可知,在研究实际问题时,首先建立微分方程,然后设法从微分方程中求出未知函数,即要找到这样的函数,把这个函数代入微分方程后,能使该方程成为恒等式.

如果将函数 $y=f(x)$ 代入微分方程后能使方程成为恒等式,这个函数就称为微分方程的**解**.微分方程的解有两种形式:一种含有任意常数,一种不含任意常数.

如果微分方程的解中含有任意常数,且相互独立的任意常数的个数与微分方程的阶数相同,则称这样的解为微分方程的**通解**.例如式(2)是方程(1)的通解,式(7)是方程(5)的通解.一般地,含有几个任意常数的表达式,如果它们不能合并而使得任意常数的个数减少,则称该表达式中的几个任意常数**相互独立**.例如,$y=C_1x+C_2x+3$ 中的 C_1、C_2 就不是独立的,因为它们可以合并变成一个任意常数;式(7)中的两个任意常数就是相互独立的.

根据具体问题给定的条件，从通解中确定任意常数的值，得到微分方程不含任意常数的解．这种不含任意常数的解称为微分方程的**特解**．例如，式(4)是方程(1)的特解，式(9)是方程(5)的特解．

通常我们用未知函数及其各阶导数在某个特定点的值作为确定通解中任意常数的条件，称为**初始条件**．一阶微分方程的初始条件通常是 $x=x_0$ 时，$y=y_0$ 或写成 $y\big|_{x=x_0}=y_0$ 或 $y(x_0)=y_0$；二阶微分方程的初始条件通常是 $x=x_0$ 时，$y=y_0$，$y'=y'_0$ 或写成 $y\big|_{x=x_0}=y_0$，$y'\big|_{x=x_0}=y'_0$ 或 $y(x_0)=y_0$，$y'(x_0)=y'_0$．例如，式(3)是方程(1)的初始条件，式(8)是方程(5)的初始条件．

【例】 验证 $y=C_1\cos x+C_2\sin x$ 是微分方程 $y''+y=0$ 的通解，并求满足初始条件 $y\big|_{x=0}=1$，$y'\big|_{x=0}=1$ 的特解．

解 因为 $y'=-C_1\sin x+C_2\cos x$，$y''=-C_1\cos x-C_2\sin x$，把 y 和 y'' 代入微分方程左端得

$$y''+y=-C_1\cos x-C_2\sin x+C_1\cos x+C_2\sin x=0,$$

又 $y=C_1\cos x+C_2\sin x$ 中有两个相互独立的任意常数 C_1、C_2，且方程是二阶的，所以 $y=C_1\cos x+C_2\sin x$ 是该微分方程的通解．

把 $y\big|_{x=0}=1$，$y'\big|_{x=0}=1$ 分别代入 $y=C_1\cos x+C_2\sin x$ 及 $y'=-C_1\sin x+C_2\cos x$ 可得 $C_1=1$，$C_2=1$，于是该方程满足初始条件的特解是

$$y=\cos x+\sin x.$$

评估与测试6-1

1. 指出下列各微分方程的阶数．

(1) $x\mathrm{d}y+y\mathrm{d}x=0$； (2) $x(y')^2-2y'+xy=0$；

(3) $y''+yy'-2y=x$； (4) $y'y''+(y')^2=x+y$．

2. 验证函数 $y=C\mathrm{e}^{-x}+x-1$ 是微分方程 $y'+y=x$ 的解，并求满足初始条件 $y\big|_{x=0}=2$ 的特解．

3. 已知一曲线过点(0,1)，且在曲线上任意一点 $M(x,y)$ 处的切线斜率等于 $2x^3$，求该曲线的方程．

拓展阅读

微分方程的研究起源于牛顿和莱布尼茨发现的早期微积分，牛顿发现微积分和力学的基础法则始于1665年，直到1687年，随着其著作《自然哲学之数学原理》的出版，才公布了他的成果．莱布尼茨独立发现了微积分的基本结果，现今许多导数及积分等符号都归功于他．1694年，莱布尼茨得到了一阶线性方程的解法．

微分方程早期发展——“求通解”时代

6.2 一阶微分方程

6.2.1 可分离变量的微分方程

如果一阶微分方程经过适当变形，可以化为如下形式：

$$g(y)\mathrm{d}y=f(x)\mathrm{d}x,$$

则称这样的微分方程为可分离变量的微分方程. 这类方程的特点是：等式左、右两边可以分离成一边只含变量 y，另一边只含变量 x 的形式. 这类方程的具体解法为：

视频：可分离变量的微分方程

(1)分离变量，将方程变形成 $g(y)\mathrm{d}y=f(x)\mathrm{d}x$ 的形式；

(2)将分离变量后的方程两边分别对各自的自变量积分

$$\int g(y)\mathrm{d}y=\int f(x)\mathrm{d}x,$$

得到方程的通解

$$G(y)=F(x)+C,$$

其中 $G(y)$、$F(x)$分别是 $g(y)$、$f(x)$的一个原函数.

【例 1】 求微分方程$(1+x^2)y'=\arctan x$ 的通解.

解 这是可分离变量的微分方程，分离变量后得

$$\mathrm{d}y=\frac{\arctan x}{1+x^2}\mathrm{d}x,$$

两边积分

$$\int \mathrm{d}y=\int\frac{\arctan x}{1+x^2}\mathrm{d}x,$$

得

$$y=\frac{1}{2}(\arctan x)^2+C,$$

即为原方程的通解.

【例 2】 求微分方程 $y'-4xy=0$ 的通解.

解 这是可分离变量的微分方程，分离变量后得

$$\frac{\mathrm{d}y}{y}=4x\,\mathrm{d}x,$$

两边积分

$$\int\frac{\mathrm{d}y}{y}=\int 4x\,\mathrm{d}x,$$

得

$$\ln|y|=2x^2+C_1.$$

于是

$$|y|=\mathrm{e}^{2x^2+C_1}=\mathrm{e}^{C_1}\cdot\mathrm{e}^{2x^2},$$

即

$$y=\pm\mathrm{e}^{C_1}\cdot\mathrm{e}^{2x^2}.$$

因为$\pm\mathrm{e}^{C_1}$是不为零的任意常数,故可令$C=\pm\mathrm{e}^{C_1}\neq0$,得

$$y=C\cdot\mathrm{e}^{2x^2}\quad(C\neq0).$$

可以验证$C=0$时,$y=0$,仍是方程的一个解,因此上式中的C可设为任意常数.故方程的通解为$y=C\cdot\mathrm{e}^{2x^2}$($C$为任意常数).

解方程时,如果积分后出现对数,为方便起见,我们经常将积分得到的$\ln|y|$直接写成$\ln y$,因为最后去掉绝对值后的"±"都归入任意常数C中了.有时,我们也直接把C_1写成$\ln C$,它们都表示常数,从下例可以看出这种表示的好处.

【例 3】 求微分方程$xy\mathrm{d}y+\mathrm{d}x=y^2\mathrm{d}x+y\mathrm{d}y$的通解.

解 这是可分离变量的微分方程,分离变量后得

$$\frac{y}{y^2-1}\mathrm{d}y=\frac{1}{x-1}\mathrm{d}x.$$

两边积分得

$$\frac{1}{2}\ln(y^2-1)=\ln(x-1)+C_1,$$

即

$$\ln(y^2-1)=\ln(x-1)^2+\ln C=\ln C(x-1)^2.$$

故通解为

$$y^2-1=C(x-1)^2\quad(C\text{ 为任意常数}).$$

6.2.2 一阶线性微分方程

若微分方程中仅含有未知函数及其各阶导数的一次幂,并且不含未知函数与其各阶导数的乘积,则称它为线性微分方程.例如,$y'-\frac{1}{x}y=x$,$x^2y''-y'+4y=0$都是线性微分方程,而$yy'-y=2x$则不是线性微分方程,因为含有yy'项.

一般地,形如

$$\frac{\mathrm{d}y}{\mathrm{d}x}+P(x)y=Q(x)\tag{6-1}$$

的方程称为**一阶线性微分方程**.$P(x)$、$Q(x)$是x的已知函数,$Q(x)$称为自由项.

如果自由项$Q(x)\equiv0$,方程(6-1)变为

$$\frac{\mathrm{d}y}{\mathrm{d}x}+P(x)y=0\tag{6-2}$$

称为**一阶线性齐次微分方程**;如果$Q(x)$不恒为零,方程(6-1)称为**一阶线性非齐次微分方程**,并称方程(6-2)为对应于线性非齐次微分方程(6-1)的线性齐次微分方程.

视频:一阶线性微分方程

1. 一阶线性齐次微分方程的通解

一阶线性齐次微分方程(6-2)是可分离变量的方程,分离变量后得

$$\frac{\mathrm{d}y}{y}=-P(x)\mathrm{d}x,$$

两边积分得

$$\ln y=-\int P(x)\mathrm{d}x+\ln C,$$

即

$$y=C\mathrm{e}^{-\int P(x)\mathrm{d}x} \tag{6-3}$$

就是一阶线性齐次微分方程(6-2)的通解.为了书写方便,约定以后不定积分符号只表示被积函数的一个原函数.

2. 一阶线性非齐次微分方程的通解

若仍按照线性齐次微分方程的求解方法,则由式(6-1)可得

$$\frac{\mathrm{d}y}{y}=\frac{Q(x)}{y}\mathrm{d}x-P(x)\mathrm{d}x,$$

两边积分得

$$\ln y=\int\frac{Q(x)}{y}\mathrm{d}x-\int P(x)\mathrm{d}x$$

即

$$y=\mathrm{e}^{\int\frac{Q(x)}{y}\mathrm{d}x}\cdot\mathrm{e}^{-\int P(x)\mathrm{d}x} \tag{6-4}$$

其中 y 是 x 的函数,因此 $\mathrm{e}^{\int\frac{Q(x)}{y}\mathrm{d}x}$ 也是 x 的函数,可设 $\mathrm{e}^{\int\frac{Q(x)}{y}\mathrm{d}x}=C(x)$,则式(6-4)可表示为

$$y=C(x)\mathrm{e}^{-\int P(x)\mathrm{d}x} \tag{6-5}$$

也就是说一阶线性非齐次微分方程(6-1)的解是将其对应的齐次方程的通解中的任意常数 C 用一个待定的函数 $C(x)$ 来代替.因此,只要求出函数 $C(x)$.就可以求出方程(6-1)的解.

由于式(6-5)是方程(6-1)的解,代入方程(6-5),得

$$C'(x)\mathrm{e}^{-\int P(x)\mathrm{d}x}-P(x)C(x)\mathrm{e}^{-\int P(x)\mathrm{d}x}+P(x)C(x)\mathrm{e}^{-\int P(x)\mathrm{d}x}=Q(x).$$

即

$$C'(x)=Q(x)\mathrm{e}^{\int P(x)\mathrm{d}x},$$

两边积分得

$$C(x)=\int Q(x)\mathrm{e}^{\int P(x)\mathrm{d}x}\mathrm{d}x+C.$$

将上式代入式(6-5),得

$$y=\mathrm{e}^{-\int P(x)\mathrm{d}x}\left[\int Q(x)\mathrm{e}^{\int P(x)\mathrm{d}x}\mathrm{d}x+C\right] \tag{6-6}$$

这就是一阶线性非齐次微分方程(6-1)的通解.

上述方法求一阶线性非齐次微分方程通解的步骤,可以总结为:

(1) 先求对应的齐次微分方程的通解;

(2) 将齐次微分方程通解中的常数 C 变换为待定函数 $C(x)$,代入原方程,求出 $C(x)$,得到非齐次微分方程的通解.

这种方法称为常数变易法.

公式(6-6)也可以改写成两项之和

$$y=Ce^{-\int P(x)\mathrm{d}x}+e^{-\int P(x)\mathrm{d}x}\int Q(x)e^{\int P(x)\mathrm{d}x}\mathrm{d}x.$$

可以看出,上式右端第一项恰好是非齐次微分方程(6-1)对应的齐次微分方程(6-2)的通解,而第二项是方程(6-1)的一个特解(在通解公式(6-6)中取 $C=0$,即可得到这个特解).由此可见,一阶线性非齐次微分方程的通解等于它的一个特解与对应的线性齐次微分方程的通解之和,这是一阶线性非齐次微分方程通解的结构.

【例 4】 求微分方程 $xy'+y=e^x$ 的通解.

原方程即 $y'+\frac{1}{x}y=\frac{e^x}{x}$,这是一阶线性非齐次微分方程,其中 $P(x)=\frac{1}{x}$,$Q(x)=\frac{e^x}{x}$.

解法 1 常数变易法

先求原方程对应的齐次微分方程 $y'+\frac{1}{x}y=0$ 的通解.分离变量得

$$\frac{\mathrm{d}y}{y}=-\frac{\mathrm{d}x}{x},$$

两边积分得

$$\ln y=\ln\frac{1}{x}+\ln C=\ln\frac{C}{x}.$$

故

$$y=\frac{C}{x}.$$

将上式中的任意常数 C 变换为函数 $C(x)$,即设原来的非齐次微分方程的通解为

$$y=\frac{C(x)}{x},$$

则

$$y'=\frac{xC'(x)-C(x)}{x^2}.$$

将 y 和 y' 代入原方程得

$$\frac{xC'(x)-C(x)}{x^2}+\frac{C(x)}{x^2}=\frac{e^x}{x}.$$

整理得

$$C'(x)=e^x,$$

两边积分得

$$C(x)=e^x+C.$$

故原方程的通解为 $y=\frac{1}{x}(e^x+C)$.

解法 2 公式法

将 $P(x)$、$Q(x)$ 代入公式(6-6),得

$$y=e^{-\int\frac{1}{x}\mathrm{d}x}\left[\int\frac{e^x}{x}e^{\int\frac{1}{x}\mathrm{d}x}\mathrm{d}x+C\right]=e^{-\ln x}\left[\int\frac{e^x}{x}e^{\ln x}\mathrm{d}x+C\right]$$

$$=\frac{1}{x}\left(\int e^x\mathrm{d}x+C\right)=\frac{1}{x}(e^x+C).$$

【例 5】 求微分方程 $y'+y\cos x=\cos x$ 满足初始条件 $y\big|_{x=0}=1$ 的特解.

解 这是一阶线性非齐次微分方程,其中 $P(x)=\cos x$,$Q(x)=\cos x$. 套用公式(6-6),得

$$y=e^{-\int\cos x\,dx}\left[\int(\cos x)e^{\int\cos x\,dx}dx+C\right]=e^{-\sin x}\left[\int(\cos x)e^{\sin x}dx+C\right]$$
$$=e^{-\sin x}\left(\int e^{\sin x}d\sin x+C\right)=e^{-\sin x}(e^{\sin x}+C).$$

将初始条件 $y\big|_{x=0}=1$ 代入上式,得 $C=0$,故所求的特解是 $y=1$.

【例 6】 放射性物质的衰变速率 $\frac{dm}{dt}$ 与该物质的质量 m 成正比,设该物质的初始质量为 m_0,求该放射性物质的半衰期 T(放射性元素衰减到初始质量的一半所花费的时间).

解 由题意建立微分方程

$$\frac{dm}{dt}=-km,$$

其中 k 为衰变系数,负号表示质量衰变. 上式是可分离变量的微分方程,分离变量得

$$\frac{dm}{m}=-k\,dt.$$

两边积分得

$$\ln m=-kt+\ln C.$$

即

$$m=Ce^{-kt}.$$

将 $m\big|_{t=0}=m_0$ 代入上式得

$$C=m_0,$$

故 $m=m_0e^{-kt}$.

半衰期 T 满足 $\frac{m_0}{2}=m_0e^{-kT}$,故 $T=\frac{\ln 2}{k}$.

每一种放射性元素的半衰期都是一个固定的常数,式 $T=\frac{\ln 2}{k}$ 表明半衰期取决于衰变系数. 目前人们已经测得许多种放射性元素的半衰期. 例如,镭的半衰期为 1600 年,铀的半衰期为 4.5×10^9 年.

放射性元素半衰期的测定,在地质学、考古学和古生物学中有着重要应用. 人们可据此测算地球的年龄、地层或化石的年代等.

评估与测试6-2

1. 求下列微分方程的通解或在初始条件下的特解.

(1) $(x\ln x)y'-y=0$;　(2) $\sin x\,dy=2y\cos x\,dx$;

(3) $xy'=y\ln y$;　(4) $(1+y)dx+(x-1)dy=0$;

(5) $(1+e^{x})yy'=e^{x}, y\Big|_{x=0}=1$；　　(6) $y\mathrm{d}x=(x-1)\mathrm{d}y, y\Big|_{x=2}=1$.

2. 求下列一阶线性微分方程的通解或在初始条件下的特解.

(1) $(\cos x)y'+(\sin x)y=1$；　　(2) $x^{2}\mathrm{d}y+(2xy-x+1)\mathrm{d}x=0$；

(3) $y'-\dfrac{2}{x+1}y=(x+1)^{2}$；　　(4) $y'-2xy=e^{x^{2}}\cos x$；

(5) $xy'-y=2, y\Big|_{x=1}=3$；　　(6) $y'-y=\cos x, y\Big|_{x=0}=0$.

3. 已知放射性物质镭的衰变速度与该时刻现有存镭量成正比. 由经验得知，镭经过1600年后，只剩余原始量的一半. 试求镭的质量与时间的函数关系.

4. 假设设备在每一时刻由于磨损而损耗价值的速度与它的实际价格成正比. 已知最初价格为 R_0，试求 t 年后的价格 $R(t)$.

拓展阅读

19 世纪的常微分方程主要研究存在性与唯一性的理论问题，以及幂级数展开等其他非初等方法，这些方法引进了复平面，激励了复解析函数理论. 近几十年，随着计算机的发展，扩展了用数值方法有效研究问题的范围. 19 世纪末天体力学中的太阳系稳定性问题，需要研究常微分方程解的大范围性态，从而使得常微分方程研究进入"求定解"时代.

微分方程的近代发展——"求定解"时代

6.3　二阶常系数线性微分方程

形如

$$y''+py'+qy=f(x) \tag{6-7}$$

的二阶微分方程，称为二阶常系数线性微分方程(方程中 y、y'、y'' 都是一次的). 其中 p、q 均为常数，$f(x)$ 为 x 的已知函数，$f(x)$ 称为自由项.

如果自由项 $f(x)\equiv 0$，方程(6-7) 变为

$$y''+py'+qy=0 \tag{6-8}$$

称为二阶常系数线性齐次微分方程. 如果 $f(x)$ 不恒为零，方程(6-7) 称为二阶常系数线性非齐次微分方程.

6.3.1　二阶常系数线性齐次微分方程的解法

定理 1（解的叠加性）　若函数 y_1、y_2 是二阶常系数线性齐次微分方程(6-8) 的两个解，则 $y=C_1y_1+C_2y_2$ 也是方程(6-8) 的解，其中 C_1、C_2 为任意常数.

视频：二阶线性微分方程

定理 1 的证明留给读者自己验证. 必须指出，$y=C_1y_1+C_2y_2$ 有可能不是方程(6-8) 的通解. 例如，若 y_1 是方程(6-8) 的解，则 $y_2=2y_1$ 也是方程(6-8) 的解，此时 $y=C_1y_1+C_2y_2=C_1y_1+2C_2y_1$，可以把它改写成 $y=Cy_1$，其中 $C=C_1+2C_2$，这显然不是方程(6-8) 的通解.

那么在什么情况下 $y=C_1y_1+C_2y_2$ 才是方程(6-8)的通解呢？为了解决这个问题，下面介绍函数线性相关与线性无关的概念.

定义 设函数 y_1、y_2 在区间 I 上有定义，若存在两个不全为零的常数 k_1、k_2，使得在 I 内 $k_1y_1+k_2y_2\equiv 0$，则称函数 y_1 与 y_2 在 I 内线性相关；否则称函数 y_1 与 y_2 在 I 内线性无关.

由定义可见，函数 y_1 与 y_2 在 I 内线性相关的充分必要条件是：y_1、y_2 之比恒为一个常数，即 $\frac{y_1}{y_2}\equiv k$（k 为常数）. 否则，若 $\frac{y_1}{y_2}$ 不恒等于非零常数，则函数 y_1 与 y_2 在 I 内线性无关.

例如，函数 $y_1=\sin x$，$y_2=2\sin x$，因为 $\frac{y_1}{y_2}=\frac{\sin x}{2\sin x}=\frac{1}{2}$，所以函数 y_1 与 y_2 在 $\mathbf{R}$ 内线性相关. 又如函数 $y_1=3x$，$y_2=x^3$，因为 $\frac{y_1}{y_2}=\frac{3x}{x^3}=3x^{-2}$，不恒为常数，所以 y_1 与 y_2 在 $\mathbf{R}$ 内线性无关.

当函数 y_1 与 y_2 线性无关时，函数 $y=C_1y_1+C_2y_2$ 中的两个任意常数 C_1、C_2 是独立的.

至此，结合定理 1 与定义，我们就得到二阶常系数线性齐次微分方程的通解结构定理.

定理 2 若函数 y_1、y_2 是二阶常系数线性齐次微分方程(6-8)的两个线性无关的特解，则 $y=C_1y_1+C_2y_2$ 就是该方程的通解，其中 C_1、C_2 为任意常数.

例如，方程 $y''-2y'+y=0$ 是一个二阶常系数线性齐次微分方程，容易验证 $y_1=\mathrm{e}^x$，$y_2=x\mathrm{e}^x$ 是该方程的两个解，且 $\frac{y_1}{y_2}=\frac{1}{x}$ 不恒为常数，即 y_1、y_2 是线性无关的，因此方程 $y''-2y'+y=0$ 的通解为 $y=C_1\mathrm{e}^x+C_2x\mathrm{e}^x$.

由定理 2 可知，要求二阶常系数线性齐次微分方程(6-8)的通解，关键在于求出它的两个线性无关的特解. 为此，我们分析一下方程(6-8)有什么特点. 容易看出，二阶常系数线性微分方程(6-8)的左端是 y、y'、y'' 分别乘以“适当”的常数后，可以合并成零，这就是说，适合于方程(6-8)的函数 y 必须与其一阶导数、二阶导数之间只相差一个常数因子. 而指数函数 $y=\mathrm{e}^{rx}$（r 为常数）就是具有此特征的最简单的函数. 因此可用函数 $y=\mathrm{e}^{rx}$ 来试解（r 是待定常数）.

将 $y=\mathrm{e}^{rx}$，$y'=r\mathrm{e}^{rx}$，$y''=r^2\mathrm{e}^{rx}$ 代入方程(6-8)得

$$(r^2+pr+q)\mathrm{e}^{rx}=0.$$

因为 $\mathrm{e}^{rx}\neq 0$，所以有

$$r^2+pr+q=0 \tag{6-9}$$

由此可见，只要 r 是代数方程(6-9)的根，那么 $y=\mathrm{e}^{rx}$ 就是微分方程(6-8)的解. 于是微分方程(6-8)的求解问题，就转化为求代数方程(6-9)的根的问题. 代数方程(6-9)称为微分方程(6-8)的特征方程.

特征方程 $r^2+pr+q=0$ 是一个一元二次代数方程，它的根有三种情况，因此微分方程(6-8)的解也有三种情况：由一元二次方程的求根公式，有 $r_{1,2}=\frac{-p\pm\sqrt{p^2-4q}}{2}$.

① 当 $p^2-4q>0$ 时，特征方程(6-9)有两个不相等的实根 r_1 和 r_2，则方程(6-8)有两个线性无关的特解 $y_1=\mathrm{e}^{r_1x}$，$y_2=\mathrm{e}^{r_2x}$. 因此，方程(6-8)的通解为

$$y=C_1\mathrm{e}^{r_1x}+C_2\mathrm{e}^{r_2x}.$$

② 当 $p^2-4q=0$ 时，特征方程(6-9)有两个相等的实根 $r_1=r_2=-\frac{p}{2}=r$，则方程(6-8)

只得到一个特解 $y_1=e^{rx}$，这时直接验证可知 $y_2=xe^{rx}$ 是方程(6-8)的另一个特解(读者自己验证)，且 y_1 与 y_2 线性无关，因此微分方程(6-8)的通解为

$$y=C_1e^{rx}+C_2xe^{rx}=(C_1+C_2x)e^{rx}.$$

③ 当 $p^2-4q<0$ 时，特征方程(6-9)有一对共轭复根 $r_{1,2}=\alpha\pm i\beta$，其中 $\alpha=-\frac{p}{2}$，$\beta=\frac{\sqrt{4q-p^2}}{2}\neq 0$. 则方程(6-8)有两个线性无关的复数形式的特解 $y_1=e^{(\alpha+i\beta)x}$，$y_2=e^{(\alpha-i\beta)x}$. 而在实际问题中，常用的是实数形式的解，为了得到实数形式的解. 我们先利用欧拉公式 $e^{i\theta}=\cos\theta+i\sin\theta$ 把 y_1、y_2 改写为

$$y_1=e^{(\alpha+i\beta)x}=e^{\alpha x}(\cos\beta x+i\sin\beta x),$$
$$y_2=e^{(\alpha-i\beta)x}=e^{\alpha x}(\cos\beta x-i\sin\beta x).$$

由本节定理 1 知，微分方程(6-8)的两个解的线性组合仍是它的解，因此实数函数

$$\overline{y}_1=\frac{1}{2}(y_1+y_2)=e^{\alpha x}\cos\beta x,$$

$$\overline{y}_2=\frac{1}{2i}(y_1-y_2)=e^{\alpha x}\sin\beta x,$$

仍是微分方程(6-8)的解，且它们线性无关，因此方程(6-8)的通解为

$$y=e^{\alpha x}(C_1\cos\beta x+C_2\sin\beta x).$$

综上所述，求二阶常系数线性齐次微分方程(6-8)的通解的步骤如下：

(1) 写出微分方程(6-8)的特征方程 $r^2+pr+q=0$；

(2) 求出特征方程的两个根 r_1、r_2；

(3) 根据特征方程两个根的不同情形，按表 6-1 写出微分方程(6-8)的通解.

表 6-1　　不同情形微分方程的通解

特征方程 $r^2+pr+q=0$ 的两个根 r_1、r_2	微分方程 $y''+py'+qy=0$ 的通解
两个不相等的实根 r_1、r_2	$y=C_1e^{r_1x}+C_2e^{r_2x}$
两个相等的实根 $r_1=r_2=-\frac{p}{2}=r$	$y=(C_1+C_2x)e^{rx}$
一对共轭复根 $r_{1,2}=\alpha\pm i\beta$	$y=e^{\alpha x}(C_1\cos\beta x+C_2\sin\beta x)$

【例 1】　求微分方程 $y''-4y'+3y=0$ 的通解.

解　特征方程为 $r^2-4r+3=0$，有两个不相等的实根 $r_1=1$，$r_2=3$，因此原方程的通解为

$$y=C_1e^{x}+C_2e^{3x}.$$

【例 2】　求微分方程 $y''-4y'+4y=0$ 满足初始条件 $y\big|_{x=0}=0$，$y'\big|_{x=0}=1$ 的特解.

解　特征方程为 $r^2-4r+4=0$，有两个相等的实根 $r_1=r_2=2$，因此原方程的通解为

$$y=(C_1+C_2x)e^{2x}.$$

将初始条件 $y\big|_{x=0}=0$，$y'\big|_{x=0}=1$ 代入上式，求得 $C_1=0$，$C_2=1$，于是所求特解为

$$y=xe^{2x}.$$

【例 3】　求微分方程 $y''+y=0$ 的通解.

解　特征方程为 $r^2+1=0$，有一对共轭复根 $r_{1,2}=\pm i$，因此原方程的通解为

$$y=C_1\cos x+C_2\sin x.$$

6.3.2 二阶常系数线性非齐次微分方程的解法

关于二阶常系数线性非齐次微分方程(6-7)的通解结构,我们有如下定理.

定理3 若 y^* 是二阶常系数线性非齐次微分方程 $y''+py'+qy=f(x)$ 的一个特解,Y 是方程(6-7)对应的齐次方程(6-8)的通解,则

$$y=Y+y^*$$

是方程(6-7)的通解.

证明 因为 y^* 与 Y 分别是方程(6-7)和方程(6-8)的解,所以有

$$y^{*\prime\prime}+py^{*\prime}+qy^*=f(x),Y''+pY'+qY=0.$$

又 $y'=Y'+y^{*\prime}$,$y''=Y''+y^{*\prime\prime}$,所以有

$$\begin{aligned}y''+py'+qy&=Y''+y^{*\prime\prime}+p(Y'+y^{*\prime})+q(Y+y^*)\\&=(y^{*\prime\prime}+py^{*\prime}+qy^*)+(Y''+pY'+qY)\\&=f(x).\end{aligned}$$

这说明 $y=Y+y^*$ 是方程(6-7)的解,又因为方程(6-8)的通解 Y 中含有两个独立的任意常数,所以 $y=Y+y^*$ 中也含有两个独立的任意常数,从而它就是二阶常系数线性非齐次微分方程(6-7)的通解.

由定理3可知,求二阶常系数线性非齐次微分方程(6-7)的通解,归结为求出对应的齐次方程(6-8)的通解 Y 和方程(6-7)的一个特解 y^*. 前者我们已经会求,下面讨论求方程(6-7)的一个特解 y^* 的方法.

本节只介绍当方程(6-7)的右端 $f(x)$ 取如下两种常见形式时,求 y^* 的方法.

1. $f(x)=P_m(x)e^{\lambda x}$ 型

其中 λ 是常数,$P_m(x)$ 是 x 的一个 m 次多项式:

$$P_m(x)=a_0x^m+a_1x^{m-1}+\cdots+a_{m-1}x+a_m.$$

下面用待定系数法求微分方程

$$y''+py'+qy=P_m(x)e^{\lambda x} \tag{6-10}$$

的一个特解.

因为方程(6-10)的右端 $f(x)$ 是多项式 $P_m(x)$ 与指数函数 $e^{\lambda x}$ 的乘积,而多项式与指数函数乘积的导数仍为多项式与指数函数的乘积,联系到方程(6-10)左端的系数均为常数的特点,它的特解 y^* 也应该是多项式与指数函数的乘积. 因此设 $y^*=Q(x)e^{\lambda x}$(其中$Q(x)$是 x 的待定多项式)是方程(6-10)的特解,则有

$$y^{*\prime}=e^{\lambda x}[Q'(x)+\lambda Q(x)],$$

$$y^{*\prime\prime}=e^{\lambda x}[Q''(x)+2\lambda Q'(x)+\lambda^2Q(x)].$$

将 y^*、$y^{*\prime}$、$y^{*\prime\prime}$ 代入方程(6-10)并约去 $e^{\lambda x}$,得

$$Q''(x)+(2\lambda+p)Q'(x)+(\lambda^2+p\lambda+q)Q(x)=P_m(x) \tag{6-11}$$

(1) 当 λ 不是特征方程 $r^2+pr+q=0$ 的根时,即 $\lambda^2+p\lambda+q\neq 0$,要使式(6-11)的两端恒等,$Q(x)$ 必须与 $P_m(x)$ 同次,因此可设 $Q(x)$ 为另一个 m 次多项式 $Q_m(x)$:

$$Q_m(x)=b_0x^m+b_1x^{m-1}+\cdots+b_{m-1}x+b_m,$$

其中 $b_i(i=0,1,\cdots,m)$ 是待定系数,然后将所设特解 $y^*=Q_m(x)e^{\lambda x}$ 代入方程(6-10),并通过比较两端 x 的同次幂系数来确定 $b_i(i=0,1,\cdots,m)$.

(2) 当 λ 是特征方程 $r^2+pr+q=0$ 的单根时,则必有 $\lambda^2+p\lambda+q=0$ 而 $2\lambda+p\neq 0$,此时要使式(6-11)两端恒等,$Q'(x)$ 必须是 m 次多项式,从而 $Q(x)$ 是 $m+1$ 次多项式,因

此可设 $Q(x)=xQ_m(x)$（其中 $Q_m(x)$ 为 m 次待定多项式）．然后将所设特解 $y^*=xQ_m(x)e^{\lambda x}$ 代入方程(6-10)，并用与(1)同样的方法确定 $Q_m(x)$ 的系数 $b_i(i=0,1,\cdots,m)$．

(3) 当 λ 是特征方程 $r^2+pr+q=0$ 的二重根时，则必有 $\lambda^2+p\lambda+q=0$ 且 $2\lambda+p=0$，此时要使式(6-11)两端恒等，$Q''(x)$ 必须是 m 次多项式，从而 $Q(x)$ 是 $m+2$ 次多项式，因此可设 $Q(x)=x^2Q_m(x)$（其中 $Q_m(x)$ 为 m 次待定多项式）．然后将所设特解 $y^*=x^2Q_m(x)e^{\lambda x}$ 代入方程(6-10)，并用与(1)同样的方法确定 $Q_m(x)$ 的系数 $b_i(i=0,1,\cdots,m)$．

综上所述，我们有如下结论：

二阶常系数线性齐次微分方程

$$y''+py'+qy=P_m(x)e^{\lambda x},$$

有如下形式的特解

$$y^*=x^kQ_m(x)e^{\lambda x}.$$

其中 $Q_m(x)$ 是与 $P_m(x)$ 同次的多项式，而按 λ 不是特征方程的根、是特征方程的单根、是特征方程的二重根，k 分别取 0、1、2.

【例 4】 求微分方程 $y''+5y'+4y=4x^2+10x+1$ 的一个特解.

解 因为方程右端 $f(x)=4x^2+10x+1$，属于 $P_2(x)e^{\lambda x}$ 型，其中 $P_2(x)=4x^2+10x+1$，$\lambda=0$，且 $\lambda=0$ 不是特征方程 $r^2+5r+4=0$ 的根，所以可设特解为

$$y^*=b_0x^2+b_1x+b_2.$$

因而有 $y^{*\prime}=2b_0x+b_1$，$y^{*\prime\prime}=2b_0$，将 y^*、$y^{*\prime}$、$y^{*\prime\prime}$ 代入原方程并整理，得

$$4b_0x^2+(10b_0+4b_1)x+(2b_0+5b_1+4b_2)=4x^2+10x+1.$$

比较两端 x 同次幂的系数，有

$$\begin{cases}4b_0=4\\10b_0+4b_1=10\\2b_0+5b_1+4b_2=1\end{cases},$$

解之得

$$b_0=1,b_1=0,b_2=-\frac{1}{4}.$$

所以原方程的特解为 $y^*=x^2-\dfrac{1}{4}$.

【例 5】 求微分方程 $y''-6y'+9y=e^{3x}$ 的一个特解.

解 因为方程右端 $f(x)=e^{3x}$，属于 $P_0(x)e^{\lambda x}$ 型，其中 $P_0(x)=1$，$\lambda=3$，且 $\lambda=3$ 是特征方程 $r^2-6r+9=0$ 的二重根，所以可设特解为

$$y^*=x^2b_0e^{3x}.$$

因而有 $y^{*\prime}=(3b_0x^2+2b_0x)e^{3x}$，$y^{*\prime\prime}=(9b_0x^2+12b_0x+2b_0)e^{3x}$，将 y^*、$y^{*\prime}$、$y^{*\prime\prime}$ 代入原方程整理并比较等式两端 x 同次幂的系数，得 $b_0=\dfrac{1}{2}$. 所以原方程的特解为

$$y^*=\frac{1}{2}x^2e^{3x}.$$

【例 6】 求微分方程 $y''+6y'+9y=6xe^{-3x}$ 的通解.

解 (1) 先求对应齐次微分方程的通解.

因为特征方程 $r^2+6r+9=0$ 有两个相等的实根 $r_1=r_2=-3$，所以对应齐次微分方程的通解为

$$Y=(C_1+C_2x)e^{-3x}.$$

(2) 求非齐次微分方程的一个特解.

因为方程右端 $f(x)=6xe^{-3x}$,属于 $P_1(x)e^{\lambda x}$ 型,其中 $P_1(x)=6x$,$\lambda=-3$,且 $\lambda=-3$ 是特征方程的二重根,所以可设特解为

$$y^*=x^2(b_0x+b_1)e^{-3x}.$$

因而有 $y^{*\prime}=[-3b_0x^3+(3b_0-3b_1)x^2+2b_1x]e^{-3x}$,$y^{*\prime\prime}=[9b_0x^3+(-18b_0+9b_1)x^2+(6b_0-12b_1)x+2b_1]e^{-3x}$. 将 y^*、$y^{*\prime}$、$y^{*\prime\prime}$ 代入原方程并整理,得

$$6b_0x+2b_1=6x.$$

比较两端 x 同次幂的系数,得

$$b_0=1,b_1=0.$$

于是特解为

$$y^*=x^3e^{-3x},$$

所以原方程的通解为

$$y=(C_1+C_2x+x^3)e^{-3x}.$$

2. $f(x)=e^{\lambda x}[P_l(x)\cos\omega x+P_n(x)\sin\omega x]$ 型

其中 λ、ω 是常数,$P_l(x)$、$P_n(x)$ 分别是 x 的 l 次、n 次多项式,并且其中有一个可为零.

可以推导出,这种类型的二阶常系数非齐次微分方程的特解的形式为

$$y^*=x^ke^{\lambda x}[R_m^{(1)}(x)\cos\omega x+R_m^{(2)}(x)\sin\omega x].$$

其中 $R_m^{(1)}(x)$、$R_m^{(2)}(x)$ 是 m 次多项式,$m=\max\{l,n\}$,按 $\lambda+i\omega$(或 $\lambda-i\omega$)不是特征方程的根或是特征方程的单根,k 分别取 0 或 1.

【例 7】 求微分方程 $y''+3y'+2y=e^{-x}\sin x$ 的一个特解.

解 方程右端 $f(x)=e^{-x}\sin x$,属于 $e^{\lambda x}[P_l(x)\cos\omega x+P_n(x)\sin\omega x]$ 型,其中 $P_l(x)=0$,$P_n(x)=1$,$\omega=1$,$\lambda=-1$,因为原方程对应的齐次微分方程的特征方程 $r^2+3r+2=0$ 的根为 $r_1=-1$,$r_2=-2$,故 $\lambda+i\omega=-1+i$ 不是特征方程的根,所以可设特解为

$$y^*=e^{-x}(a\cos x+b\sin x),$$

因而有

$$y^{*\prime}=e^{-x}[(b-a)\cos x+(-a-b)\sin x]$$
$$y^{*\prime\prime}=e^{-x}(-2b\cos x+2a\sin x).$$

将 y^*、$y^{*\prime}$、$y^{*\prime\prime}$ 代入原方程并整理,得

$$(b-a)\cos x-(a+b)\sin x=\sin x.$$

比较两端 x 同次幂的系数,有

$$\begin{cases}b-a=0\\a+b=-1\end{cases}.$$

解之得

$$a=-\frac{1}{2},b=-\frac{1}{2}.$$

所以原方程的特解为

$$y^*=-e^{-x}\left(\frac{1}{2}\cos x+\frac{1}{2}\sin x\right).$$

评估与测试6-3

1. 判断下列函数组在其定义区间内是线性相关还是线性无关.

(1) $\ln x, 2\ln x$；　(2) e^x, e^{2x}；

(3) $\cos x, x$；　(4) $x^3, 6x^3$；

(5) $\sin 2x, \sin x\cos x$；　(6) e^{2x}, xe^{2x}.

2. 求下列微分方程的通解.

(1) $y''+5y'+6y=0$；　(2) $y''-4y'+13y=0$；

(3) $y''-2y'+y=0$；　(4) $y''-9y=0$；

(5) $y''+9y=0$；　(6) $4y''-8y'+5y=0$.

3. 求下列微分方程满足初始条件的特解.

(1) $y''+4y'+4y=0, y\big|_{x=0}=1, y'\big|_{x=0}=0$；

(2) $y''-4y'+3y=0, y\big|_{x=0}=6, y'\big|_{x=0}=0$；

(3) $y''+4y=0, y\big|_{x=0}=2, y'\big|_{x=0}=6$；

(4) $\dfrac{d^2s}{dt^2}+2\dfrac{ds}{dt}+s=0, s\big|_{t=0}=4, s'\big|_{t=0}=-2$.

4. 求下列微分方程的通解.

(1) $2y''+y'-y=2e^x$；　(2) $2y''+5y'=5x^2-2x-1$；

(3) $y''-5y'+6y=xe^{2x}$；　(4) $y''-2y'+5y=e^x\sin 2x$；

(5) $y''+y=2\cos x$；　(6) $y''+2y'=4e^x(\sin x+\cos x)$.

拓展阅读

希尔伯特提出的20世纪的23个数学问题中关于极限环个数的第16个问题大大促进了定性理论的发展；苏联数学家李雅普诺夫开创了非线性微分方程研究的新方向；美国数学家比克霍夫(G. D. Bikhoff)开辟了动力系统研究的新方向. 随着计算机技术的不断进步，常微分方程迎来新的发展，发现了具有新性质的特殊解和方程，如混沌解、奇异吸引子、孤立子等.

微分方程的现代发展——“求所有解和特殊解”时代

第6章参考答案

第 7 章 空间解析几何

在平面解析几何中，通过坐标法把平面上的点与有序数对一一对应，把平面上的图形和方程对应起来，数形结合，从而可以用代数的方法研究几何问题，让一元函数微积分有了直观的几何意义. 空间解析几何也是按照类似的方法建立起来的.

本章中我们首先建立空间直角坐标系，介绍向量代数，并以向量为工具建立空间中的平面和直线方程，此外还介绍一些常见的曲面和曲线的知识，为学习多元函数微积分提供直观背景.

学习目标

素质目标

(1)学习中国数学家的爱国精神；

(2)具有主动探索、勇于发现的科学精神、创新意识和创新精神.

知识目标

(1)理解向量、向量积、数量积等相关概念；

(2)掌握求空间中平面方程、直线方程的几种方法；

(3)理解常见的曲面及其方程.

能力目标

(1)能够数形结合地分析、解决实际问题；

(2)能够利用数学思维分析专业问题.

7.1 空间直角坐标系与向量

7.1.1 空间直角坐标

1. 空间直角坐标系

在空间内作三条相互垂直且相交的数轴 Ox、Oy、Oz，这三条数轴的长度单位相同. 它

们的交点 O 称为坐标原点，Ox、Oy、Oz 称为 x 轴、y 轴、z 轴. 一般地，取从后向前、从左向右、从下向上的方向作为 x 轴、y 轴、z 轴的正方向（图 7-1）. Ox、Oy、Oz 统称为坐标轴. 由两个坐标轴所确定的平面，称为坐标平面，简称坐标面. x 轴和 y 轴、y 轴和 z 轴、z 轴和 x 轴可以确定 xOy、yOz、zOx 三个坐标面. 这三个坐标面可以把空间分成八个部分，每个部分称为一个卦限. 其中坐标面 xOy 之上，坐标面 yOz 之前，坐标面 zOx 之右的卦限称为第Ⅰ卦限. 按逆时针方向依次标记坐标面 xOy 上的其他三个卦限为第Ⅱ、第Ⅲ、第Ⅳ卦限. 在坐标面 xOy 下的四个卦限中，位于第Ⅰ卦限下面的卦限称为第Ⅴ卦限，按逆时针方向依次确定其他三个卦限为第Ⅵ、第Ⅶ、第Ⅷ卦限（图 7-2）.

图 7-1 表示的空间直角坐标系也可以用右手来确定. 用右手握住 z 轴，当右手的四个手指从 x 轴正向以 90°的角度转向 y 轴的正向时，大拇指的指向就是 z 轴的正向.

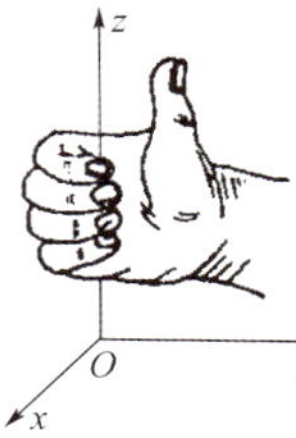

图 7-1

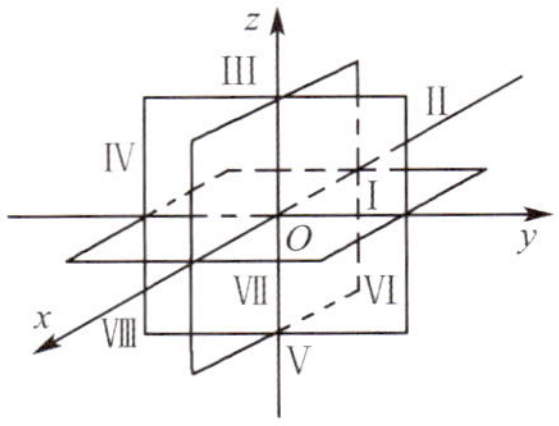

图 7-2

在建立了空间直角坐标系的基础上，如果已知 M 为空间一点，过点 M 作三个平面分别垂直于 x 轴、y 轴和 z 轴，它们与 x 轴、y 轴和 z 轴的交点分别为 P、Q、R（图 7-3），这三点在 x 轴、y 轴和 z 轴上的坐标分别为 x、y、z. 于是空间的一点 M 就唯一确定了一个有序数组 (x,y,z). 这组数 (x,y,z) 就叫作点 M 的坐标，并依次称 x、y、z 为点 M 的横坐标、纵坐标和竖坐标. 坐标为 x、y、z 的点 M 通常记为 $M(x,y,z)$.

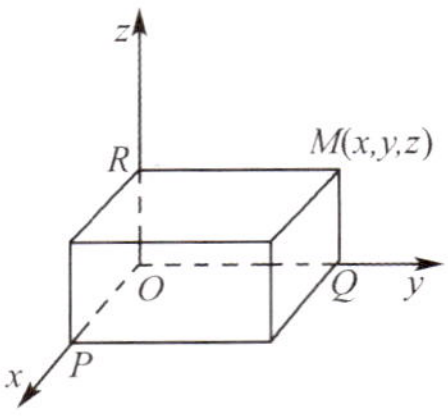

图 7-3

反过来，有一个有序数组 (x,y,z)，我们在 x 轴上取坐标为 x 的点 P，在 y 轴上取坐标为 y 的点 Q，在 z 轴上取坐标为 z 的点 R，然后通过 P、Q、R 分别作 x 轴、y 轴、z 轴的垂直平面. 这三个垂直平面的交点 M 即为以有序数组 (x,y,z) 为坐标的点（图 7-3）.

我们通过这样的方法在空间直角坐标系内建立了空间的点 M 和有序数组 (x,y,z) 之间的一一对应关系.

2. 两点间的距离公式

设 $M_1(x_1,y_1,z_1)$，$M_2(x_2,y_2,z_2)$ 为空间内的两个点，类似于平面上任意两点的距离可以推导出 M_1M_2 之间的距离为

$$|M_1M_2|=\sqrt{(x_2-x_1)^2+(y_2-y_1)^2+(z_2-z_1)^2}.$$

【例 1】 求 $P_1(2,-1,0)$，$P_2(-1,2,3)$ 之间的距离.

解 $|P_1P_2|=\sqrt{((-1)-2)^2+(2-(-1))^2+(3-0)^2}=\sqrt{27}=3\sqrt{3}$.

7.1.2 向量的概念及其运算

1. 向量的概念

在现实生活中，我们遇到过的像力、速度、位移等许多既有大小又有方向的量，称之为向

量，也叫矢量，常用 $\overrightarrow{M_1M_2}$，$\boldsymbol{a}$ 等来表示一个向量.

其中向量的大小称为该向量的模，模为 1 的向量称为单位向量；模为 0 的向量称为零向量，通常记作 $\mathbf{0}$(注：零向量的方向是任意的).

我们规定，两个向量 $\boldsymbol{a}$ 与 $\boldsymbol{b}$ 不论起点是否一致，如果其方向相同且模相等，则称它们是相等的向量，记为 $\boldsymbol{a}=\boldsymbol{b}$. 即经过平移以后，两个相等的向量将完全重合，允许平移的向量称为自由向量，本书中所讨论的向量均为自由向量.

2. 向量的运算

(1)加减法

规定：
$$\boldsymbol{a}-\boldsymbol{b}=\boldsymbol{a}+(-\boldsymbol{b}),\boldsymbol{a}-\boldsymbol{a}=\mathbf{0}.$$
向量的加、减法遵循平行四边形法则或三角形法则(图 7-4、图 7-5).

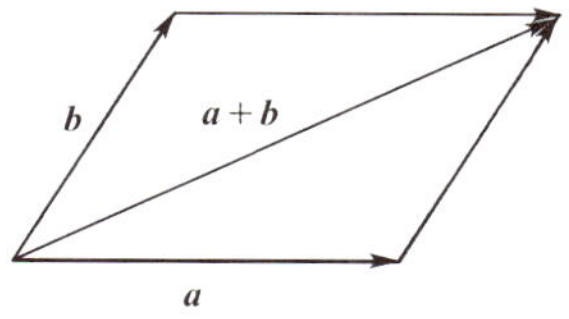

图 7-4

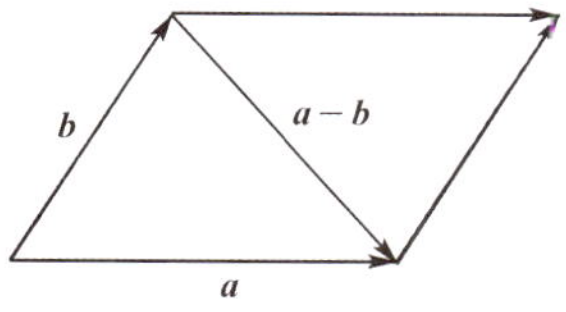

图 7-5

(2)数乘(数乘向量)

λ 是一个数，$\boldsymbol{a}$ 是一个向量，则 $\lambda\boldsymbol{a}$ 仍然是向量，且当 $\lambda\neq 0$ 时，$\lambda\boldsymbol{a}\parallel\boldsymbol{a}$，

$$\lambda\boldsymbol{a}=\begin{cases}\text{与 } \boldsymbol{a} \text{ 同向；} & \lambda>0\\ \mathbf{0}; & \boldsymbol{a}=\mathbf{0} \text{ 或 } \lambda=0\\ \text{与 } \boldsymbol{a} \text{ 反向；} & \lambda<0\end{cases},|\lambda\boldsymbol{a}|=|\lambda||\boldsymbol{a}|=\begin{cases}\lambda|\boldsymbol{a}|; & \lambda\geqslant 0\\ -\lambda|\boldsymbol{a}|; & \lambda<0\end{cases}.$$

如图 7-6 所示.

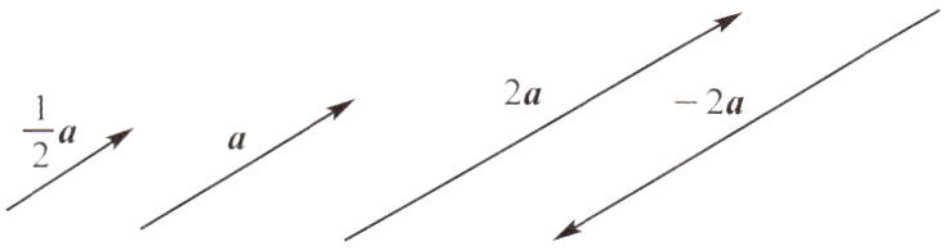

图 7-6

(3)向量运算的运算律

①交换律与结合律(加法)
$$\boldsymbol{a}+\boldsymbol{b}=\boldsymbol{b}+\boldsymbol{a},(\boldsymbol{a}+\boldsymbol{b})+\boldsymbol{c}=\boldsymbol{a}+(\boldsymbol{b}+\boldsymbol{c}).$$
②结合律与分配律(数乘)
$$\lambda(\mu\boldsymbol{a})=(\lambda\mu)\boldsymbol{a},(\lambda+\mu)\boldsymbol{a}=\lambda\boldsymbol{a}+\mu\boldsymbol{a},\lambda(\boldsymbol{a}+\boldsymbol{b})=\lambda\boldsymbol{a}+\lambda\boldsymbol{b}.$$

定理 设 $\boldsymbol{a}$、$\boldsymbol{b}$ 为非零向量，则 $\boldsymbol{a}\parallel\boldsymbol{b}\Leftrightarrow$存在非零常数 λ，使得 $\boldsymbol{b}=\lambda\boldsymbol{a}$.

注意：定理表明，当两个向量平行时，其中一个向量必然可以用另一个向量的数乘表示，或两个平行的向量可以相互线性表出.

3. 向量的坐标表示

向量的研究较复杂，为了沟通向量与数，需要建立向量与有序数组之间的对应关系，把空间中的向量用坐标表示可以实现这种对应.

(1)向量的坐标

一方面，由向量 $\boldsymbol{a}$ 可以唯一地确定它在三条坐标轴上的投影 a_x，a_y，a_z；另一方面，由

a_x,a_y,a_z 又可以唯一地确定向量 $\boldsymbol{a}$. 这样,向量 $\boldsymbol{a}$ 与有序数组 (a_x,a_y,a_z) 之间建立了一一对应的关系.

故可以把向量 $\boldsymbol{a}$ 在三条坐标轴上的投影 a_x,a_y,a_z 叫作向量的坐标,将表达式 $\boldsymbol{a}=\{a_x,a_y,a_z\}$ 称作向量 $\boldsymbol{a}$ 的坐标表示式.

注意:向量的坐标表示式是用花括号{}表示的,不要与空间点的坐标表示式用圆括号()表示相混淆.

以 $M_1(x_1,y_1,z_1)$ 为始点,$M_2(x_2,y_2,z_2)$ 为终点的向量的坐标式可表示成

$$\overrightarrow{M_1M_2}=\{x_2-x_1,y_2-y_1,z_2-z_1\},$$

故始点不在原点的向量坐标等于其终点坐标减去始点坐标.

特别地,若点 M 的坐标为 (x,y,z),则

$$\overrightarrow{OM}=(x,y,z).$$

(2)用坐标形式表示向量的运算性质

设 $\boldsymbol{a}=\{a_x,a_y,a_z\}$,$\boldsymbol{b}=\{b_x,b_y,b_z\}$,则

$$\boldsymbol{a}=a_x\boldsymbol{i}+a_y\boldsymbol{j}+a_z\boldsymbol{k},\boldsymbol{b}=b_x\boldsymbol{i}+b_y\boldsymbol{j}+b_z\boldsymbol{k}.$$

于是

$$\boldsymbol{a}+\boldsymbol{b}=(a_x+b_x)\boldsymbol{i}+(a_y+b_y)\boldsymbol{j}+(a_z+b_z)\boldsymbol{k},$$

$$\boldsymbol{a}-\boldsymbol{b}=(a_x-b_x)\boldsymbol{i}+(a_y-b_y)\boldsymbol{j}+(a_z-b_z)\boldsymbol{k},$$

$$\boldsymbol{a}=\boldsymbol{b}\Leftrightarrow\boldsymbol{a}-\boldsymbol{b}=\boldsymbol{0}\Leftrightarrow\begin{cases}a_x-b_x=0\\a_y-b_y=0\\a_z-b_z=0\end{cases}\Leftrightarrow\begin{cases}a_x=b_x\\a_y=b_y\\a_z=b_z\end{cases},$$

$$\lambda\boldsymbol{a}=(\lambda a_x)\boldsymbol{i}+(\lambda a_y)\boldsymbol{j}+(\lambda a_z)\boldsymbol{k}.$$

最后,我们得到了向量加减与数乘运算的坐标表示式:

$\boldsymbol{a}\pm\boldsymbol{b}=\{a_x\pm b_x,a_y\pm b_y,a_z\pm b_z\}$(两个向量相加减等于每个对应分量相加减);

$\lambda\boldsymbol{a}=\{\lambda a_x,\lambda a_y,\lambda a_z\}$(数与向量的乘积等于数与每个分量相乘);

$\boldsymbol{a}=\boldsymbol{b}\Leftrightarrow a_x=b_x,a_y=b_y,a_z=b_z$(两个向量相等,必须对应坐标完全相等).

【例 2】 已知 $\boldsymbol{a}=\{2,-1,3\}$,$\boldsymbol{b}=\{1,2,-2\}$,求 $\boldsymbol{a}+\boldsymbol{b}$,$\boldsymbol{a}-\boldsymbol{b}$,$3\boldsymbol{a}+2\boldsymbol{b}$.

解 $\boldsymbol{a}+\boldsymbol{b}=\{2+1,-1+2,3+(-2)\}=\{3,1,1\}$,

$\boldsymbol{a}-\boldsymbol{b}=\{2-1,-1-2,3-(-2)\}=\{1,-3,5\}$,

$3\boldsymbol{a}+2\boldsymbol{b}=\{6,-3,9\}+\{2,4,-4\}=\{8,1,5\}$.

(3)向量的模坐标表示式

向量可以用它的模与方向来表示,也可以用它的坐标式来表示,这两种表示法之间是有联系的.

任一向量 $\boldsymbol{a}=x\boldsymbol{i}+y\boldsymbol{j}+z\boldsymbol{k}$,都可将其视为以原点为始点,$M(x,y,z)$ 为终点的向量 $\overrightarrow{OM}$,设向量 $\overrightarrow{OM}$ 在 x、y、z 轴上的投影分别为 $\overrightarrow{OA}$、$\overrightarrow{OB}$、$\overrightarrow{OC}$,则

$$|\overrightarrow{OM}|^2=|\overrightarrow{OA}|^2+|\overrightarrow{OB}|^2+|\overrightarrow{OC}|^2=x^2+y^2+z^2.$$

【例 3】 已知 $M_1(1,-2,3)$,$M_2(4,2,-1)$,求 $|\overrightarrow{M_1M_2}|$.

解 $\overrightarrow{M_1M_2}=\{4-1,2-(-2),-1-3\}=\{3,4,-4\}$.

所以

$$|\overrightarrow{M_1M_2}|=\sqrt{3^2+4^2+(-4)^2}=\sqrt{41}.$$

4. 向量的数量积(点积、内积)

【引例 1】(做功问题) 有一方向、大小都不变的常力 $\boldsymbol{F}$ 作用于某一物体(图 7-7),使之产生了一段位移 $\boldsymbol{s}$,求力 $\boldsymbol{F}$ 对此物体所做的功.

解 由物理学的知识,可得

$$W=|\boldsymbol{F}|\cos\theta\cdot|\boldsymbol{s}|=|\boldsymbol{F}|\cdot|\boldsymbol{s}|\cdot\cos\theta,$$

且当 $0\leqslant\theta<\frac{\pi}{2}$ 时,$\boldsymbol{F}$ 做正功;$\frac{\pi}{2}<\theta\leqslant\pi$ 时,$\boldsymbol{F}$ 做负功;若 $\theta=\frac{\pi}{2}$,则 $\boldsymbol{F}$ 不做功.

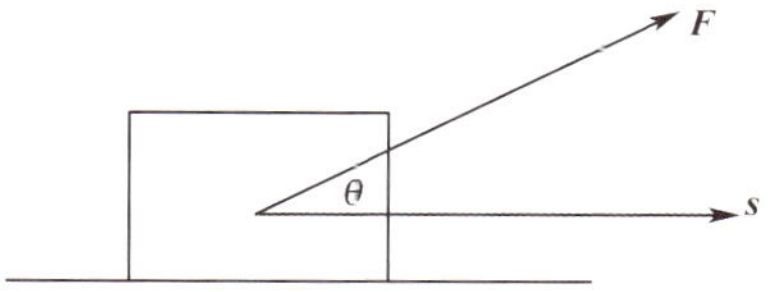

图 7-7

定义 1 设有向量 $\boldsymbol{a},\boldsymbol{b}$,其夹角为 $\theta=\langle\boldsymbol{a},\boldsymbol{b}\rangle$,称数量 $|\boldsymbol{a}||\boldsymbol{b}|\cos\theta$ 为向量 $\boldsymbol{a}$ 与 $\boldsymbol{b}$ 的数量积,记作:$\boldsymbol{ab}=|\boldsymbol{a}||\boldsymbol{b}|\cos\theta$(由此可见数量积的结果是一个数),也称为 $\boldsymbol{a}$ 与 $\boldsymbol{b}$ 的点积,读作 $\boldsymbol{a}$ 点乘 $\boldsymbol{b}$.

(1)向量的数量积性质

①$\boldsymbol{a}\cdot\boldsymbol{a}=|\boldsymbol{a}|^2$;

②交换律:$\boldsymbol{a}\cdot\boldsymbol{b}=\boldsymbol{b}\cdot\boldsymbol{a}$;

分配律:$(\boldsymbol{a}+\boldsymbol{b})\cdot\boldsymbol{c}=\boldsymbol{a}\cdot\boldsymbol{c}+\boldsymbol{b}\cdot\boldsymbol{c}$;

结合律:$(\lambda\boldsymbol{a})\cdot\boldsymbol{b}=\boldsymbol{a}\cdot(\lambda\boldsymbol{b})=\lambda(\boldsymbol{a}\cdot\boldsymbol{b})$($\lambda$ 是数);

③设 $\boldsymbol{a},\boldsymbol{b}$ 为非零向量,则 $\boldsymbol{a}\cdot\boldsymbol{b}=0\Leftrightarrow\boldsymbol{a}\perp\boldsymbol{b}$;

④点积的坐标运算:设 $\boldsymbol{a}=\{a_x,a_y,a_z\},\boldsymbol{b}=\{b_x,b_y,b_z\}$,则 $\boldsymbol{ab}=a_xb_x+a_yb_y+a_zb_z$.

证明
$$\begin{aligned}\boldsymbol{a}\cdot\boldsymbol{b}&=\{a_x\cdot\boldsymbol{i}+a_y\cdot\boldsymbol{j}+a_z\cdot\boldsymbol{k}\}\cdot\{b_x\cdot\boldsymbol{i}+b_y\cdot\boldsymbol{j}+b_z\cdot\boldsymbol{k}\}\\&=a_xb_x\boldsymbol{i}\cdot\boldsymbol{i}+a_xb_y\boldsymbol{i}\cdot\boldsymbol{j}+a_xb_z\boldsymbol{i}\cdot\boldsymbol{k}+a_yb_x\boldsymbol{j}\cdot\boldsymbol{i}+a_yb_y\boldsymbol{j}\cdot\boldsymbol{j}+a_yb_z\boldsymbol{j}\cdot\boldsymbol{k}+\\&\quad a_zb_x\boldsymbol{k}\cdot\boldsymbol{i}+a_zb_y\boldsymbol{k}\cdot\boldsymbol{j}+a_zb_z\boldsymbol{k}\cdot\boldsymbol{k}=a_xb_x+a_yb_y+a_zb_z.\end{aligned}$$

(2)向量数量积的常用结论

$$\boldsymbol{a}\cdot\boldsymbol{b}=0\Leftrightarrow\boldsymbol{a}\perp\boldsymbol{b}\Leftrightarrow a_xb_x+a_yb_y+a_zb_z=0,$$

$$\cos\theta=\frac{\boldsymbol{a}\cdot\boldsymbol{b}}{|\boldsymbol{a}|\cdot|\boldsymbol{b}|}=\frac{a_xb_x+a_yb_y+a_zb_z}{\sqrt{a_x^2+a_y^2+a_z^2}\cdot\sqrt{b_x^2+b_y^2+b_z^2}}.$$

【例 4】 已知 $\boldsymbol{a}=\{2,k,1\},\boldsymbol{b}=\{k,-3,2\}$,且 $\boldsymbol{a}\perp\boldsymbol{b}$,求数 k.

解 因为 $\boldsymbol{a}\cdot\boldsymbol{b}=0\Leftrightarrow\boldsymbol{a}\perp\boldsymbol{b}\Leftrightarrow a_xb_x+a_yb_y+a_zb_z=0$,所以 $2k-3k+2=0,k=2$.

【例 5】 已知 $\boldsymbol{a}=\{2,-1,2\},\boldsymbol{b}=\{1,1,4\}$,求 $\boldsymbol{a}\cdot\boldsymbol{b}$ 及 $\boldsymbol{a}$ 与 $\boldsymbol{b}$ 的夹角 θ.

解
$$\boldsymbol{a}\cdot\boldsymbol{b}=2\times1+(-1)\times1+2\times4=9,$$

$$\cos\theta=\frac{\boldsymbol{a}\cdot\boldsymbol{b}}{|\boldsymbol{a}|\cdot|\boldsymbol{b}|}=\frac{9}{\sqrt{2^2+(-1)^2+2^2}\cdot\sqrt{1^2+1^2+4^2}}=\frac{\sqrt{2}}{2},$$

故 $\theta=\frac{\pi}{4}$.

5. 向量的向量积(叉积、外积)

【引例 2】(力矩问题) 设 O 为杠杆的支点,力 $\boldsymbol{F}$ 作用在杠杆上 P 处(图 7-8),根据力学知识,力 $\boldsymbol{F}$ 对于支点 O 的力矩为向量 $\boldsymbol{M}$,其方向垂直于力 $\boldsymbol{F}$ 与向量 $\overrightarrow{OP}$ 所确定的平面,且四指指向从 $\overrightarrow{OP}$ 到 $\boldsymbol{F}$ 按照右手法则确定 $\boldsymbol{M}$ 的方向,其模为

$$|\overrightarrow{OM}|=|\overrightarrow{OC}||\boldsymbol{F}|=|\overrightarrow{OP}||\boldsymbol{F}|\sin\theta.$$

定义 2 设有非零向量 $\boldsymbol{a}$、$\boldsymbol{b}$,夹角为 $\theta(0\leqslant\theta\leqslant\pi)$,定义一个新的向量 $\vec{R}$,使其满足

① $|\overrightarrow{R}|=|\boldsymbol{a}||\boldsymbol{b}|\sin\theta$；

② $\overrightarrow{R}\perp\boldsymbol{a}$，$\overrightarrow{R}\perp\boldsymbol{b}$，$\overrightarrow{R}$ 的方向遵循右手法则，即四指指向从 $\boldsymbol{a}$ 到 $\boldsymbol{b}$，这时拇指的指向即为 $\overrightarrow{R}$ 的方向. 称 $\overrightarrow{R}$ 为 $\boldsymbol{a}$ 与 $\boldsymbol{b}$ 的向量积，记作：$\overrightarrow{R}=\boldsymbol{a}\times\boldsymbol{b}$，读作 $\boldsymbol{a}$ 叉乘 $\boldsymbol{b}$.

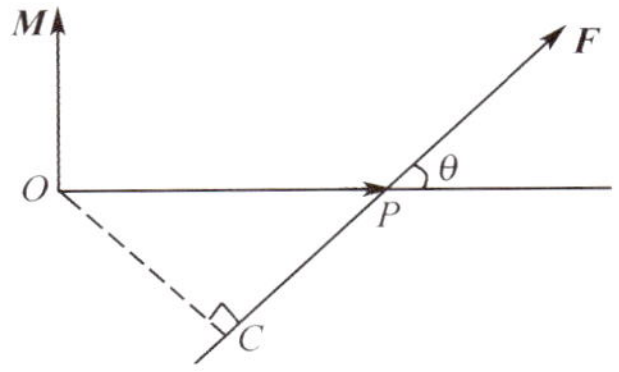

图 7-8

注意：(1)$\boldsymbol{a}\times\boldsymbol{b}$ 是一个既垂直于 $\boldsymbol{a}$，又垂直于 $\boldsymbol{b}$ 的向量(向量积的结果是一个向量)；

(2)$|\boldsymbol{a}\times\boldsymbol{b}|=|\boldsymbol{a}||\boldsymbol{b}|\sin\theta$ 的几何意义：以 $\boldsymbol{a}$、$\boldsymbol{b}$ 为边的平行四边形的面积(图 7-9).

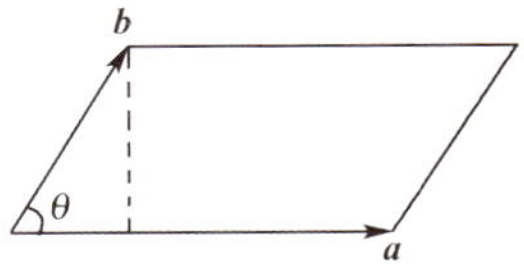

图 7-9

向量的向量积性质：

① $\boldsymbol{a}\times\boldsymbol{a}=\boldsymbol{0}$；

② 分配律：$\boldsymbol{a}\times(\boldsymbol{b}+\boldsymbol{c})=\boldsymbol{a}\times\boldsymbol{b}+\boldsymbol{a}\times\boldsymbol{c}$；

结合律：$(\lambda\boldsymbol{a})\times\boldsymbol{b}=\boldsymbol{a}\times(\lambda\boldsymbol{b})=\lambda(\boldsymbol{a}\times\boldsymbol{b})$.

注意：两向量的向量积一般不满足交换律，即 $\boldsymbol{a}\times\boldsymbol{b}\neq\boldsymbol{b}\times\boldsymbol{a}$ $(\boldsymbol{a}\times\boldsymbol{b}\neq\boldsymbol{0})$. 一般地，有 $\boldsymbol{a}\times\boldsymbol{b}=-\boldsymbol{b}\times\boldsymbol{a}$.

由定义 $\boldsymbol{i}\times\boldsymbol{j}\perp\boldsymbol{i},\boldsymbol{j}$，且四指指向从 $\boldsymbol{i}$ 到 $\boldsymbol{j}$ 按照右手法则确定 $\boldsymbol{i}\times\boldsymbol{j}$ 的方向，故 $\boldsymbol{i}\times\boldsymbol{j}$ 的方向正是 z 轴的正方向，即 $\boldsymbol{i}\times\boldsymbol{j}$ 的方向与 $\boldsymbol{k}$ 的方向一致，从而证得 $\boldsymbol{i}\times\boldsymbol{j}=\boldsymbol{k}$.

③ 叉积的坐标运算

$$\begin{aligned}\boldsymbol{a}\times\boldsymbol{b}&=\{a_x\boldsymbol{i}+a_y\boldsymbol{j}+a_z\boldsymbol{k}\}\times\{b_x\boldsymbol{i}+b_y\boldsymbol{j}+b_z\boldsymbol{k}\}\\&=a_xb_x\boldsymbol{i}\times\boldsymbol{i}+a_xb_y\boldsymbol{i}\times\boldsymbol{j}+a_xb_z\boldsymbol{i}\times\boldsymbol{k}+a_yb_x\boldsymbol{j}\times\boldsymbol{i}+a_yb_y\boldsymbol{j}\times\boldsymbol{j}+a_yb_z\boldsymbol{j}\times\boldsymbol{k}+\\&\quad a_zb_x\boldsymbol{k}\times\boldsymbol{i}+a_zb_y\boldsymbol{k}\times\boldsymbol{j}+a_zb_z\boldsymbol{k}\times\boldsymbol{k}\\&=(a_yb_z-a_zb_y)\boldsymbol{i}+(a_zb_x-a_xb_z)\boldsymbol{j}+(a_xb_y-a_yb_x)\boldsymbol{k}.\end{aligned}$$

所以

$$\boldsymbol{a}\times\boldsymbol{b}=\begin{vmatrix}\boldsymbol{i}&\boldsymbol{j}&\boldsymbol{k}\\a_x&a_y&a_z\\b_x&b_y&b_z\end{vmatrix}=\begin{vmatrix}a_y&a_z\\b_y&b_z\end{vmatrix}\boldsymbol{i}-\begin{vmatrix}a_x&a_z\\b_x&b_z\end{vmatrix}\boldsymbol{j}+\begin{vmatrix}a_x&a_y\\b_x&b_y\end{vmatrix}\boldsymbol{k}.$$

如 $\boldsymbol{a}=\{1,0,2\}$，$\boldsymbol{b}=\{-1,1,0\}$，则

$$\boldsymbol{a}\times\boldsymbol{b}=\begin{vmatrix}\boldsymbol{i}&\boldsymbol{j}&\boldsymbol{k}\\1&0&2\\-1&1&0\end{vmatrix}=\begin{vmatrix}0&2\\1&0\end{vmatrix}\boldsymbol{i}-\begin{vmatrix}1&2\\-1&0\end{vmatrix}\boldsymbol{j}+\begin{vmatrix}1&0\\-1&1\end{vmatrix}\boldsymbol{k}=-2\boldsymbol{i}-2\boldsymbol{j}+\boldsymbol{k}=\{-2,-2,1\}.$$

④ 设 $\boldsymbol{a}$、$\boldsymbol{b}$ 为非零向量，则

$$\boldsymbol{a}\times\boldsymbol{b}=\boldsymbol{0}\Leftrightarrow\boldsymbol{a}/\!/\boldsymbol{b}\Leftrightarrow\frac{b_x}{a_x}=\frac{b_y}{a_y}=\frac{b_z}{a_z}.$$

事实上，因为

$$\boldsymbol{a}\times\boldsymbol{b}=\boldsymbol{0},$$

即

$$\begin{vmatrix}a_y&a_z\\b_y&b_z\end{vmatrix}\boldsymbol{i}-\begin{vmatrix}a_x&a_z\\b_x&b_z\end{vmatrix}\boldsymbol{j}+\begin{vmatrix}a_x&a_y\\b_x&b_y\end{vmatrix}\boldsymbol{k}=\boldsymbol{0},$$

则有

$$\begin{vmatrix}a_y&a_z\\b_y&b_z\end{vmatrix}=0,\begin{vmatrix}a_x&a_z\\b_x&b_z\end{vmatrix}=0,\begin{vmatrix}a_x&a_y\\b_x&b_y\end{vmatrix}=0.$$

所以

$$a_y b_z - a_z b_y = 0, a_x b_z - a_z b_x = 0, a_x b_y - a_y b_x = 0,$$

整理可得出结论

$$\frac{b_x}{a_x} = \frac{b_y}{a_y} = \frac{b_z}{a_z}.$$

【例 6】 设 $\boldsymbol{a} = \{1, 2, -1\}$，$\boldsymbol{b} = \{0, 2, 3\}$，求 $\boldsymbol{a} \times \boldsymbol{b}$.

解 $\boldsymbol{a} \times \boldsymbol{b} = \begin{vmatrix} \boldsymbol{i} & \boldsymbol{j} & \boldsymbol{k} \\ 1 & 2 & -1 \\ 0 & 2 & 3 \end{vmatrix} = 8\boldsymbol{i} - 3\boldsymbol{j} + 2\boldsymbol{k}$，所以 $\boldsymbol{a} \times \boldsymbol{b} = \{8, -3, 2\}$.

评估与测试7-1

1. 已知 $\boldsymbol{a} = \{2, 1, -3\}$，$\boldsymbol{b} = \{-1, 2, -2\}$，求 $3\boldsymbol{a} - 4\boldsymbol{b}$.
2. 已知 $\boldsymbol{a} = \{1, 2, k\}$，$\boldsymbol{b} = \{-2, k, 4\}$ 且 $\boldsymbol{a} \perp \boldsymbol{b}$，试求出 k 的值.
3. 试求出向量 $\boldsymbol{a} = 3\boldsymbol{i} + 4\boldsymbol{j} - \boldsymbol{k}$ 的模 $|\boldsymbol{a}|$.
4. 当 m 为何值时，向量 $\boldsymbol{a} = \{m, 3, -4\}$ 与 $\boldsymbol{b} = \{2, m, 3\}$ 垂直.
5. 设 $\boldsymbol{a} = \boldsymbol{i} - 2\boldsymbol{j} + 2\boldsymbol{k}$，$\boldsymbol{b} = -\boldsymbol{i} + \boldsymbol{j}$，求 $\boldsymbol{a} \cdot \boldsymbol{b}$ 及向量 $\boldsymbol{a}$、$\boldsymbol{b}$ 的夹角 θ.
6. 设 $\boldsymbol{a} = -2\boldsymbol{i} + \boldsymbol{j} + \boldsymbol{k}$，$\boldsymbol{b} = \boldsymbol{i} - \boldsymbol{j} - 2\boldsymbol{k}$，求 $\boldsymbol{a} \times \boldsymbol{b}$.
7. 证明向量 $\boldsymbol{a} = \{3, -2, 1\}$，$\boldsymbol{b} = \{4, 9, 6\}$ 互相垂直.
8. 在坐标面 xOy 上求一向量 $\boldsymbol{a}$，使其垂直于向量 $\boldsymbol{b} = \{4, -3, 5\}$ 且 $|\boldsymbol{c}| = 2|\boldsymbol{b}|$.
9. 求以 $A(3,4,1)$，$B(2,3,0)$，$C(3,5,1)$，$D(2,4,0)$ 为顶点的平行四边形的面积 S.

拓展阅读

苏步青(1902—2003)，浙江温州平阳人，中科院院士，中国微分几何学派创始人，被誉为"东方国度上灿烂的数学明星""东方第一几何学家""数学之王". 他不忘报国之志，毅然踏上了科学救国的归途. "吃苦算得了什么，我心甘情愿. 因为我选择了一条正确的道路，这是一条爱国的光明之路!"一代数学巨匠的爱国赤子之心溢于言表.

东方国度上灿烂的数学明星——苏步青

7.2 平面与直线的方程

7.2.1 平面的点法式方程

称三元函数方程 $F(x, y, z) = 0$ 是空间某曲面的方程⇔曲面上的任意一点都满足方程，且满足方程的点一定在曲面上.

平面的法向量：与平面垂直的向量称为平面的法向量，记作 $\boldsymbol{n}$；其坐标表达式常写为：

$$\boldsymbol{n}=\{A,B,C\}.$$

注意：根据法向量的定义，若 $\boldsymbol{n}$ 是平面的法向量，则 $\lambda\boldsymbol{n}(\lambda\neq 0)$ 也是平面的法向量(图 7-10).

由空间几何的知识可知，经过空间一定点 $M_0(x_0,y_0,z_0)$ 且垂直于已知直线的平面是唯一确定的，从而过点 $M_0(x_0,y_0,z_0)$ 且垂直于已知向量 $\boldsymbol{n}$ 的平面也是唯一确定的，通常用 π 来表示平面.

设有一平面 π，$M_0(x_0,y_0,z_0)$ 是 π 上的一个已知点，$\boldsymbol{n}=\{A,B,C\}$ 是 π 的法向量(图 7-11). 在平面 π 上任意取一点 $M(x,y,z)$，得向量

$$\overrightarrow{M_0M}=\{x-x_0,y-y_0,z-z_0\},$$

则有 $\overrightarrow{M_0M}\perp\boldsymbol{n}$，即 $\boldsymbol{n}\cdot\overrightarrow{M_0M}=0$，或 $A(x-x_0)+B(y-y_0)+C(z-z_0)=0$. 表明平面 π 上任意一点 M 的坐标满足方程.

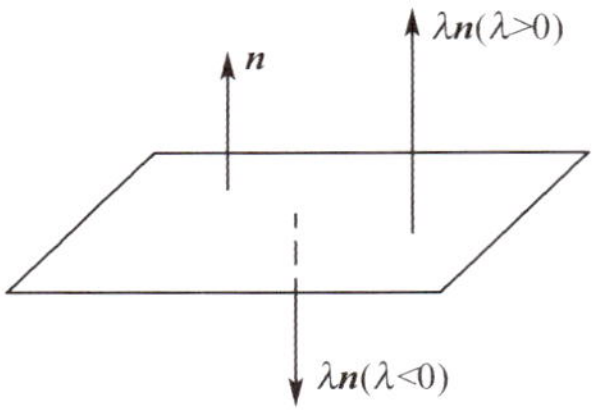

图 7-10

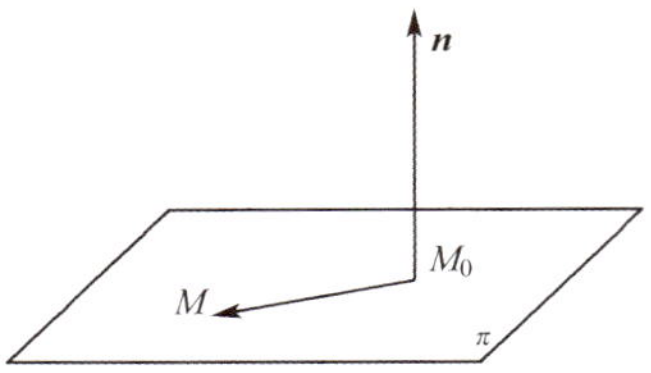

图 7-11

反之，若 $M(x,y,z)$ 不在平面 π 上，则 $\overrightarrow{M_0M}\perp\boldsymbol{n}$ 就不成立，从而推不出 $\boldsymbol{n}\cdot\overrightarrow{M_0M}=0$，即此时 M 的坐标不满足方程.

综合上面的讨论，得出过点 M_0、以 $\boldsymbol{n}$ 为法向量的平面 π 的方程

$$\pi:\begin{cases}\boldsymbol{n}\cdot\overrightarrow{M_0M}=0\\A(x-x_0)+B(y-y_0)+C(z-z_0)=0\end{cases}$$

为平面 π 的点法式方程.

注意：建立点法式方程的关键是确定平面上的一个点及平面的法向量.

【例 1】 一平面过点 $M_0(3,-2,1)$，且与 M_0 到平面外一点 $M_1(-2,1,4)$ 的连线垂直，试写出此平面的方程.

解 由条件，向量 $\overrightarrow{M_0M_1}=\{-5,3,3\}$ 与平面垂直，故 $\boldsymbol{n}=\overrightarrow{M_0M_1}=\{-5,3,3\}$，所求平面方程为：$-5(x-3)+3(y+2)+3(z-1)=0$，或 $-5x+3y+3z+18=0$.

【例 2】 某平面过空间的三个点 $M_1(2,-3,-1)$、$M_2(4,1,3)$、$M_3(1,0,2)$，试写出平面的方程.

解 $\overrightarrow{M_1M_2}=\{2,4,4\}$，$\overrightarrow{M_1M_3}=\{-1,3,3\}$，则

$$\overrightarrow{M_1M_2}\times\overrightarrow{M_1M_3}=\begin{vmatrix}\boldsymbol{i}&\boldsymbol{j}&\boldsymbol{k}\\2&4&4\\-1&3&3\end{vmatrix}=0\boldsymbol{i}-10\boldsymbol{j}+10\boldsymbol{k}=\{0,-10,10\}.$$

取 $\boldsymbol{n}=\overrightarrow{M_1M_2}\times\overrightarrow{M_1M_3}=\{0,-10,10\}$，取 $M_1(2,-3,-1)$ 为平面上已知点，则平面方程为

$$0(x-2)-10(y+3)+10(z+1)=0$$

或

$$-10y+10z-20=0$$

或

$$y-z+2=0.$$

注意：也可以取 $\boldsymbol{n}=\lambda\overrightarrow{M_1M_2}\times\overrightarrow{M_1M_3}(\lambda\neq 0)$. 如例 2 中，令 $\lambda=-\frac{1}{10}$，则取 $\boldsymbol{n}=\{0,1,-1\}$，建立平面方程：$0\cdot(x-2)+1\cdot(y+3)-1\cdot(z+1)=0$，整理后可得：

$$y-z+2=0.$$

7.2.2 平面的一般式方程

法向量为 $\boldsymbol{n}=\{A,B,C\}$，经过 $M_0(x_0,y_0,z_0)$ 的平面的一般方程

$$A(x-x_0)+B(y-y_0)+C(z-z_0)=0,$$

经过整理可得

$$Ax+By+Cz-(Ax_0+By_0+Cz_0)=0.$$

记 $D=-(Ax_0+By_0+Cz_0)$，则点法式方程变形为：$Ax+By+Cz+D=0$.

注意：①平面的一般方程：$Ax+By+Cz+D=0$ 中 x、y、z 的系数恰好是平面法向量的坐标 A、B、C；

②平面方程的特点是三元一次线性方程，而且任何一个三元一次的线性方程表示的均是平面；

③在平面的一般方程 $Ax+By+Cz+D=0$ 中，A、B、C、D 四个数只有三个是独立的. 法向量 $\boldsymbol{n}$ 的坐标不可能同时为零. 不妨设 $A\neq 0$，则可将方程改写为：$x+\frac{B}{A}y+\frac{C}{A}z+\frac{D}{A}=0$，或记为：$x+B^*y+C^*z+D^*=0$. 因此建立平面的一般方程只需要三个独立的条件.

【例 3】 平面 π 经过点 $M_1(1,1,1)$ 和 $M_2(2,2,2)$，并且与已知的平面 $x+y-z=0$ 垂直，求平面 π 的方程.

解 (1)设平面 π 的一般方程：$Ax+By+Cz+D=0$；

M_1 在平面 π 上：　　$A+B+C+D=0$；

M_2 在平面 π 上：　　$2A+2B+2C+D=0$；

$\{A,B,C\}\perp\{1,1,-1\}$，$\{A,B,C\}\cdot\{1,1,-1\}=0$，即 $A+B-C=0$. 解得：$D=0$，$C=0$，$B=-A$，代入方程 $Ax+By+Cz+D=0$ 可得

$$\pi: Ax-Ay=0,$$

即

$$\pi: x-y=0.$$

(2)设 $\boldsymbol{n}=\{A,B,C\}$，由条件 $\boldsymbol{n}\perp\{1,1,-1\}$，且 $\boldsymbol{n}\perp\overrightarrow{M_1M_2}$（图 7-12），即 $\boldsymbol{n}/\!/\{1,1,-1\}\times\overrightarrow{M_1M_2}$，

$$\{1,1,-1\}\times\overrightarrow{M_1M_2}=\begin{vmatrix}\boldsymbol{i} & \boldsymbol{j} & \boldsymbol{k}\\ 1 & 1 & -1\\ 1 & 1 & 1\end{vmatrix}=2\boldsymbol{i}-2\boldsymbol{j}$$

$$=\{2,-2,0\}=2\{1,-1,0\},$$

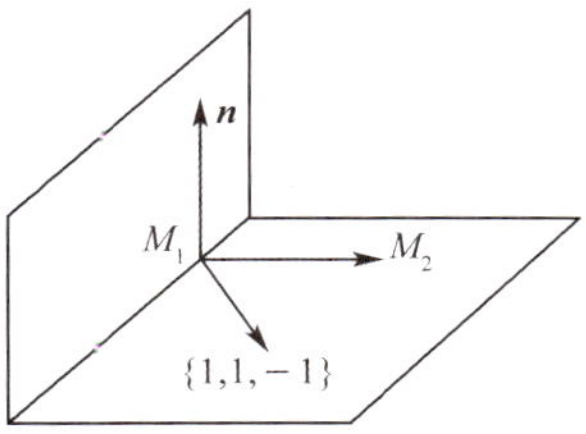

图 7-12

可取 $\boldsymbol{n}=\{1,1,-1\}\times\overrightarrow{M_1M_2}=\{2,-2,0\}$ 以及已知点 $M_1(1,1,$

1). 建立平面的点法式方程 $x-y=0$（注：也可取 $\boldsymbol{n}=\lambda\{1,1,-1\}\times\overrightarrow{M_1M_2}$，如 $\lambda=\frac{1}{2}$，则 $\boldsymbol{n}=\{1,-1,0\}$）.

下面讨论几类特殊位置的平面方程.

(1)过原点的平面

$$Ax+By+Cz=0;$$

(2)平行于坐标轴的平面

若平面平行于 x 轴，则必有 $\boldsymbol{n}\perp\boldsymbol{i}$，$\boldsymbol{n}\cdot\boldsymbol{i}=0$，即 $A=0$，则平面方程为 $By+Cz+D=0$. 同理可得，平行于 y 轴的平面为 $Ax+Cz+D=0$；平行于 z 轴的平面为 $Ax+By+D=0$；

(3)经过坐标轴的平面

若平面过 x 轴或称 x 轴在平面上，则此平面必然经过坐标原点，故 $D=0$，由(2)可知，过 x 轴的平面方程为 $By+Cz=0$. 同理可得，过 y 轴的平面为 $Ax+Cz=0$；过 z 轴的平面为 $Ax+By=0$；

(4)平行于坐标面的平面

若平面平行于坐标面 yOz，则平面的法向量可取为 $\boldsymbol{n}=\{1,0,0\}$，从而平面的方程为 $Ax+D=0$，或者可以写为 $x=a$；$a=0$ 时 $x=0$ 为坐标面 yOz 的方程. 同理平行于坐标面 xOz 的平面为 $y=b$，坐标面 xOz 为 $y=0$；平行于坐标面 xOy 的平面为 $z=c$，坐标面 xOy 为 $z=0$.

7.2.3 平面的截距式方程

$$\frac{x}{a}+\frac{y}{b}+\frac{z}{c}=1,$$

其中，a、b、c 依次为平面在 x 轴、y 轴、z 轴上的截距(图 7-13).

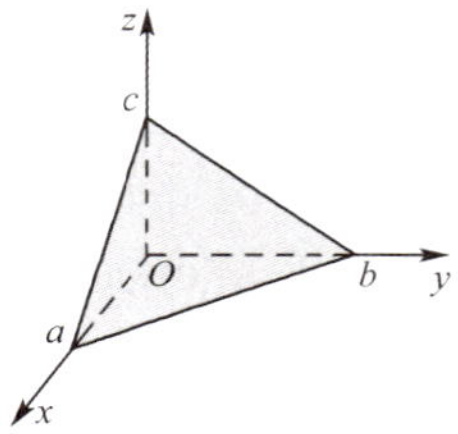

图 7-13

7.2.4 直线的点向式方程(对称式)

直线的方向向量 $\boldsymbol{s}$：与已知直线平行的向量 $\boldsymbol{s}$ 称为直线的方向向量，通常记作 $\boldsymbol{s}=\{m,n,p\}$.

注：由此定义，直线的方向向量不唯一. 若 $\boldsymbol{s}$ 是直线的方向向量，则 $\boldsymbol{s}$ 平行于直线，当 $\lambda\neq0$ 时，由于 $\lambda\boldsymbol{s}$ 也平行于直线，故 $\lambda\boldsymbol{s}$ 也是直线的方向向量.

设空间有一定点 $M_0(x_0,y_0,z_0)$，过 M_0 作平行于向量 $\boldsymbol{s}=\{m,n,p\}$ 的直线 L(图 7-14)，则此直线是唯一确定的. $\forall M(x,y,z)\in L\ (M\neq M_0)$，则 $\overrightarrow{M_0M}/\!/\boldsymbol{s}$；其中

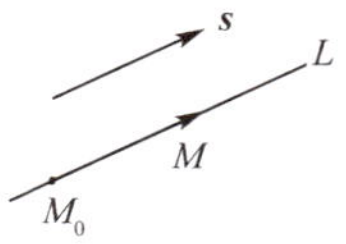

图 7-14

$$\boldsymbol{s}=\{m,n,p\},\overrightarrow{M_0M}=\{x-x_0,y-y_0,z-z_0\}.$$

对应坐标成比例，有

$$\frac{x-x_0}{m}=\frac{y-y_0}{n}=\frac{z-z_0}{p}.$$

反之，若点 M 不在直线上，则 $\overrightarrow{M_0M}/\!/\boldsymbol{s}$ 不成立，从而其点的坐标不满足方程；故称以上的方程为直线 L 的方程，也称为直线 L 的点向式方程.

$$L:\frac{x-x_0}{m}=\frac{y-y_0}{n}=\frac{z-z_0}{p}.$$

注意：①若 m、n、p 中有一个为零，如 $p=0$，则直线 L 的方程为

$\begin{cases}\dfrac{x-x_0}{m}=\dfrac{y-y_0}{n}\\ z-z_0=0\end{cases}$ 或 $\begin{cases}nx-my-nx_0+my_0=0\\ z-z_0=0\end{cases}$ 两个平面的交线.

②若 m、n、p 中有两个为零，如 $n=0$，$p=0$，则直线 L 的方程为

$\begin{cases}y-y_0=0\\ z-z_0=0\end{cases}$，即平面 $y=y_0$ 与 $z=z_0$ 的交线；

③若向量 $\boldsymbol{s}$ 的方向角为 α、β、γ，则其方向余弦是 $\cos\alpha$、$\cos\beta$、$\cos\gamma$，此时直线的方向向量也可以取为 $\boldsymbol{s}=\{\cos\alpha,\cos\beta,\cos\gamma\}$，直线 L 的方程为

$$\frac{x-x_0}{\cos\alpha}=\frac{y-y_0}{\cos\beta}=\frac{z-z_0}{\cos\gamma}.$$

【例 4】 求经过两点 $M_1(x_1,y_1,z_1)$、$M_2(x_2,y_2,z_2)$的直线 L 的方程.

解 直线 L 过两点 M_1、M_2，则 $\overrightarrow{M_1M_2}/\!/L$，故可取 $\boldsymbol{s}=\overrightarrow{M_1M_2}$，即

$$\boldsymbol{s}=\overrightarrow{M_1M_2}=\{x_2-x_1,y_2-y_1,z_2-z_1\}.$$

取已知点 $M_1(x_1,y_1,z_1)$，则直线 L 的方程为

$$\frac{x-x_1}{x_2-x_1}=\frac{y-y_1}{y_2-y_1}=\frac{z-z_1}{z_2-z_1}.$$

7.2.5 直线的参数式方程

设直线方程为 $L:\dfrac{x-x_0}{m}=\dfrac{y-y_0}{n}=\dfrac{z-z_0}{p}$，令 $\dfrac{x-x_0}{m}=\dfrac{y-y_0}{n}=\dfrac{z-z_0}{p}=t$，则

$$L:\begin{cases}x=x_0+mt\\ y=y_0+nt\\ z=z_0+pt\end{cases}$$

为直线的参数式方程，t 为参数.

7.2.6 直线的一般方程

直线 L 可以视为两张不平行的平面的交线，故直线的一般方程为：

$$L:\begin{cases}A_1x+B_1y+C_1z+D_1=0 & \pi_1\\ A_2x+B_2y+C_2z+D_2=0 & \pi_2\end{cases}\quad(\boldsymbol{n}_1\text{ 不平行于 }\boldsymbol{n}_2).$$

问题：如何由直线的一般方程确定直线的方向向量以及直线的点向式方程？

(1)确定直线上的一点 M_0

在 x、y、z 中任意取定一个，如令 $x=x_0$，代入上式中，解出 y_0、z_0，即得直线上的一点

$$M_0(x_0,y_0,z_0);$$

(2)确定直线的方向向量 $\boldsymbol{s}$

直线 L 在平面 π_1 上，故 $\boldsymbol{s}\perp\boldsymbol{n}_1$；直线 L 在平面 π_2 上，故 $\boldsymbol{s}\perp\boldsymbol{n}_2$；$\boldsymbol{s}$ 既垂直于 $\boldsymbol{n}_1$ 也垂直于 $\boldsymbol{n}_2$，从而 $\boldsymbol{s}/\!/\boldsymbol{n}_1\times\boldsymbol{n}_2$，可取 $\boldsymbol{s}=\boldsymbol{n}_1\times\boldsymbol{n}_2$ 或 $\boldsymbol{s}=\lambda\boldsymbol{n}_1\times\boldsymbol{n}_2$.

【例 5】 将直线 $L:\begin{cases}3x-2y+z+1=0\\2x+y-z-2=0\end{cases}$ 的方程改写为点向式及参数式方程.

解 (1)确定 M_0:取 $x_0=0$,代入方程得 $\begin{cases}-2y+z+1=0\\y-z-2=0\end{cases}$,解得 $y_0=-1,z_0=-3$,即 $M_0(0,-1,-3)$(注:M_0 可以不同).

(2) $\boldsymbol{n}_1\times\boldsymbol{n}_2=\begin{vmatrix}\boldsymbol{i}&\boldsymbol{j}&\boldsymbol{k}\\3&-2&1\\2&1&-1\end{vmatrix}=\boldsymbol{i}+5\boldsymbol{j}+7\boldsymbol{k}=\{1,5,7\}$,取 $\boldsymbol{s}=\boldsymbol{n}_1\times\boldsymbol{n}_2=\{1,5,7\}$,则

$$L:\frac{x-0}{1}=\frac{y+1}{5}=\frac{z+3}{7}\text{ 或 }L:\begin{cases}x=t\\y=-1+5t\\z=-3+7t\end{cases}.$$

评估与测试7-2

1. 指出平面 $4x-y=z$ 的法向量.
2. 求过点(2,-3,1)且垂直于向量 $\boldsymbol{n}=\{1,-2,3\}$ 的平面方程.
3. 求过点(1,-2,3)且与平面 $7x-3y+z-6=0$ 平行的平面方程.
4. 求过已知点 $M_1(2,-1,4)$、$M_2(-1,3,-2)$ 和 $M_3(0,2,3)$ 的平面方程.
5. 求过点 $M_0(1,-3,2)$ 且与向量 $\{4,2,1\}$ 平行的直线方程.
6. 一直线过点(2,2,-1)且与直线 $\frac{x-3}{2}=y=\frac{z-1}{5}$ 平行,求此直线方程.
7. 求过点(2,-3,4)且垂直于平面 $3x-y+2z=4$ 的直线方程.

拓展阅读

普通纸带具有两个面(双侧曲面),而这个纸带只有一个面(单侧曲面),一只小虫可以爬遍整个曲面而不必跨过它的边缘!这一神奇的单面纸带便被称为"莫比乌斯带".

神奇的莫比乌斯带

7.3 曲面及常见曲面方程

7.3.1 曲面方程的概念

类似平面方程的定义,我们可以定义曲面的方程.

定义 1 如果曲面 Σ 上每一点的坐标都满足方程 $F(x,y,z)=0$(或 $z=f(x,y)$),而不

在曲面 Σ 上点的坐标都不满足该方程，则称方程 $F(x,y,z)=0$（或 $z=f(x,y)$）为曲面 Σ 的方程，该曲面 Σ 称为 $F(x,y,z)=0$（或 $z=f(x,y)$）的图形.

这里将讨论一些常见的用二次方程所表示的曲面，即二次曲面.

7.3.2 常见曲面

1. 球面

现有定点 $M_0(x_0,y_0,z_0)$，曲面上任意一点 $M(x,y,z)$，M 与 M_0 的距离恒为常数 R，动点 M 的轨迹即为球面，试给出此球面方程.

由条件，$|M_0M|^2=R^2$，即所求的球面方程为

$$(x-x_0)^2+(y-y_0)^2+(z-z_0)^2=R^2,$$

其中以原点为中心，以 R 为半径的球面方程为：$x^2+y^2+z^2=R^2$.

球面方程的特征：球面的一般方程 $x^2+y^2+z^2+ax+by+cz+d=0$，特点是方程中没有交叉项 xy、yz、zx，与平行于坐标轴的平面的截面均为圆；三个平方项 x^2、y^2、z^2 的系数一定相同.

【例 1】 方程 $x^2+y^2+z^2-4x+6y-3=0$ 表示怎样的曲面.

解 原方程可化为 $(x-2)^2+(y+3)^2+z^2=16$，故该方程表示球心为点 $(2,-3,0)$，半径为 4 的球面.

2. 旋转面

定义 2 设在平面 yOz 上有一条平面曲线 $c:f(y,z)=0$，将此曲线绕 z 轴旋转一周，所得的曲面称为旋转面，z 轴称为旋转轴.

设 $M(x,y,z)$ 是旋转面上的任意一点，并且是曲线 c 上的点 $M_0(0,y_0,z_0)$ 旋转所得（图 7-15），则

$$z=z_0,\ |O'M|=|O'M_0|.$$

又因为 $O'(0,0,z_0)$，即有

$$\begin{cases}z=z_0\\x^2+y^2+(z-z_0)^2=y_0^2\end{cases} \text{或} \begin{cases}z=z_0\\x^2+y^2=y_0^2\end{cases} \text{或 } y_0=\pm\sqrt{x^2+y^2},\ z_0=z;$$

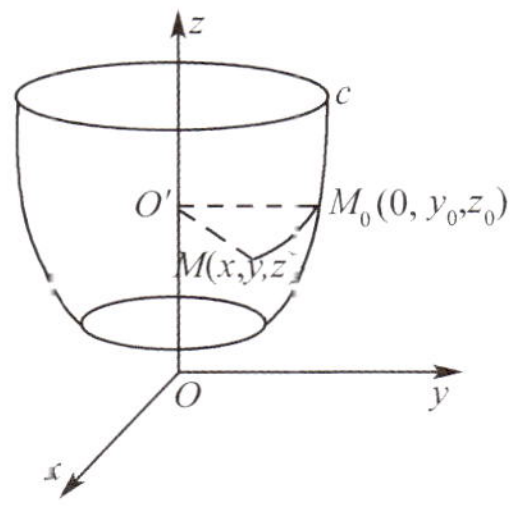

图 7-15

而 (y_0,z_0) 是平面 yOz 曲线 c 上的点，则 $f(y_0,z_0)=0$，即旋转面上的任意一点 $M(x,y,z)$ 满足 $f(\pm\sqrt{x^2+y^2},z)=0$.

反之，不在旋转面上的点一定不满足此方程，故平面 yOz 上曲线 $c:f(y,z)=0$ 绕 z 轴旋转一周，所得的曲面方程为

$$\Sigma:f(\pm\sqrt{x^2+y^2},z)=0.$$

此时，z 不变，而 $y\to\pm\sqrt{x^2+y^2}$ 或 $y^2\to x^2+y^2$.

同理，若将上面的曲线绕 y 轴旋转一周，则旋转面的方程为

$$\Sigma:f(y,\pm\sqrt{x^2+z^2})=0.$$

此时，y 不变，而 $z\to\pm\sqrt{x^2+z^2}$ 或 $z^2\to x^2+z^2$.

特点：(1) 总有两个平方项系数相同；

(2) 垂直于旋转轴的平面与旋转面的截口均为圆.

【例 2】 将面 yOz 上的椭圆 $\frac{y^2}{b^2}+\frac{z^2}{c^2}=1$ 与直线 $z=ky$ 分别绕 z 轴旋转一周，写出旋转

面的方程.

解 面 yOz 上的曲线 $c:\frac{y^2}{b^2}+\frac{z^2}{c^2}=1$ 绕 z 轴旋转一周,则旋转面(椭球面)方程为

$$\frac{x^2+y^2}{b^2}+\frac{z^2}{c^2}=1 \text{ 或 } \frac{x^2}{b^2}+\frac{y^2}{b^2}+\frac{z^2}{c^2}=1.$$

面 yOz 上的曲线 $c:z=ky$ 绕 z 轴旋转一周,则旋转面(圆锥面)方程为

$$z=\pm k\sqrt{x^2+y^2} \text{ 或 } z^2=k^2(x^2+y^2).$$

同理,如果将上面的两条曲线分别绕 y 轴旋转一周,则旋转面方程分别为

$$\text{椭球面}:\frac{x^2}{c^2}+\frac{y^2}{b^2}+\frac{z^2}{c^2}=1;$$

$$\text{圆锥面}:y^2=k^2(x^2+z^2).$$

3. 母线平行于坐标轴的柱面

定义 3 空间有一确定的曲线 l、直线 L. 使直线 L 沿定曲线 l 平移,所形成的曲面称为柱面,其中曲线 l 称为柱面的准线,而直线 L 称为柱面的母线.

注意:一般给定一个柱面后,其母线是确定的,但其准线不是唯一的,即柱面上的任意一条曲线都可能成为柱面的准线.

建立准线为平面 xOy 上的曲线 $l:f(x,y)=0$,母线平行于 z 轴的柱面 Σ 的方程.

设 $M_0(x_0,y_0,z_0)$是柱面 Σ 上的任意一点,M_0 在平面 xOy 上的投影点为 $M(x_0,y_0,0)$(图 7-16),则 M 一定在平面曲线 $l:f(x,y)=0$ 上,故其坐标(x_0,y_0)一定满足方程 $f(x,y)=0$,即 $f(x_0,y_0)=0$. 由 M_0 在柱面上的任意性,对于柱面上的任意点 $M(x,y,z)$,其坐标均满足方程 $f(x,y)=0$;反之,如果点 $M(x,y,z)$不在柱面上,则其投影点一定不在曲线 l 上,坐标必然不满足方程 $f(x,y)=0$. 从而以平面 xOy 上的曲线 $l:f(x,y)=0$ 为准线,母线平行于 z 轴的柱面 Σ 的方程为 $f(x,y)=0$.

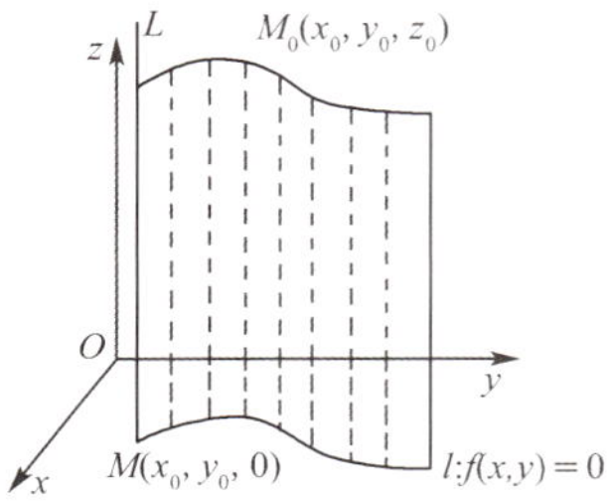

图 7-16

注意:(1) 在空间中,二元函数方程均表示空间的柱面. $f(x,y)=0$ 表示母线平行于 z 轴的柱面;$f(y,z)=0$ 表示母线平行于 x 轴的柱面;$f(x,z)=0$ 表示母线平行于 y 轴的柱面;

(2) 注意母线平行于坐标轴的柱面与一般平面曲线的区别,一般平面曲线的方程可以表示为 $l:\begin{cases}f(x,y)=0\\z=0\end{cases}$,表示面 xOy 上的曲线;$l:\begin{cases}f(x,y)=0\\z=z_0\end{cases}$ 表示平面 $z=z_0$ 上的曲线.

【例 3】 求准线在面 xOy 上的圆 $x^2+y^2=R^2$,母线平行于 z 轴的圆柱面方程.

解 设 $M(x,y,z)$为此圆柱面上的任意一点,过点 $M(x,y,z)$的母线与面 xOy 的交点 $M_1(x,y,0)$一定在准线上,所以不论点 $M(x,y,z)$的竖坐标 z 取何值,它的横坐标 x 和纵坐标 y 都满足 $x^2+y^2=R^2$,即所求圆柱面方程为 $x^2+y^2=R^2$.

评估与测试7-3

1. 建立以点(1,3,−2)为球心且通过坐标原点(0,0,0)的球面方程.

2. 方程 $x^2+y^2+z^2-6z=7$ 表示怎样的曲面？

3. 求 $\begin{cases}\dfrac{x^2}{3}+\dfrac{z^2}{4}=1\\ y=0\end{cases}$ 绕 x 轴及 z 轴旋转所得的旋转曲面的方程.

4. 说明下列方程所表示的曲面的名称，若为旋转曲面，说明它是如何形成的.

(1) $x^2+2y^2=1$；　　(2) $2x^2+2y^2=z$.

拓展阅读

克莱因瓶，在数学领域中是指一种无定向性的平面，比如二维平面，就没有"内部"和"外部"之分. 它在拓扑学中是一个不可定向的拓扑空间. 并且可作为展现一个"三维空间中二维可无限扩展之空间模型"的参考.

一个永远装不满水的瓶子——克莱因瓶

第7章参考答案

第 8 章 多元函数微积分

前面我们研究的函数都只有一个变量，这种函数叫作一元函数. 但在自然科学、工程技术以及经济生活等领域中，往往涉及多个因素之间的关系，反映到数学上，就表现为一个变量依赖于多个变量的情形，因而就引出了多元函数以及多元函数的微分和积分问题. 本章将在一元函数微积分的基础上，讨论多元函数的微分法及其应用、重积分的概念和计算方法. 讨论中我们以二元函数为主，因为从一元函数到二元函数会产生新的问题，而从二元函数到二元以上的多元函数则可以类推.

学习目标

素质目标

(1)使学生懂得观察事物的角度不同，所得结论也不同. 从而在生活中学会换位思考，理解他人；

(2)引导学生树立正确的世界观、人生观、价值观. 人生没有捷径，面对人生道路上的曲折，要有持之以恒的决心，坚忍不拔的毅力.

知识目标

(1)理解二元函数的概念、极限和连续；

(2)理解偏导数的概念，掌握二元函数的一阶、二阶偏导数的求法；

(3)理解全微分的概念，掌握偏导数的几何应用；

(4)理解二重积分的概念、性质和几何意义，掌握二重积分在直角坐标系和极坐标系下的计算方法.

能力目标

(1)能够求解二元函数的定义域和二元函数的极限；

(2)能够计算不同类型下的二元函数的偏导数；

(3)能够通过求偏导数计算二元函数的极值；

(4)能够求解直角坐标系和极坐标系下的二重积分.

8.1 多元函数的基本概念

在之前学习的微积分中，所讨论的往往是只有一个自变量和一个因变量的函数，我们称之为一元函数，然而在很多自然现象以及实际问题中，经常遇到多个变量之间的依赖关系．与一元函数相对应，我们把自变量多于一个的函数称为多元函数．

8.1.1 二元函数的概念

【引例 1】 圆柱体的体积 V 和它的底面半径 r、高 h 之间具有关系

$$V=\pi r^2 h.$$

这里，当 r、h 在集合 $\{(r,h)\mid r>0,h>0\}$ 内取定一对值 (r,h) 时，V 的对应值就随之确定．

【引例 2】 设 R 是电阻 R_1、R_2 并联后的总电阻，由电学知道，它们之间具有关系

$$R=\frac{R_1R_2}{R_1+R_2},$$

这里，当取定 R_1、R_2 时，R 的对应值就随之确定．

上面两个例子的具体意义虽各不相同，但它们却有共同的性质，类似于一元函数的定义就可得出以下关于二元函数的定义（本节主要以二元函数作为多元函数的典型展开相关讨论）．

1. 二元函数的定义

定义 1 设有三个变量 x、y、z，如果变量 x、y 在一定范围内任取一对数值时，变量 z 按照一定的对应法则 f 总有唯一确定的数值与之对应，则称 z 是 x、y 的二元函数，记为 $z=f(x,y)$．其中 x、y 称为自变量，z 称为因变量，自变量 x、y 的变化范围 D 称为二元函数的定义域．数集 $\{z\mid z=f(x,y),(x,y)\in D\}$ 称为二元函数的值域．

与二元函数类似可定义三元函数 $u=f(x,y,z)$ 以及三元以上的函数，二元及二元以上的函数统称为多元函数．

2. 二元函数的定义域

关于二元函数 $z=f(x,y)$ 的定义域，与一元函数类似，即为能够使表达式 $z=f(x,y)$ 有意义的所有的自变量的取值范围．在实数域中，一元函数的定义域是实数轴上的某个区域，而二元函数的定义域比较复杂，可以是整个 xOy 平面，也可以是一条曲线，甚至可以是由曲线所围成的部分平面等．

例如，函数 $z=\ln(x+y)$ 的定义域为 $\{(x,y)\mid x+y>0\}$．如图 8-1 所示，定义域是一个无界开区域．又如，函数 $z=\arcsin(x^2+y^2)$ 的定义域为 $\{(x,y)\mid x^2+y^2\leqslant 1\}$．如图 8-2 所示，定义域是一个闭区域．

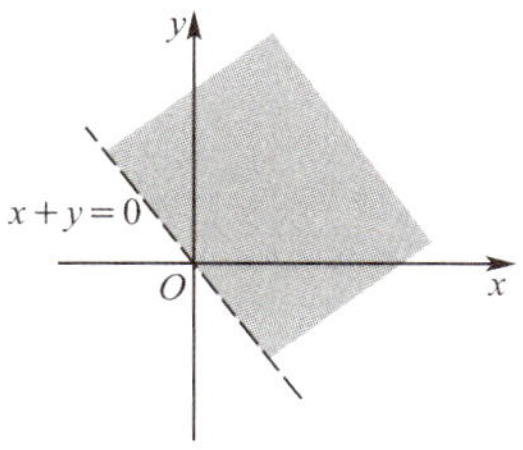

图 8-1

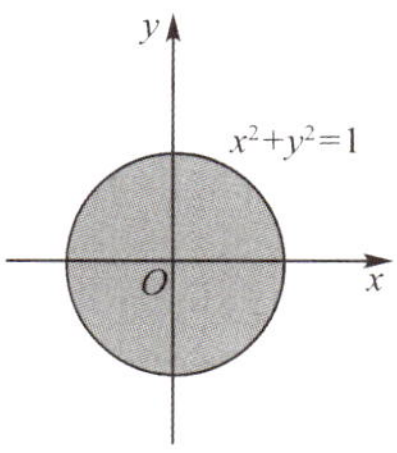

图 8-2

3. 二元函数的图像与几何意义

设二元函数 $z=f(x,y)$ 的定义域为 D，对于任意取定的点 $(x,y)\in D$，对应的函数值为 $z=f(x,y)$，这样，以 x 为横坐标，y 为纵坐标，z 为竖坐标在空间就确定一点 $M(x,y,z)$，当 (x,y) 取遍 D 上一切点时，得到一个空间点集 $\{(x,y,z)\mid z=f(x,y),(x,y)\in D\}$，这个点集在三维空间中就形成了一张曲面 Σ. 我们称此曲面 Σ 为二元函数 $z=f(x,y)$ 的图形. 而定义域即为曲面 Σ 在面 xOy 上的投影区域.

例如，函数 $z=\sqrt{R^2-x^2-y^2}\ (R>0)$ 的图形为球心在原点，半径为 R 的上半球面，其定义域为 $\{(x,y)\mid x^2+y^2\leqslant R^2\}$，图形为上半球面在面 xOy 上的投影区域：圆心在原点，半径为 R 的圆面.

8.1.2 二元函数的极限与连续

1. 二元函数的极限

对于二元函数 $z=f(x,y)$ 极限的讨论，实质上即是讨论当 (x,y) 趋近于某个固定的点 $P_0(x_0,y_0)$ 时，函数 z 的变化状态.

定义 2 设二元函数 $z=f(x,y)$ 在点 $P_0(x_0,y_0)$ 的邻域内有定义（该邻域可以是空心邻域，即点 P_0 可除外）. 当 $P(x,y)$ 沿任意路径趋于点 $P_0(x_0,y_0)$ 时，函数 $z=f(x,y)$ 的值总是趋近于一个确定的常数 A，则称 A 是函数 $z=f(x,y)$ 当 $(x,y)\to(x_0,y_0)$ 时的极限. 记作

$$\lim_{\substack{x\to x_0\\ y\to y_0}} f(x,y)=A \text{ 或 } \lim_{P\to P_0} f(x,y)=A.$$

注意：(1) 定义中 $P\to P_0$ 的方向（路径）是任意的；

(2) 二元函数的极限也叫二重极限；

(3) 二元函数的极限运算法则与一元函数类似. 我们必须注意的是，所谓二重极限存在，是指 $P(x,y)$ 以任何方式（路径）趋于 $P_0(x_0,y_0)$ 时，函数都无限接近于 A. 因此，如果 $P(x,y)$ 以某一种特殊方式，例如沿着一条直线或某个固定曲线趋于 $P_0(x_0,y_0)$ 时，即使函数无限接近于某一确定值，我们还不能由此断定函数的极限存在. 但是反过来，如果当 $P(x,y)$ 以不同方式趋于 $P_0(x_0,y_0)$ 时，函数趋于不同的值，那么就可以断定函数的极限不存在. 下面用例子来说明这种情形.

【例 1】 考察函数

$$f(x,y)=\begin{cases}\dfrac{xy}{x^2+y^2}; & x^2+y^2\neq 0\\ 0; & x^2+y^2=0\end{cases}.$$

解 显然，当点 $P(x,y)$ 沿 x 轴趋于点 $(0,0)$ 时，$\lim\limits_{x\to 0}f(x,0)=\lim\limits_{x\to 0}0=0$；当点 $P(x,y)$ 沿 y 轴趋于点 $(0,0)$ 时，$\lim\limits_{y\to 0}f(0,y)=\lim\limits_{y\to 0}0=0$.

虽然点 $P(x,y)$ 以上述两种特殊方式（沿 x 轴或 y 轴）趋于原点时函数的极限存在并且相等，但是 $\lim\limits_{\substack{x\to 0\\ y\to 0}}f(x,y)$ 并不存在. 这是因为当点 $P(x,y)$ 沿直线 $y=kx$ 趋于点 $(0,0)$ 时，有

$$\lim_{\substack{x\to 0\\ y=kx\to 0}}\frac{xy}{x^2+y^2}=\lim_{x\to 0}\frac{kx^2}{x^2+k^2x^2}=\frac{k}{1+k^2},$$

显然它是随着 k 值而改变的. 若 k 取不同的数值,则 $\frac{k}{1+k^2}$ 的值不同,故 $\lim\limits_{\substack{x\to 0\\y\to 0}} f(x,y)$ 不存在.

以上关于二元函数的极限概念,可相应地推广到 n 元函数 $u=f(P)$, 即 $u=f(x_1,x_2,\cdots,x_n)$ 上去. 并且关于多元函数极限的运算,有与一元函数类似的运算法则.

2. 二元函数的连续性

定义 3 若函数 $z=f(x,y)$ 在点 (x_0,y_0) 的邻域内(这里只能是实心邻域)有定义,且有 $\lim\limits_{\substack{x\to x_0\\y\to y_0}} f(x,y)=A=f(x_0,y_0)$,则称函数 $z=f(x,y)$ 在点 (x_0,y_0) 连续.

如果函数 $f(x,y)$ 在开区域(或闭区域) D 内的每一点连续,那么就称函数 $f(x,y)$ 在 D 内连续,或称 $f(x,y)$ 是 D 内的连续函数.

若函数 $z=f(x,y)$ 在点 (x_0,y_0) 不连续,则称 (x_0,y_0) 为函数 $z=f(x,y)$ 的间断点. 进一步考虑函数 $f(x,y)=\begin{cases}\frac{xy}{x^2+y^2}; & x^2+y^2\neq 0\\ 0; & x^2+y^2=0\end{cases}$ 在 $(0,0)$ 处的连续性. 取 $y=kx$,

$$\lim_{\substack{x\to 0\\y\to 0}}\frac{xy}{x^2+y^2}=\lim_{\substack{x\to 0\\y=kx\to 0}}\frac{kx^2}{x^2+k^2x^2}=\frac{k}{1+k^2}.$$

其值随 k 的不同而变化,极限不存在. 故函数在 $(0,0)$ 处不连续.

与一元函数类似,二元连续函数经过四则运算后仍为连续函数,并且二元函数的复合函数仍为连续函数.

以上关于二元函数的连续性概念,可相应地推广到 n 元函数 $f(P)$ 上去.

与闭区域上一元连续函数的性质相类似,在有界闭区域上多元连续函数也有如下性质.

性质 1(最大值和最小值定理) 在有界闭区域 D 上的多元连续函数,在 D 上一定有最大值和最小值.

性质 2(介值定理) 在有界闭区域 D 上的多元连续函数,如果在 D 上取得两个不同的函数值,则它在 D 上取得介于这两个值之间的任何值至少一次.

一元函数中关于极限的运算法则,对于多元函数仍然适用. 根据极限运算法则, 可以证明多元连续函数的和、差、积均为连续函数;在分母不为零处,连续函数的商是连续函数;多元连续函数的复合函数也是连续函数.

多元初等函数的连续性,如果要求它在点 P_0 处的极限,而该点又在此函数的定义区域内,则极限值就是函数在该点的函数值,即

$$\lim_{P\to P_0} f(P)=f(P_0).$$

【例 2】 求 $\lim\limits_{\substack{x\to 1\\y\to 2}}\frac{x+y}{xy}$.

解 函数 $f(x,y)=\frac{x+y}{xy}$ 是初等函数,故 $\lim\limits_{\substack{x\to 1\\y\to 2}}\frac{x+y}{xy}=f(1,2)=\frac{3}{2}$.

一般地,求 $\lim\limits_{P\to P_0} f(P)$, 如果 $f(P)$ 是初等函数,且 P_0 是 $f(P)$ 的定义域内的点,则

$f(P)$在点 P_0 处连续，于是 $\lim\limits_{P\to P_0} f(P)=f(P_0)$.

【例 3】 求$\lim\limits_{\substack{x\to 0\\ y\to 0}}\dfrac{\sqrt{xy+1}-1}{xy}$.

解 $\lim\limits_{\substack{x\to 0\\ y\to 0}}\dfrac{\sqrt{xy+1}-1}{xy}=\lim\limits_{\substack{x\to 0\\ y\to 0}}\dfrac{xy+1-1}{xy(\sqrt{xy+1}+1)}=\lim\limits_{\substack{x\to 0\\ y\to 0}}\dfrac{1}{\sqrt{xy+1}+1}=\dfrac{1}{2}$.

评估与测试8-1

1. 求下列函数的定义域，并绘出定义域的图形.

(1) $f(x,y)=\sqrt{1-x^2}+\sqrt{1-y^2}$；

(2) $f(x,y)=\arcsin x+\arcsin\dfrac{y}{2}$；

(3) $f(x,y)=\sqrt{16-x^2-y^2}+\dfrac{1}{\sqrt{x^2+y^2-4}}$.

2. 已知函数 $f(x+y,x-y)=xy+y^2$，求 $f(x,y)$.

3. 已知函数 $f(u,v,w)=u^w+w^{u+v}$，试求 $f(x+y,x-y,xy)$.

4. 求下列各极限.

(1) $\lim\limits_{\substack{x\to 0\\ y\to 1}}\dfrac{1-xy}{x^2+y^2}$； (2) $\lim\limits_{\substack{x\to 1\\ y\to 0}}\dfrac{\ln(x+e^y)}{\sqrt{x^2+y^2}}$.

5. 证明下列极限不存在.

(1) $\lim\limits_{\substack{x\to 0\\ y\to 0}}\dfrac{x+y}{x-y}$； (2) $\lim\limits_{\substack{x\to 0\\ y\to 0}}\dfrac{x^2y^2}{x^2y^2+(x-y)^2}$.

6. 函数 $z=\dfrac{y^2+2x}{y^2-2x}$在何处是间断的？

7. 证明$\lim\limits_{\substack{x\to 0\\ y\to 0}}\dfrac{xy}{\sqrt{x^2+y^2}}=0$.

拓展阅读

对于二元函数的自变量，我们可以这样来看. 给出一个二元函数的解析式以后，确定它的定义域是分析函数的关键第一步. 而初学者往往正好是忽略了这一步，认为过于简单而无关紧要，实际上给出某些函数的定义域的平面图形是非常麻烦的一件事，并且我们强烈要求初学者，不管函数多么简单，都一定要在进行任何处理之前，先分析它的定义域，画出它所表示的平面区域的草图.

二元函数及定义域

8.2 偏导数

8.2.1 偏导数的定义

在研究一元函数时，从研究函数的变化率引入了导数的概念. 对于多元函数同样需要讨论它的变化率. 但多元函数的自变量不止一个，因此变量与自变量的关系要比一元函数复杂得多. 在本节中，我们首先考虑多元函数关于其中一个自变量的变化率. 以二元函数 $z=f(x,y)$ 为例，如果只有自变量 x 变化，而自变量 y 固定(看作常量)，这时它就是 x 的一元函数，这个函数对 x 的导数，就称为二元函数 z 对 x 的偏导数，即有如下定义.

视频：偏导数

定义 设函数 $z=f(x,y)$ 在点 (x_0,y_0) 的某一邻域内有定义，当 y 固定在 y_0 处，而 x 在 x_0 处有改变量 Δx 时，相应的函数有改变量 $f(x_0+\Delta x,y_0)-f(x_0,y_0)$，如果

$$\lim_{\Delta x\to 0}\frac{f(x_0+\Delta x,y_0)-f(x_0,y_0)}{\Delta x}$$

存在，则称此极限值为函数 $z=f(x,y)$ 在点 (x_0,y_0) 处对 x 的偏导数，记作

$$\left.\frac{\partial z}{\partial x}\right|_{\substack{x=x_0\\y=y_0}},\left.\frac{\partial f}{\partial x}\right|_{\substack{x=x_0\\y=y_0}} \text{或 } f_x'(x_0,y_0).$$

例如，上述极限可以表示为 $f_x'(x_0,y_0)=\lim\limits_{\Delta x\to 0}\dfrac{f(x_0+\Delta x,y_0)-f(x_0,y_0)}{\Delta x}$.

类似地，函数 $z=f(x,y)$ 在点 (x_0,y_0) 处对 y 的偏导数定义为

$$f_y'(x_0,y_0)=\lim_{\Delta y\to 0}\frac{f(x_0,y_0+\Delta y)-f(x_0,y_0)}{\Delta y},$$

记作

$$\left.\frac{\partial z}{\partial y}\right|_{\substack{x=x_0\\y=y_0}},\left.\frac{\partial f}{\partial y}\right|_{\substack{x=x_0\\y=y_0}} \text{或 } f_y'(x_0,y_0).$$

如果函数 $z=f(x,y)$ 在区域 D 内每一点 (x,y) 处对 x 的偏导数都存在，那么这个偏导数就是 x、y 的函数，它就称为函数 $z=f(x,y)$ 对自变量 x 的偏导数，记作

$$\frac{\partial z}{\partial x},\frac{\partial f}{\partial x} \text{或 } f_x'(x,y).$$

类似地，可以定义函数 $z=f(x,y)$ 对自变量 y 的偏导数，记作

$$\frac{\partial z}{\partial y},\frac{\partial f}{\partial y} \text{或 } f_y'(x,y).$$

【例 1】 求 $z=x^2+3xy+y^2$ 在点(1,2)处的偏导数.

解 把 y 看作常量，得

$$\frac{\partial z}{\partial x}=2x+3y,$$

把 x 看作常量，得

$$\frac{\partial z}{\partial y}=3x+2y.$$

将(1,2)代入上面的结果,得

$$\left.\frac{\partial z}{\partial x}\right|_{\substack{x=1\\y=2}}=2\cdot1+3\cdot2=8,\quad \left.\frac{\partial z}{\partial y}\right|_{\substack{x=1\\y=2}}=3\cdot1+2\cdot2=7.$$

【例 2】 求 $z=x^2\sin^2 y$ 的偏导数.

解 $\dfrac{\partial z}{\partial x}=2x\sin^2 y,\dfrac{\partial z}{\partial y}=x^2\sin 2y.$

【例 3】 设 $f(x,y)=\begin{cases}\dfrac{xy}{x^2+y^2}; & x^2+y^2\neq0\\ 0; & x^2+y^2=0\end{cases}$,求 $f_x'(0,0),f_y'(0,0)$.

解 $f_x'(0,0)=\lim\limits_{\Delta x\to0}\dfrac{f(0+\Delta x,0)-f(0,0)}{\Delta x}=\lim\limits_{\Delta x\to0}\dfrac{\dfrac{\Delta x\cdot0}{(\Delta x)^2+0^2}-0}{\Delta x}=0.$

同理可得 $f_y'(0,0)=0$.

注意:(1)分段函数在分界点处的偏导数必须由定义求得;

(2)二元函数 $f(x,y)$ 在点 (x_0,y_0) 处偏导数存在,但函数在该点不一定连续,如例 3 中 $f(x,y)$ 在点(0,0)处偏导数存在但不连续;

(3)偏导数定义可推广到三元及三元以上的函数.

【例 4】 求 $r=\sqrt{x^2+y^2+z^2}$ 的偏导数.

解 把 y 和 z 都看作常量,得

$$\frac{\partial r}{\partial x}=\frac{x}{\sqrt{x^2+y^2+z^2}}=\frac{x}{r}.$$

由于所给函数关于自变量的对称性(自变量 x、y、z 在函数中的地位是一样的),所以

$$\frac{\partial r}{\partial y}=\frac{y}{r},\frac{\partial r}{\partial z}=\frac{z}{r}.$$

8.2.2 高阶偏导数

设函数 $z=f(x,y)$ 在区域 D 内具有偏导数 $\dfrac{\partial z}{\partial x}=f_x'(x,y),\dfrac{\partial z}{\partial y}=f_y'(x,y)$,那么在 D 内 $f_x'(x,y)$、$f_y'(x,y)$ 都是 x、y 的函数.如果这两个函数的偏导数也存在,则称它们是函数 $z=f(x,y)$ 的二阶偏导数.按照对变量求导次序的不同有下列四个二阶偏导数:

$$\frac{\partial}{\partial x}\left(\frac{\partial z}{\partial x}\right)=\frac{\partial^2 z}{\partial x^2}=f''_{xx}(x,y),\frac{\partial}{\partial y}\left(\frac{\partial z}{\partial x}\right)=\frac{\partial^2 z}{\partial x\partial y}=f''_{xy}(x,y),$$

$$\frac{\partial}{\partial x}\left(\frac{\partial z}{\partial y}\right)=\frac{\partial^2 z}{\partial y\partial x}=f''_{yx}(x,y),\frac{\partial}{\partial y}\left(\frac{\partial z}{\partial y}\right)=\frac{\partial^2 z}{\partial y^2}=f''_{yy}(x,y),$$

其中第二、第三个偏导数称为**混合偏导数**.同样可得三阶、四阶以及 n 阶偏导数.二阶及二阶以上的偏导数统称为**高阶偏导数**.

【例 5】 设 $z=x^3y^2-3xy^3-xy+1$,求 $\dfrac{\partial^2 z}{\partial x^2}$、$\dfrac{\partial^2 z}{\partial y\partial x}$、$\dfrac{\partial^2 z}{\partial x\partial y}$、$\dfrac{\partial^2 z}{\partial y^2}$ 及 $\dfrac{\partial^3 z}{\partial x^3}$.

解 $\frac{\partial z}{\partial x}=3x^2y^2-3y^3-y,\frac{\partial z}{\partial y}=2x^3y-9xy^2-x$；

$\frac{\partial^2 z}{\partial x^2}=6xy^2,\frac{\partial^2 z}{\partial y\partial x}=6x^2y-9y^2-1,\frac{\partial^2 z}{\partial x\partial y}=6x^2y-9y^2-1,\frac{\partial^2 z}{\partial y^2}=2x^3-18xy$；

$\frac{\partial^3 z}{\partial x^3}=6y^2$.

我们看到例 5 中两个二阶混合偏导数相等，即$\frac{\partial^2 z}{\partial y\partial x}=\frac{\partial^2 z}{\partial x\partial y}$，这不是偶然的. 事实上，我们有下述定理.

定理 1 如果函数 $z=f(x,y)$的两个二阶混合偏导数$\frac{\partial^2 z}{\partial y\partial x}$及$\frac{\partial^2 z}{\partial x\partial y}$在点$(x,y)$处连续，那么在该点处这两个二阶混合偏导数必相等.

换句话说，二阶混合偏导数在连续的条件下与求导的次序无关.

8.2.3 偏导数的几何应用

1. 空间曲线的切线与法平面

设 $M_0(x_0,y_0,z_0)$是空间曲线 $C:\begin{cases}x=x(t)\\y=y(t);\alpha\leqslant t\leqslant\beta\\z=z(t)\end{cases}$(其中 $x(t)$、$y(t)$、$z(t)$均可导)上的一个定点，M 是曲线 C 上 M_0 近旁的一个动点. 当点 M 沿曲线 C 趋近于 M_0 时，割线 MM_0 的极限位置 M_0T 即为曲线C 在点M_0 处的切线(图 8-3). 过点 M_0 且与切线 M_0T 垂直的平面称为曲线 C 在点 M_0 处的法平面.

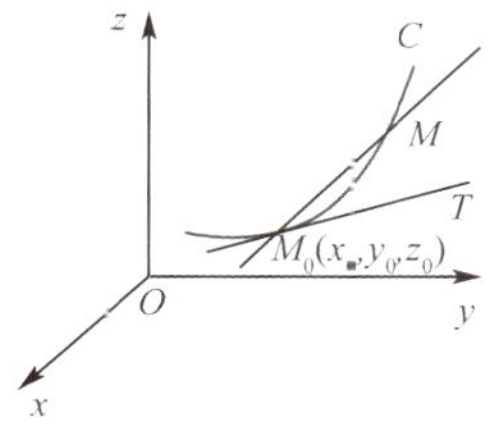

图 8-3

所以根据点向式，可以求出曲线 C 当 $t=t_0$ 时所对应的点 $M_0(x_0,y_0,z_0)$处的切线方程为

$$\frac{x-x_0}{x'(t_0)}=\frac{y-y_0}{y'(t_0)}=\frac{z-z_0}{z'(t_0)}.$$

显然向量$\{x'(t_0),y'(t_0),z'(t_0)\}$是曲线 C 在点$M_0(x_0,y_0,z_0)$处的法平面的一个法向量，所以根据点法式可以求出法平面方程为

$$x'(t_0)(x-x_0)+y'(t_0)(y-y_0)+z'(t_0)(z-z_0)=0.$$

【例 6】 求螺旋线$\begin{cases}x=\cos t\\y=\sin t\\z=t\end{cases}$，在点 $t=0$ 处的切线方程与法平面方程.

解 当 $t=0$ 时，曲线上对应的点为$(1,0,0)$，此时 $x'\big|_{t=0}=0,y'\big|_{t=0}=1,z'\big|_{t=0}=1$，取切线的方向向量$\{0,1,1\}$，由点向式可求出切线方程为$\frac{x-1}{0}=\frac{y}{1}=\frac{z}{1}$；法平面方程为 $y+z=0$.

2. 曲面的切平面与法线

曲面 Σ 的方程为 $F(x,y,z)=0$，点 $M_0(x_0,y_0,z_0)$在曲面 Σ 上，若函数 $F(x,y,z)$在点 M_0 连续，且有不全为零的偏导数，则曲面 Σ 内所有过点 M_0 的曲线在该点处的切线均在同一平面上，我们把此平面称为曲面 Σ 在点 M_0 处的切平面，并且把 Σ 内所有过点 M_0 且垂直于切平面的直线称为曲面 Σ 在点 M_0 处的法线.

易知向量 $\{F'_x(x_0,y_0,z_0),F'_y(x_0,y_0,z_0),F'_z(x_0,y_0,z_0)\}$ 是曲面 Σ 在点 M_0 处的切平面的一个法向量，因此由点法式可得切平面的方程为

$$F'_x(x_0,y_0,z_0)(x-x_0)+F'_y(x_0,y_0,z_0)(y-y_0)+F'_z(x_0,y_0,z_0)(z-z_0)=0.$$

由点向式可得曲面 Σ 在点 M_0 处的法线方程为

$$\frac{x-x_0}{F'_x(x_0,y_0,z_0)}=\frac{y-y_0}{F'_y(x_0,y_0,z_0)}=\frac{z-z_0}{F'_z(x_0,y_0,z_0)}.$$

【例 7】 求旋转抛物面 $z=x^2+y^2$ 在点(1,2,5)处的切平面方程和法线方程.

解 设 $F(x,y,z)=x^2+y^2-z$，则 $F'_x=2x,F'_y=2y,F'_z=-1$. 从而 $F'_x(1,2,5)=2$，$F'_y(1,2,5)=4,F'_z(1,2,5)=-1$，取向量 $\{2,4,-1\}$ 为切平面的一个法向量，则在点(1,2,5)处的切平面方程为 $2(x-1)+4(y-2)-(z-5)=0$，即 $2x+4y-z-5=0$. 法线方程为 $\frac{x-1}{2}=\frac{y-2}{4}=\frac{z-5}{-1}$.

8.2.4 全微分

1. 全增量的概念

如果函数 $z=f(x,y)$ 在点 (x,y) 的某邻域内有定义，并设 $P(x+\Delta x,y+\Delta y)$ 为此邻域内的任意一点，则称这两点的函数值之差

$$f(x+\Delta x,y+\Delta y)-f(x,y)$$

为函数在点 P 对应于自变量增量 Δx、Δy 的全增量，记为 Δz，即

$$\Delta z=f(x+\Delta x,y+\Delta y)-f(x,y).$$

2. 全微分的定义

如果函数 $z=f(x,y)$ 在点 (x,y) 的全增量 $\Delta z=f(x+\Delta x,y+\Delta y)-f(x,y)$ 可以表示为 $\Delta z=A\Delta x+B\Delta y+o(\rho)$，其中 A、B 不依赖于 Δx、Δy 而仅与 x、y 有关，$\rho=\sqrt{(\Delta x)^2+(\Delta y)^2}$，则称函数 $z=f(x,y)$ 在点 (x,y) 可微分，$A\Delta x+B\Delta y$ 称为函数 $z=f(x,y)$ 在点 (x,y) 的全微分，记为 dz，即 $dz=A\Delta x+B\Delta y$.

函数若在某区域 D 内各点处处可微，则称这个函数在 D 内可微.

定理 2 如果函数 $z=f(x,y)$ 在点 (x,y) 可微，则函数在该点连续.

事实上

$$\Delta z=A\Delta x+B\Delta y+o(\rho),$$

$$\lim_{\substack{\Delta x\to 0\\ \Delta y\to 0}}f(x+\Delta x,y+\Delta y)=\lim_{\rho\to 0}[f(x,y)+\Delta z]=f(x,y),$$

故函数 $z=f(x,y)$ 在点 (x,y) 处连续.

该定理的逆否命题告诉我们，如果函数 $z=f(x,y)$ 在点 (x,y) 不连续，则 $z=f(x,y)$ 在点 (x,y) 不可微.

3. 可微的条件

定理 3(必要条件) 如果函数 $z=f(x,y)$ 在点 (x,y) 可微，则该函数在点 (x,y) 的偏导数 $\frac{\partial z}{\partial x}$、$\frac{\partial z}{\partial y}$ 必存在，且函数 $z=f(x,y)$ 在点 (x,y) 的全微分为

$$dz=\frac{\partial z}{\partial x}\Delta x+\frac{\partial z}{\partial y}\Delta y.$$

一元函数在某点的导数存在则微分存在;若多元函数的各偏导数存在,全微分一定存在吗?

例如,$f(x,y)=\begin{cases}\dfrac{xy}{\sqrt{x^2+y^2}}; & x^2+y^2\neq 0\\ 0; & x^2+y^2=0\end{cases}$在点(0,0)处有 $f'_x(0,0)=f'_y(0,0)=0$.

$$\Delta z=f(\Delta x,\Delta y)-f(0,0)=\frac{\Delta x\cdot\Delta y}{\sqrt{(\Delta x)^2+(\Delta y)^2}},$$

如果考虑点 $P'(\Delta x,\Delta y)$沿着直线 $y=x$ 趋近于(0,0),则

$$\frac{\dfrac{\Delta x\cdot\Delta y}{\sqrt{(\Delta x)^2+(\Delta y)^2}}}{\rho}=\frac{\Delta x\cdot\Delta x}{(\Delta x)^2+(\Delta x)^2}=\frac{1}{2},$$

说明它不能随着 $\rho\to 0$ 而趋于 0,故函数在点(0,0)处不可微.

说明:多元函数的各偏导数存在并不能保证全微分存在.

定理 4(**充分条件**) 如果函数 $z=f(x,y)$的偏导数$\frac{\partial z}{\partial x}$、$\frac{\partial z}{\partial y}$在点$(x,y)$连续,则该函数在点$(x,y)$可微. 习惯上,记全微分为

$$dz=\frac{\partial z}{\partial x}dx+\frac{\partial z}{\partial y}dy.$$

【例 8】 计算函数 $z=e^{xy}$ 在点(2,1)处的全微分.

解 $\frac{\partial z}{\partial x}=ye^{xy},\frac{\partial z}{\partial y}=xe^{xy},\left.\frac{\partial z}{\partial x}\right|_{(2,1)}=e^2,\left.\frac{\partial z}{\partial y}\right|_{(2,1)}=2e^2,dz=e^2dx+2e^2dy.$

8.2.5 多元函数的极值和最值

1. 二元函数极值的定义

设函数 $z=f(x,y)$在点(x_0,y_0)的某邻域内有定义,对于该邻域内异于(x_0,y_0)的点(x,y):若满足不等式 $f(x,y)<f(x_0,y_0)$,则称函数在(x_0,y_0)有极大值;若满足不等式 $f(x,y)>f(x_0,y_0)$,则称函数在(x_0,y_0)有极小值. 极大值、极小值统称为极值. 使函数取得极值的点称为极值点.

2. 多元函数取得极值的条件

定理 5(**必要条件**) 设函数 $z=f(x,y)$在点(x_0,y_0)具有偏导数,且在点(x_0,y_0)处有极值,则它在该点的偏导数必然为零,即

$$f'_x(x_0,y_0)=0,f'_y(x_0,y_0)=0.$$

推广:如果三元函数 $u=f(x,y,z)$在点 $P(x_0,y_0,z_0)$具有偏导数,则它在点 $P(x_0,y_0,z_0)$有极值的必要条件为

$$f'_x(x_0,y_0,z_0)=0,f'_y(x_0,y_0,z_0)=0,f'_z(x_0,y_0,z_0)=0.$$

仿照一元函数,凡能使一阶偏导数同时为零的点,均称为函数的驻点.

注意:极值点为驻点;驻点不一定是极值点.

例如,点(0,0)是函数 $z=xy$ 的驻点,但不是极值点.

问题：如何判定一个驻点是否为极值点？

定理6（**充分条件**） 设函数 $z=f(x,y)$ 在点 (x_0,y_0) 的某邻域内连续，有一阶及二阶连续偏导数，又 $f'_x(x_0,y_0)=0$，$f'_y(x_0,y_0)=0$，令 $f''_{xx}(x_0,y_0)=A$，$f''_{xy}(x_0,y_0)=B$，$f''_{yy}(x_0,y_0)=C$，则 $f(x,y)$ 在点 (x_0,y_0) 处是否取得极值的条件如下：

(1) $AC-B^2>0$ 时具有极值，当 $A<0$ 时有极大值，当 $A>0$ 时有极小值；

(2) $AC-B^2<0$ 时没有极值；

(3) $AC-B^2=0$ 时可能有极值，也可能没有极值，还需另做讨论.

【例9】 求由方程 $x^2+y^2+z^2-2x+2y-4z-10=0$ 确定的函数 $z=f(x,y)$ 的极值.

解 将方程两边分别对 x、y 求偏导

$$\begin{cases}2x+2z\cdot z'_x-2-4z'_x=0\\2y+2z\cdot z'_y+2-4z'_y=0\end{cases}.$$

由函数取极值的必要条件知，驻点为 $P(1,-1)$，将上面的方程组再分别对 x、y 求偏导数，

$$A=z''_{xx}\Big|_P=\frac{1}{2-z},B=z''_{xy}\Big|_P=0,C=z''_{yy}\Big|_P=\frac{1}{2-z},$$

故 $B^2-AC=-\dfrac{1}{(2-z)^2}<0(z\neq2)$，函数在点 P 有极值. 将 $P(1,-1)$ 代入原方程，有 $z_1=-2$，$z_2=6$，当 $z_1=-2$ 时，$A=\dfrac{1}{4}>0$，所以 $z=f(1,-1)=-2$ 为极小值；当 $z_2=6$ 时，$A=-\dfrac{1}{4}<0$，所以 $z=f(1,-1)=6$ 为极大值.

求函数 $z=f(x,y)$ 极值的一般步骤：

第一步 解方程组 $f'_x(x,y)=0$，$f'_y(x,y)=0$ 求出实数解，得驻点.

第二步 对于每一个驻点 (x_0,y_0)，求出二阶偏导数的值 A、B、C.

第三步 定出 $AC-B^2$ 的符号，再判定是否是极值.

3. 多元函数的最值

多元函数的最值与一元函数相类似，我们可以利用函数的极值来求函数的最大值和最小值.

求最值的一般方法：将函数在 D 内的所有驻点处的函数值及在 D 的边界上的最大值和最小值相互比较，其中最大者即为最大值，最小者即为最小值.

【例10】 求二元函数 $z=f(x,y)=x^2y(4-x-y)$ 在直线 $x+y=6$，x 轴和 y 轴（图8-4）所围成的闭区域 D 上的最大值与最小值.

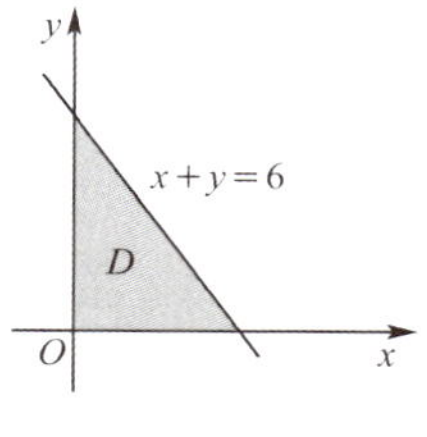

图8-4

解 先求函数在 D 内的驻点，解方程组

$$\begin{cases}f'_x(x,y)=2xy(4-x-y)-x^2y=0\\f'_y(x,y)=x^2(4-x-y)-x^2y=0\end{cases},$$

得区域 D 内唯一驻点 $(2,1)$，且 $f(2,1)=4$，再求 $f(x,y)$ 在 D 边界上的最值，在边界 $x=0$ 和 $y=0$ 上 $f(x,y)=0$，在边界 $x+y=6$ 上，即 $y=6-x$，于是 $f(x,y)=x^2(6-x)(-2)$，由 $f'_x=4x(x-6)+2x^2=0$，得 $x_1=0$，$x_2=4\Rightarrow y=(6-x)\Big|_{x=4}=2$，

比较后可知 $f(2,1)=4$ 为最大值，$f(4,2)=-64$ 为最小值.

对于实际情况下的最值问题，往往从问题本身就能判定它们的最大值或最小值一定存在，且在定义域内部取得. 这时如果函数在定义域内有唯一驻点，则该驻点的函数值就是函数的最大值或最小值.

【例 11】 某工厂要用钢板制作一个容积为 8 m^3 的无盖长方体容器，若不计钢板的厚度，怎样制作才能使材料最省？

解 由题意可知材料最省的长方体容器一定存在. 设容器的长宽高分别为 x、y、z，则无盖容器所需钢板面积为

$$S=xy+2yz+2xz.$$

由 $V=xyz=8$，于是

$$S=xy+\frac{16(x+y)}{xy};x>0,y>0,$$

解方程组 $\begin{cases}\dfrac{\partial S}{\partial x}=y-\dfrac{16}{x^2}=0\\ \dfrac{\partial S}{\partial y}=x-\dfrac{16}{y^2}=0\end{cases}$，得 $x=y=2\sqrt[3]{2}$，故驻点唯一. 代入 $z=\dfrac{8}{xy}$ 得出 $z=\sqrt[3]{2}$. 故当长方体的长宽高分别取 $2\sqrt[3]{2}$ m、$2\sqrt[3]{2}$ m、$\sqrt[3]{2}$ m 时所需材料最省.

评估与测试8-2

1. 求下列函数的偏导数.

(1) $z=x^3y-y^3x$；　　(2) $s=\dfrac{u^2+v^2}{uv}$；

(3) $z=\sqrt{\ln(xy)}$；　　(4) $z=\sin(xy)+\cos^2(xy)$.

2. 设 $T=2\pi\sqrt{\dfrac{l}{g}}$，求证 $l\dfrac{\partial T}{\partial l}+g\dfrac{\partial T}{\partial g}=0$.

3. 设 $z=xe^{\frac{y}{x}}$，求证 $x\dfrac{\partial z}{\partial x}+y\dfrac{\partial z}{\partial y}=z$.

4. 设 $f(x,y)=x+(y-1)\arcsin\sqrt{\dfrac{x}{y}}$，求 $f'_x(x,1)$.

5. 求下列函数的 $\dfrac{\partial^2 z}{\partial x^2}$、$\dfrac{\partial^2 z}{\partial y^2}$、$\dfrac{\partial^2 z}{\partial x\partial y}$.

(1) $z=x^4+y^4-4x^2y^2$；　　(2) $z=\arctan\dfrac{y}{x}$.

6. 设 $f(x,y,z)=xy^2+yz^2+zx^2$，求 $f''_{xz}(1,0,2)$.

7. 求函数 $z=\ln(1+x^2+y^2)$ 当 $x=1$，$y=2$ 时的全微分.

8. 求曲线 $x=t-\sin t, y=1-\cos t, z=4\sin\frac{t}{2}$ 在点 $\left(\frac{\pi}{2}-1,1,2\sqrt{2}\right)$ 处的切线及法平面方程.

9. 求曲面 $e^z-z+xy=3$ 在点 $(2,1,0)$ 处的切平面及法线方程.

拓展阅读

勒让德(1752—1833),法国数学家,提出并且丰富了偏导数.马萨林学院毕业.1775年任巴黎军事学院数学教授.1782年以《关于阻尼介质中的弹道研究》获柏林科学院奖金,次年当选为巴黎科学院院士.1787年成为伦敦皇家学会会员.他确定了极值函数存在的勒让德条件,创立并发展了测地线(大地测量)理论(1787),提出球面三角形的有关定理,还发表了关于彗星轨道的著作.1805年独立发现高斯使用过的最小二乘法原理,等等.

偏导数是谁提出的?

8.3 多元函数积分学

8.3.1 二重积分的概念

本节以计算曲顶柱体的体积为例,引入二重积分的定义.

【引例】(曲顶柱体的体积) 设有一空间立体 Ω(图 8-5),它的底是面 xOy 上的有界区域 D,它的侧面是以 D 的边界曲线为准线而母线平行于 z 轴的柱面,它的顶是曲面 $z=f(x,y)$.当 $(x,y)\in D$ 时,$f(x,y)$ 在 D 上连续且 $f(x,y)\geqslant 0$,以后称这种柱体为曲顶柱体.

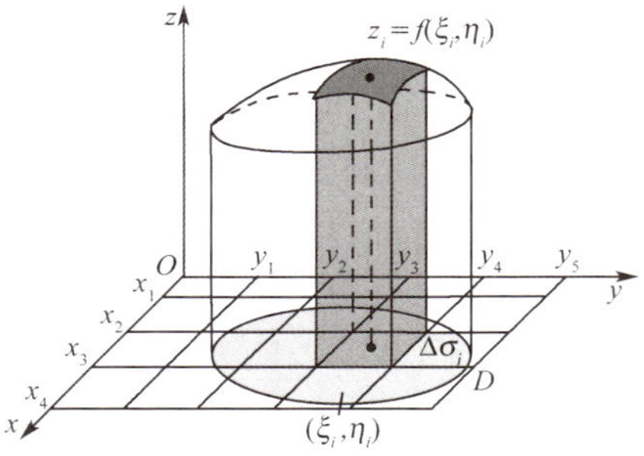

图 8-5

曲顶柱体的体积 V 可以这样来计算:

(1) 分割

用任意一组曲线网将区域 D 分成 n 个小区域 $\Delta\sigma_1, \Delta\sigma_2, \cdots, \Delta\sigma_n$,以这些小区域的边界曲线为准线,作母线平行于 z 轴的柱面,这些柱面将原来的曲顶柱体 Ω 分划成 n 个小曲顶柱体 $\Delta\Omega_1, \Delta\Omega_2, \cdots, \Delta\Omega_n$(假设 $\Delta\sigma_i$ 所对应的小曲顶柱体为 $\Delta\Omega_i$,这里 $\Delta\sigma_i$ 既代表第 i 个小区域,又表示它的面积值,$\Delta\Omega_i$ 既代表第 i 个小曲顶柱体,又表示它的体积值).从而

$$V=\sum_{i=1}^{n}\Delta\Omega_i.$$

(2) 近似

由于 $f(x,y)$ 连续,对于同一个小区域来说,函数值的变化不大.因此,可以将小曲顶柱体近似地看作小平顶柱体,于是

$$\Delta\Omega_i \approx f(\xi_i,\eta_i)\Delta\sigma_i(\forall(\xi_i,\eta_i)\in\Delta\sigma_i).$$

(3) 求和

整个曲顶柱体的体积近似值为

$$V \approx \sum_{i=1}^{n} f(\xi_i,\eta_i)\Delta\sigma_i.$$

(4) 取极限

为得到 V 的精确值,只需让这 n 个小区域越来越小,即让每个小区域向某点收缩.为此,我们引入区域直径的概念:一个闭区域的直径是指区域上任意两点距离的最大者.

所谓让区域向一点收缩性地变小,意指让区域的直径趋于零.

设 n 个小区域直径中的最大者为 λ,则

$$V=\lim_{\lambda\to 0}\sum_{i=1}^{n} f(\xi_i,\eta_i)\Delta\sigma_i.$$

由引例我们抽象出二重积分的定义.

定义　设 $f(x,y)$ 是定义在有界闭区域 D 上的有界函数,如果把 D 任意分割为 n 个小区域 $\Delta\sigma_1,\Delta\sigma_2,\cdots,\Delta\sigma_n$. 在区域 $\Delta\sigma_k(k=1,2,\cdots,n)$ 上任意取一点 (ξ_k,η_k) 都有 $\lim\limits_{\lambda\to 0}\sum\limits_{k=1}^{n} f(\xi_k,\eta_k)\Delta\sigma_k$ 存在 ,这时就称 $f(x,y)$ 在 D 上可积,记作

$$\iint_D f(x,y)\mathrm{d}\sigma.$$

如果 $f(x,y)$ 在 D 上是有限片上的连续函数,则 $f(x,y)$ 在 D 上是可积的.

注意:几何意义 —— 当 $f(x,y)$ 为闭区域 D 上的连续函数,且 $f(x,y)\geqslant 0$,则二重积分 $\iint_D f(x,y)\mathrm{d}\sigma$ 表示以曲面 $z=f(x,y)$ 为顶,侧面以 D 的边界曲线为准线而母线平行于 z 轴的曲顶柱体的体积.

当封闭曲面 S 在平面 xOy 上的投影区域为 D,上半曲面方程为 $z=f_2(x,y)$,下半曲面方程为 $z=f_1(x,y)$,则封闭曲面 S 围成空间区域的体积为

$$\iint_D [f_2(x,y)-f_1(x,y)]\mathrm{d}\sigma.$$

8.3.2　二重积分的性质

二重积分具有与定积分完全类似的性质.

性质 1　$\iint_D kf(x,y)\mathrm{d}\sigma = k\iint_D f(x,y)\mathrm{d}\sigma$($k$ 为常数).

性质 2　$\iint_D [f(x,y)\pm g(x,y)]\mathrm{d}\sigma=\iint_D f(x,y)\mathrm{d}\sigma \pm \iint_D g(x,y)\mathrm{d}\sigma$.

性质 3　$\iint_D f(x,y)\mathrm{d}\sigma=\iint_{D_1} f(x,y)\mathrm{d}\sigma+\iint_{D_2} f(x,y)\mathrm{d}\sigma$.

式中 $D=D_1\cup D_2$,除公共边界外,D_1 与 D_2 不重叠.

性质 4　若 $f(x,y)\leqslant g(x,y)$;$(x,y)\in D$,则

$$\iint_D f(x,y)\mathrm{d}\sigma \leqslant \iint_D g(x,y)\mathrm{d}\sigma.$$

性质 5 若 $m \leqslant f(x,y) \leqslant M$；$(x,y) \in D$，$m$、$M$ 为常数，则

$$mS \leqslant \iint_D f(x,y)\mathrm{d}\sigma \leqslant MS.$$

式中 S 是区域 D 的面积.

性质 6 $\left|\iint_D f(x,y)\mathrm{d}\sigma\right| \leqslant \iint_D |f(x,y)|\mathrm{d}\sigma.$

性质 7（**积分中值定理**） 设 $f(x,y)$ 在有界闭区域 D 上连续，S 为 D 的面积，则存在 $(\xi,\eta) \in D$，使得

$$\iint_D f(x,y)\mathrm{d}\sigma = f(\xi,\eta)\cdot S.$$

我们也把 $\dfrac{1}{S}\iint_D f(x,y)\mathrm{d}\sigma$ 称为 $f(x,y)$ 在 D 上的积分平均值.

8.3.3 直角坐标系下二重积分的计算

视频：二重积分的计算（一）

类型 Ⅰ 设有界闭区域

$$D=\{(x,y) \mid a \leqslant x \leqslant b, \varphi_1(x) \leqslant y \leqslant \varphi_2(x)\},$$

其中 $\varphi_1(x)$、$\varphi_2(x)$ 在 $[a,b]$ 上连续，$f(x,y)$ 在 D 上连续（图 8-6）. 则

$$\iint_D f(x,y)\mathrm{d}\sigma = \iint_D f(x,y)\mathrm{d}x\mathrm{d}y = \int_a^b \mathrm{d}x \int_{\varphi_1(x)}^{\varphi_2(x)} f(x,y)\mathrm{d}y.$$

【例 1】 计算 $\iint_D xy\mathrm{d}x\mathrm{d}y$，其中 D 是由曲线 $xy=1$，$x+y=\dfrac{5}{2}$ 所围成的区域.

解 如图 8-7 所示.

$$\iint_D xy\mathrm{d}x\mathrm{d}y = \int_{\frac{1}{2}}^{2}\mathrm{d}x\int_{\frac{1}{x}}^{\frac{5}{2}-x} xy\mathrm{d}y = \frac{1}{2}\int_{\frac{1}{2}}^{2}\left[x\left(\frac{5}{2}-x\right)^2-\frac{1}{x}\right]\mathrm{d}x$$

$$=\frac{1}{2}\left(\frac{25}{8}x^2-\frac{5}{3}x^3+\frac{1}{4}x^4-\ln x\right)\Bigg|_{\frac{1}{2}}^{2}$$

$$=\frac{165}{128}-\ln 2.$$

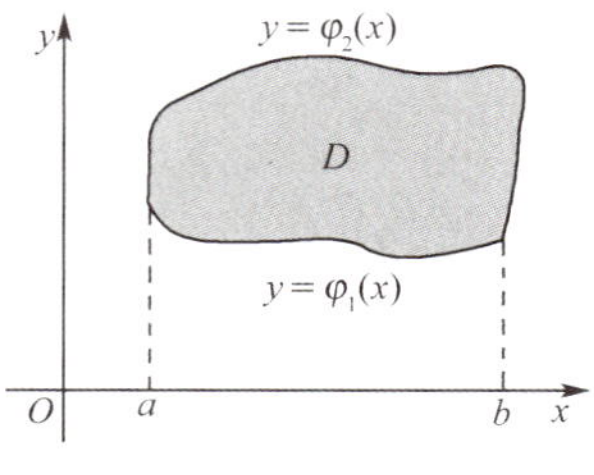

图 8-6

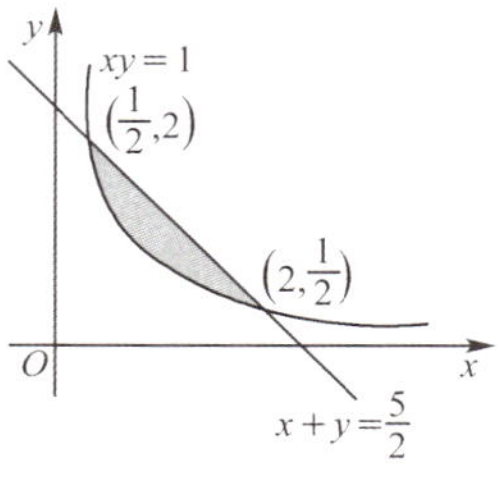

图 8-7

类型 Ⅱ 设有界闭区域

$$D=\{(x,y) \mid c \leqslant y \leqslant d, \phi_1(y) \leqslant x \leqslant \phi_2(y)\},$$

其中 $\phi_1(y)$、$\phi_2(y)$ 在 $[c,d]$ 上连续，$f(x,y)$ 在 D 上连续（图 8-8），则

$$\iint_D f(x,y)\mathrm{d}\sigma = \iint_D f(x,y)\mathrm{d}x\mathrm{d}y = \int_c^d \mathrm{d}y \int_{\phi_1(y)}^{\phi_2(y)} f(x,y)\mathrm{d}x.$$

【例 2】 计算$\iint\limits_D(x^2+y^2)\mathrm{d}x\mathrm{d}y$，其中 D 是以 $y=x$，$y=x+a$，$y=a$ 和 $y=3a(a>0)$ 为边的平行四边形区域(图 8-9)．

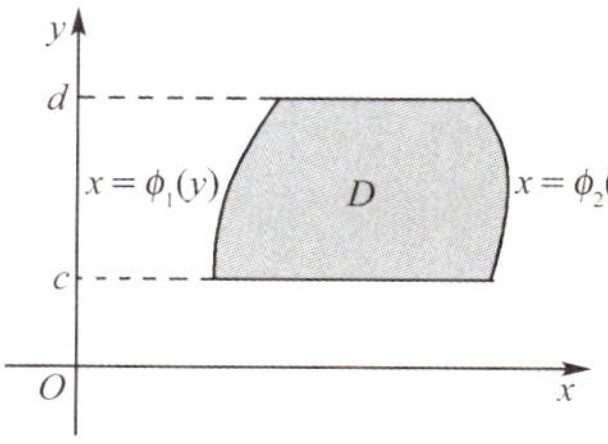

图 8-8

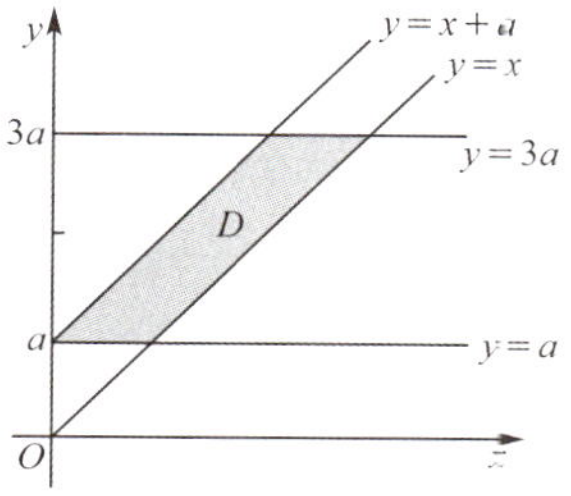

图 8-9

解 $\iint\limits_D(x^2+y^2)\mathrm{d}x\mathrm{d}y=\int_a^{3a}\mathrm{d}y\int_{y-a}^{y}(x^2+y^2)\mathrm{d}x=\int_a^{3a}\left(\frac{x^3}{3}+xy^2\right)\Big|_{y-a}^{y}\mathrm{d}y$

$$=\int_a^{3a}\left(2ay^2-a^2y+\frac{a^3}{3}\right)\mathrm{d}y=\left(\frac{2ay^3}{3}-\frac{a^2y^2}{2}+\frac{a^3y}{3}\right)\Big|_a^{3a}$$

$$=\frac{52a^4}{3}-4a^4+\frac{2a^4}{3}=14a^4.$$

关于二重积分的计算主要根据类型 Ⅰ 或类型 Ⅱ 把二重积分化为累次积分从而进行计算，对于比较复杂的区域 D，如果既不符合类型 Ⅰ 中关于 D 的要求，又不符合类型 Ⅱ 中关于 D 的要求，那么就需要把 D 分解成一些小区域，使得每一个小区域能够符合类型 Ⅰ 或类型 Ⅱ 中关于区域的要求，利用二重积分性质，大区域上的二重积分等于这些小区域上的二重积分之和，而每个小区域上的二重积分则可以化为累次积分进行计算．

在直角坐标系中两种不同顺序的累次积分的互相转化是一种很重要的手段．具体做法是先把给定的累次积分反过来化为二重积分，求出它的积分区域 D，然后根据 D 再把二重积分化为另外一种顺序的累次积分．

8.3.4 极坐标系下二重积分的计算

在极坐标系中一般只考虑一种顺序的累次积分，即先固定 θ 对 r 进行积分，然后再对 θ 进行积分．由于区域 D 的不同，也有几种常用的类型．

类型 Ⅰ 设有界闭区域

$$D=\{(r,\theta)\mid\alpha\leqslant\theta\leqslant\beta,\varphi_1(\theta)\leqslant r\leqslant\varphi_2(\theta)\},$$

其中$\varphi_1(\theta)$、$\varphi_2(\theta)$ 在$[\alpha,\beta]$上连续，$f(x,y)=f(r\cos\theta,r\sin\theta)$ 在 D 上连续(图 8-10)，则

$$\iint\limits_D f(x,y)\mathrm{d}\sigma=\iint\limits_D f(r\cos\theta,r\sin\theta)r\mathrm{d}r\mathrm{d}\theta$$
$$=\int_\alpha^\beta\mathrm{d}\theta\int_{\varphi_1(\theta)}^{\varphi_2(\theta)}f(r\cos\theta,r\sin\theta)r\mathrm{d}r.$$

类型 Ⅱ 设有界闭区域

$$D=\{(r,\theta)\mid 0\leqslant\theta\leqslant 2\pi,\varphi_1(\theta)\leqslant r\leqslant\varphi_2(\theta)\},$$

其中 $\varphi_1(\theta)$、$\varphi_2(\theta)$ 在$[0,2\pi]$上连续，$f(x,y)=f(r\cos\theta,r\sin\theta)$ 在 D 上连续(图 8-11)，则

$$\iint\limits_D f(x,y)\mathrm{d}\sigma=\iint\limits_D f(r\cos\theta,r\sin\theta)r\mathrm{d}r\mathrm{d}\theta=\int_0^{2\pi}\mathrm{d}\theta\int_{\varphi_1(\theta)}^{\varphi_2(\theta)}f(r\cos\theta,r\sin\theta)r\mathrm{d}r.$$

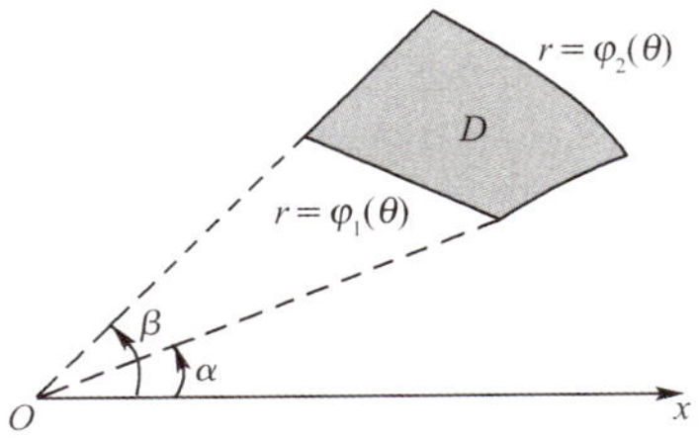

图 8-10

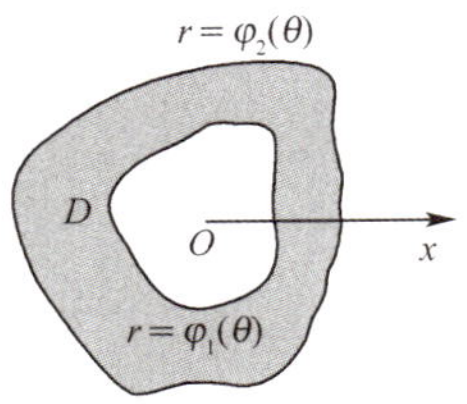

图 8-11

类型 Ⅲ 设有界闭区域

$$D=\{(r,\theta)\mid \alpha\leqslant\theta\leqslant\beta,0\leqslant r\leqslant\varphi(\theta)\},$$

其中 $\varphi(\theta)$ 在 $[\alpha,\beta]$ 上连续，$f(x,y)=f(r\cos\theta,r\sin\theta)$ 在 D 上连续(图 8-12)，则

$$\iint\limits_D f(x,y)\mathrm{d}\sigma=\iint\limits_D f(r\cos\theta,r\sin\theta)r\mathrm{d}r\mathrm{d}\theta=\int_\alpha^\beta\mathrm{d}\theta\int_0^{\varphi(\theta)}f(r\cos\theta,r\sin\theta)r\mathrm{d}r.$$

视频：二重积分的计算（二）

类型 Ⅳ 设有界闭区域

$$D=\{(r,\theta)\mid 0\leqslant\theta\leqslant 2\pi,0\leqslant r\leqslant\varphi(\theta)\},$$

其中 $\varphi(\theta)$ 在 $[0,2\pi]$ 上连续，$f(x,y)=f(r\cos\theta,r\sin\theta)$ 在 D 上连续(图 8-13)，则

$$\iint\limits_D f(x,y)\mathrm{d}\sigma=\iint\limits_D f(r\cos\theta,r\sin\theta)r\mathrm{d}r\mathrm{d}\theta=\int_0^{2\pi}\mathrm{d}\theta\int_0^{\varphi(\theta)}f(r\cos\theta,r\sin\theta)r\mathrm{d}r.$$

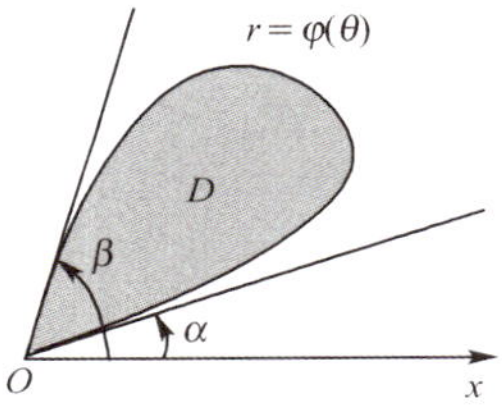

图 8-12

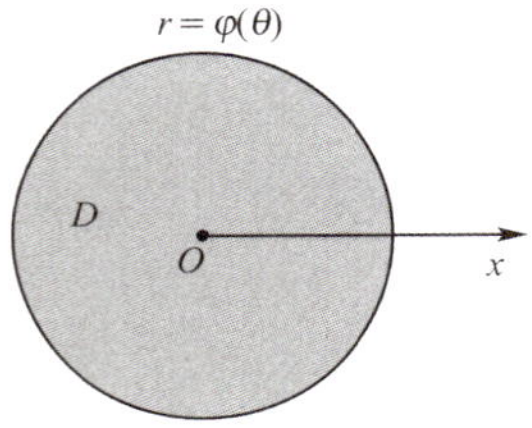

图 8-13

【例 3】 计算 $\iint\limits_D y\mathrm{d}x\mathrm{d}y$，其中 D 是 $x^2+y^2=2ax\ (a>0)$ 与 x 轴围成的上半圆区域(图 8-14).

解 D 在极坐标系里 $0\leqslant\theta\leqslant\dfrac{\pi}{2}$，$0\leqslant r\leqslant 2a\cos\theta$.

$$\iint\limits_D y\mathrm{d}x\mathrm{d}y=\int_0^{\frac{\pi}{2}}\mathrm{d}\theta\int_0^{2a\cos\theta}r\sin\theta r\mathrm{d}r=\frac{1}{3}\int_0^{\frac{\pi}{2}}r^3\Big|_0^{2a\cos\theta}\sin\theta\mathrm{d}\theta=\frac{8}{3}a^3\int_0^{\frac{\pi}{2}}\cos^3\theta\sin\theta\mathrm{d}\theta=\frac{2}{3}a^3.$$

【例 4】 求解 $I=\iint\limits_D(\sqrt{x^2+y^2}+y)\mathrm{d}\sigma$，其中 $D:\begin{cases}x^2+y^2\leqslant 4\\(x+1)^2+y^2\geqslant 1\end{cases}$(图 8-15).

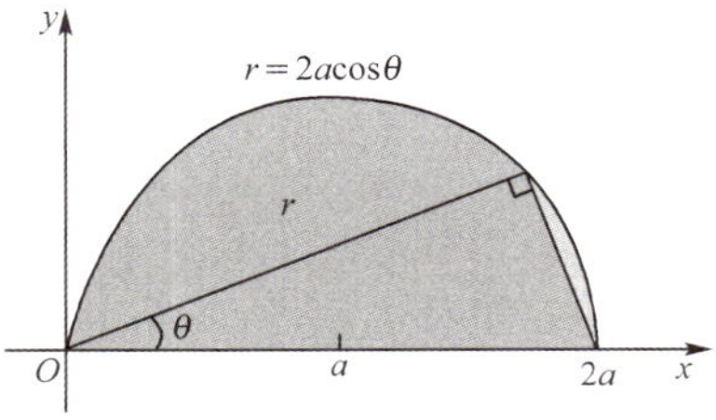

图 8-14

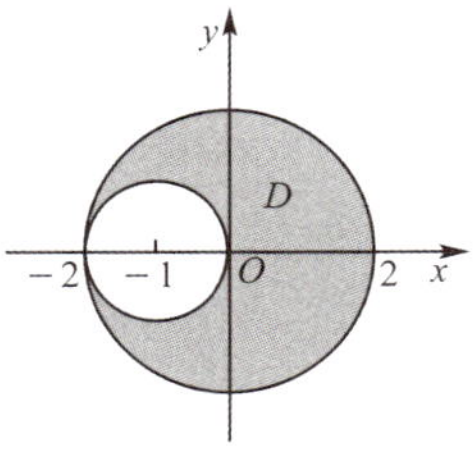

图 8-15

解法 1　根据

$$\iint_D = \iint_{D_{大圆}} - \iint_{D_{小圆}}$$

且

$$\iint_{D_{大圆}} (\sqrt{x^2+y^2}+y)\mathrm{d}\sigma = \iint_{D_{大圆}} \sqrt{x^2+y^2}\mathrm{d}\sigma + 0(\text{对称性}) = \int_0^{2\pi}\mathrm{d}\theta\int_0^2 r^2\mathrm{d}r = \frac{16\pi}{3},$$

$$\iint_{D_{小圆}} (\sqrt{x^2+y^2}+y)\mathrm{d}\sigma = \iint_{D_{小圆}} \sqrt{x^2+y^2}\mathrm{d}\sigma + 0(\text{对称性}) = \int_{\frac{\pi}{2}}^{\frac{3\pi}{2}}\mathrm{d}\theta\int_0^{-2\cos\theta} r^2\mathrm{d}r = \frac{32}{9}.$$

所以

$$\iint_D (\sqrt{x^2+y^2}+y)\mathrm{d}\sigma = \frac{16}{9}(3\pi-2).$$

解法 2　由积分区域对称性和被积函数的奇偶性可知

$$\iint_D y\mathrm{d}\sigma = 0, \iint_D \sqrt{x^2+y^2}\mathrm{d}\sigma = 2\iint_{D_{上}} \sqrt{x^2+y^2}\mathrm{d}\sigma.$$

所以

$$\begin{aligned}\text{原式} &= 2\left(\iint_{D_{上1}} \sqrt{x^2+y^2}\mathrm{d}\sigma + \iint_{D_{上2}} \sqrt{x^2+y^2}\mathrm{d}\sigma\right) \\ &= 2\left(\int_0^{\frac{\pi}{2}}\mathrm{d}\theta\int_0^2 r^2\mathrm{d}r + \int_{\frac{\pi}{2}}^{\pi}\mathrm{d}\theta\int_{-2\cos\theta}^2 r^2\mathrm{d}r\right) \\ &= \frac{16}{9}(3\pi-2).\end{aligned}$$

评估与测试8-3

1. 画出下列积分区域，并计算二重积分.

(1) $\iint_D (x^2+y^2)\mathrm{d}\sigma$，$D$：$|x| \leqslant 1$，$|y| \leqslant 1$；

(2) $\iint_D x\mathrm{e}^{xy}\mathrm{d}x\mathrm{d}y$，$D$：$0 \leqslant x \leqslant 1$，$-1 \leqslant y \leqslant 0$；

(3) $\iint_D (x^2+y^2)\mathrm{d}x\mathrm{d}y$，$D$：$|x|+|y| \leqslant 1$.

2. 画出积分区域，并计算二重积分.

(1) 计算$\iint_D xy\mathrm{d}x\mathrm{d}y$，其中 D 是曲线 $y=x^2$，$y^2=x$ 所围成的区域；

(2) 计算$\iint_D \frac{y}{x}\mathrm{d}x\mathrm{d}y$，其中 D 是 $y=2x$，$y=x$，$x=2$，$x=4$ 所围成的区域.

3. 计算$\iint_D x^2\mathrm{d}\sigma$，其中 $D=\{(x,y) \mid 1 \leqslant x^2+y^2 \leqslant 4\}$.

4. 利用极坐标计算二重积分$\iint_D \mathrm{e}^{x^2+y^2}\mathrm{d}\sigma$，其中 D：$x^2+y^2 \leqslant 4$.

拓展阅读

“牟合方盖”是由我国古代数学家刘徽首先发现并采用的一种用于计算球体体积的方法.将求内切球的体积转化为求“牟合方盖”的体积.刘徽:“观立方之内,合盖之外,虽衰杀有渐,而多少不掩.判合总结,方圆相缠,浓纤诡互,不可等正.欲陋形措意,惧失正理.敢不阙疑,以俟能言者.”刘徽提出,“牟合方盖”的体积跟内接球体体积之比为 $4:\pi$,只要有方法找出“牟合方盖”的体积便可.可惜,刘徽始终不能解决,直至200多年后,祖冲之和他的儿子祖暅承袭了刘徽的想法,利用“牟合方盖”彻底解决了球体体积公式的问题.

牟合方盖

第8章参考答案

第 9 章 无穷级数

无穷级数简称级数，它与数列有着极为密切的联系，是表示函数、研究函数的性质以及进行数值计算的一种有力工具，在数学和工程技术中有广泛的应用. 本章先介绍数项级数的有关概念及其敛散性的判定，然后讨论函数项级数，着重讨论幂级数的收敛域以及如何将函数展开成幂级数的问题.

学习目标

素质目标

(1)激发求知欲，培养探索精神，变被动学习为主动学习；

(2)体会数学中的人生哲理，感悟潜藏于无穷级数理论中的重要思想方法.

知识目标

(1)理解数项级数敛散性概念，掌握收敛级数的性质和必要条件；

(2)掌握级数收敛性的判别方法，理解任意项级数的绝对收敛和条件收敛；

(3)理解幂级数的概念，掌握幂级数在其收敛区间内的性质.

能力目标

(1)能够判断数项级数的收敛性；

(2)能够将函数展开为幂级数；

(3)能够将函数展开为傅立叶级数.

9.1 数项级数及其敛散性

9.1.1 数项级数的概念

读者已经在初等数学中知道：有限个实数 $u_1,u_2,\cdots,u_n$ 相加，其结果是一个实数. 本章将在这个基础上继续推广，讨论“无限个实数相加”可能出现的情形及其有关特性. 例如，战国时代哲学家庄周所著的《庄子·天下篇》中提到“一尺之棰，日取其半，万世不竭”，也就是

说一根长为一尺的木棒，每天截去一半，这样的过程可以无限制地进行下去. 若把每天截下的那一部分的长度加起来，有

$$\frac{1}{2}+\frac{1}{2^2}+\frac{1}{2^3}+\cdots+\frac{1}{2^n}+\cdots.$$

这就是一个“无限个实数相加”的例子. 从直观上可以看到，它的和是 1. 再如下面“无限个实数相加”的表达式：

$$1+(-1)+1+(-1)+\cdots,$$

如果将它写作

$$(1-1)+(1-1)+(1-1)+\cdots=0+0+0+\cdots,$$

其结果无疑是 0，如写作

$$1+[(-1)+1]+[(-1)+1]+\cdots=1+0+0+\cdots,$$

其结果就是 1.

这两个结果完全不同. 由此提出这样的问题：“无限个实数相加”是否存在“和”；如果存在，“和”等于什么？可见，“无限个实数相加”不能简单地引用有限个数相加的概念，而需建立它本身的理论.

定义 1 设给定一个数列 $u_1,u_2,\cdots,u_n,\cdots$，则式 $\sum\limits_{n=1}^{\infty}u_n=u_1+u_2+\cdots+u_n+\cdots$ 称为**常数项无穷级数**，简称**数项级数**，其中第 n 项 u_n 称为**一般项**或**通项**.

定义 2 设级数 $\sum\limits_{n=1}^{\infty}u_n$ 的前 n 项之和为

$$S_n=u_1+u_2+\cdots+u_n=\sum_{k=1}^{n}u_k,$$

称 S_n 为级数 $\sum\limits_{n=1}^{\infty}u_n$ 的前 n 项部分和. 若部分和的极限存在，即 $\lim\limits_{n\to\infty}S_n=S$（常数），则称 S 为级数 $\sum\limits_{n=1}^{\infty}u_n$ 的和，记作 $\sum\limits_{n=1}^{\infty}u_n=S$，此时称级数 $\sum\limits_{n=1}^{\infty}u_n$ 收敛. 若数列 $\{S_n\}$ 没有极限，则称级数 $\sum\limits_{n=1}^{\infty}u_n$ 发散，这时级数没有和.

【例 1】 判断以下级数是否收敛，若收敛求出其和.

(1) $1+2+3+\cdots+n+\cdots$；

(2) $\frac{1}{1\cdot 2}+\frac{1}{2\cdot 3}+\cdots+\frac{1}{n(n+1)}+\cdots$.

解 (1) 这个级数的部分和为

$$S_n=1+2+3+\cdots+n=\frac{n(n+1)}{2},$$

显然有 $\lim\limits_{n\to\infty}S_n=+\infty$，因此所给级数是发散的.

(2) 这个级数的部分和为

$$\begin{aligned}S_n&=\frac{1}{1\cdot 2}+\frac{1}{2\cdot 3}+\cdots+\frac{1}{n(n+1)}\\&=\left(1-\frac{1}{2}\right)+\left(\frac{1}{2}-\frac{1}{3}\right)+\cdots+\left(\frac{1}{n}-\frac{1}{n+1}\right)\end{aligned}$$

$$=1-\frac{1}{n+1},$$

从而 $\lim\limits_{n\to\infty}S_n=\lim\limits_{n\to\infty}\left(1-\frac{1}{n+1}\right)=1$. 因此所给级数是收敛的,它的和是 1.

【例 2】 考察级数 $\sum\limits_{n=1}^{\infty}\ln\frac{n+1}{n}$ 的敛散性.

解 注意到 $u_n=\ln\frac{n+1}{n}=\ln(n+1)-\ln n$,故这个级数的部分和为

$$\begin{aligned}S_n&=(\ln2-\ln1)+(\ln3-\ln2)+\cdots+(\ln(n+1)-\ln n)\\&=\ln(n+1),\end{aligned}$$

从而 $\lim\limits_{n\to\infty}S_n=\lim\limits_{n\to\infty}\ln(n+1)=+\infty$,由定义,级数 $\sum\limits_{n=1}^{\infty}\ln\frac{n+1}{n}$ 是发散的.

【例 3】 考察级数 $\sum\limits_{n=1}^{\infty}(-1)^{n-1}$ 的敛散性.

解 这是一个公比为 -1 的几何级数,即

$$1-1+1-1+1-\cdots.$$

它的部分和数列是 1,0,1,0,…,显然 $\lim\limits_{n\to\infty}S_n$ 不存在,所以这个级数是发散的.

9.1.2 数项级数的基本性质

性质 1 级数 $\sum\limits_{n=1}^{\infty}u_n$ 与级数 $\sum\limits_{n=1}^{\infty}ku_n$(常数 $k\neq0$)敛散性相同,且若 $\sum\limits_{n=1}^{\infty}u_n$ 收敛于 S,则 $\sum\limits_{n=1}^{\infty}ku_n$ 收敛于 kS.

性质 2 若级数 $\sum\limits_{n=1}^{\infty}u_n$ 与 $\sum\limits_{n=1}^{\infty}v_n$ 分别收敛于 β 与 α,则级数 $\sum\limits_{n=1}^{\infty}(u_n+v_n)$ 收敛于 $\beta+\alpha$.

性质 3 增加、去掉或改变级数的有限项,级数的敛散性不变.

性质 4(两边夹定理) 若 $u_n\leqslant v_n\leqslant w_n$,且级数 $\sum\limits_{n=1}^{\infty}u_n$ 和 $\sum\limits_{n=1}^{\infty}w_n$ 都收敛,则级数 $\sum\limits_{n=1}^{\infty}v_n$ 也收敛.

性质 5(级数收敛的必要条件) 若级数 $\sum\limits_{n=1}^{\infty}u_n$ 收敛,则 $\lim\limits_{n\to\infty}u_n=0$.

证明 设 $\lim\limits_{n\to\infty}S_n=S$,由于 $u_n=S_n-S_{n-1}$,所以

$$\lim_{n\to\infty}u_n=\lim_{n\to\infty}(S_n-S_{n-1})=\lim_{n\to\infty}S_n-\lim_{n\to\infty}S_{n-1}=S-S=0.$$

【例 4】 判别级数 $\sum\limits_{n=1}^{\infty}\frac{(-1)^n n}{2n+1}$ 的敛散性.

解 由于 $\lim\limits_{n\to\infty}\frac{(-1)^n n}{2n+1}$ 不存在,由性质 5 可知此级数是发散的.

此例可见,性质 5 一般用于判断一个级数是否发散.

9.1.3 正项级数及其敛散性

一般的常数项级数,它的各项可以是正数、负数或零. 现在我们先讨论各项都是正数或

零的级数,这种级数称为**正项级数**.

下面我们讨论正项级数

$$\sum_{n=1}^{\infty} u_n = u_1 + u_2 + \cdots + u_n + \cdots; u_n \geqslant 0.$$

设其部分和为 S_n,显然部分和数列 $\{S_n\}$ 是单调增加的,也就是

$$S_1 \leqslant S_2 \leqslant \cdots \leqslant S_n \leqslant \cdots; n = 1, 2, \cdots,$$

从而 S_n 只有两种变化情况:

(1) S_n 无限增大,于是 $\lim\limits_{n \to \infty} S_n$ 不存在;

(2) 存在一个正数 M,使得 $|S_n| < M$. 此时,根据数列极限存在准则,$\lim\limits_{n \to \infty} S_n$ 存在.

对于情况(1)表明级数是发散的;对于情况(2)表明级数是收敛的. 因此正项级数是否收敛只要判定是否存在一个正数 M,使得 $|S_n| < M$ 就行了. 下面我们介绍几种判别法.

定理 1 正项级数 $\sum\limits_{n=1}^{\infty} u_n$ 收敛的充分必要条件是它的部分和数列有界.

定理 2(比较判别法) 设 $\sum\limits_{n=1}^{\infty} u_n$ 和 $\sum\limits_{n=1}^{\infty} v_n$ 是两个正项级数,且 $u_n \leqslant v_n (n = 1, 2, \cdots)$.

(1) 若级数 $\sum\limits_{n=1}^{\infty} v_n$ 收敛,则级数 $\sum\limits_{n=1}^{\infty} u_n$ 也收敛;

(2) 若级数 $\sum\limits_{n=1}^{\infty} u_n$ 发散,则级数 $\sum\limits_{n=1}^{\infty} v_n$ 也发散.

【例 5】 判断级数 $\sum\limits_{n=1}^{\infty} \dfrac{1}{n^n}$ 的敛散性.

解 级数 $\sum\limits_{n=1}^{\infty} \dfrac{1}{n^n}$ 与级数 $\sum\limits_{n=1}^{\infty} \dfrac{1}{2^n}$ 都是正项级数,且当 $n > 1$ 时 $\dfrac{1}{n^n} \leqslant \dfrac{1}{2^n}$,而 $\sum\limits_{n=1}^{\infty} \dfrac{1}{2^n}$ 是收敛级数,所以由定理 2,级数 $\sum\limits_{n=1}^{\infty} \dfrac{1}{n^n}$ 收敛.

【例 6】 讨论 p-级数 $\sum\limits_{n=1}^{\infty} \dfrac{1}{n^p} = 1 + \dfrac{1}{2^p} + \dfrac{1}{3^p} + \cdots + \dfrac{1}{n^p} + \cdots (p > 0)$ 的敛散性.

解 当 $p \leqslant 1$ 时,$\dfrac{1}{n^p} \geqslant \dfrac{1}{n}$,因为 $\sum\limits_{n=1}^{\infty} \dfrac{1}{n}$ 发散(证明略),所以由比较判别法知,当 $p \leqslant 1$ 时,$\sum\limits_{n=1}^{\infty} \dfrac{1}{n^p}$ 发散.

当 $p > 1$ 时,顺次把 p-级数的第 1 项,第 2 项到第 3 项,第 4 项到第 7 项,第 8 项到第 15 项,… 括在一起,得

$$1 + \left(\frac{1}{2^p} + \frac{1}{3^p}\right) + \left(\frac{1}{4^p} + \frac{1}{5^p} + \frac{1}{6^p} + \frac{1}{7^p}\right) + \left(\frac{1}{8^p} + \cdots + \frac{1}{15^p}\right) + \cdots,$$

它的各项显然小于级数

$$1 + \left(\frac{1}{2^p} + \frac{1}{2^p}\right) + \left(\frac{1}{4^p} + \cdots + \frac{1}{4^p}\right) + \left(\frac{1}{8^p} + \cdots + \frac{1}{8^p}\right) + \cdots$$

$$= 1 + \frac{1}{2^{p-1}} + \left(\frac{1}{2^{p-1}}\right)^2 + \left(\frac{1}{2^{p-1}}\right)^3 + \cdots$$

所对应的各项，而所给级数是等比级数，其公比为 $q=\frac{1}{2^{p-1}}<1$，故收敛，于是当 $p>1$ 时，级数 $\sum_{n=1}^{\infty}\frac{1}{n^p}$ 收敛.

p - 级数是一种常见的重要级数，请记住 p - 级数的敛散性.

【例 7】 判定级数 $\frac{1}{2\cdot 5}+\frac{1}{3\cdot 6}+\cdots+\frac{1}{(n+1)(n+4)}+\cdots$ 的敛散性.

解 因为级数的一般项 $u_n=\frac{1}{(n+1)(n+4)}$ 满足 $0<\frac{1}{(n+1)(n-4)}<\frac{1}{n^2}$，而级数 $\sum_{n=1}^{\infty}\frac{1}{n^2}$ 是 $p=2$ 的 p - 级数，它是收敛的，所以原级数也是收敛的.

定理 3（**达朗贝尔比值判别法**） 设 $\sum_{n=1}^{\infty}u_n$ 是一个正项级数，并且 $\lim\limits_{n\to\infty}\frac{u_{n+1}}{u_n}=q$，则

（1）当 $q<1$ 时，级数收敛；

（2）当 $q>1$ 时，级数发散；

（3）当 $q=1$ 时，级数可能收敛，也可能发散.

【例 8】 判别下列级数的敛散性.

（1）$\sum_{n=1}^{\infty}\frac{3^n}{n^2 2^n}$； （2）$\sum_{n=1}^{\infty}\frac{1}{(n-1)!}$.

解 （1）$\lim\limits_{n\to\infty}\frac{u_{n+1}}{u_n}=\lim\limits_{n\to\infty}\frac{3^{n+1}}{(n+1)^2 2^{n+1}}\cdot\frac{n^2 2^n}{3^n}=\lim\limits_{n\to\infty}\frac{3n^2}{2(n+1)^2}=\frac{3}{2}>1$，所以级数 $\sum_{n=1}^{\infty}\frac{3^n}{n^2 2^n}$ 发散.

（2）$\lim\limits_{n\to\infty}\frac{u_{n+1}}{u_n}=\lim\limits_{n\to\infty}\frac{(n-1)!}{n!}=\lim\limits_{n\to\infty}\frac{1}{n}=0<1$，所以级数 $\sum_{n=1}^{\infty}\frac{1}{(n-1)!}$ 收敛.

正项级数还有其他的敛散性判别方法，限于篇幅这里就不介绍了.

9.1.4 交错级数、绝对收敛与条件收敛

若级数的各项符号正负相间，即

$$\sum_{n=1}^{\infty}(-1)^{n-1}u_n=u_1-u_2+u_3-u_4+\cdots+(-1)^{n-1}u_n+\cdots;u_n>0,n=1,2,\cdots,$$

则称为**交错级数**.

例如，$1-\frac{1}{2}+\frac{1}{3}-\frac{1}{4}+\cdots+(-1)^{n-1}\frac{1}{n}+\cdots$，$1-\ln2+\ln3-\ln4+\cdots+(-1)^{n-1}\ln n+\cdots$ 都是交错级数.

交错级数的敛散性有以下判别法.

定理 4（**莱布尼茨判别法**） 若交错级数 $\sum_{n=1}^{\infty}(-1)^{n-1}u_n(u_n>0,n=1,2,\cdots)$ 满足条件

（1）$u_n\geqslant u_{n+1}\geqslant u_{n+2}(n=1,2,\cdots)$；

(2) $\lim\limits_{n\to\infty} u_n = 0$,

则交错级数 $\sum\limits_{n=1}^{\infty}(-1)^{n-1}u_n$ 收敛.

【例 9】 判定交错级数 $1-\frac{1}{2}+\frac{1}{3}-\frac{1}{4}+\cdots+(-1)^{n-1}\frac{1}{n}+\cdots$ 的敛散性.

解 此交错级数 $u_n=\frac{1}{n}, u_{n+1}=\frac{1}{n+1}$,满足:(1) $\frac{1}{n}>\frac{1}{n+1}$;(2) $\lim\limits_{n\to\infty}u_n=\lim\limits_{n\to\infty}\frac{1}{n}=0$,由定理 4 知交错级数是收敛的.

定义 3 若 $\sum\limits_{n=1}^{\infty}|u_n|$ 收敛,则称 $\sum\limits_{n=1}^{\infty}u_n$ 是绝对收敛的.若 $\sum\limits_{n=1}^{\infty}u_n$ 收敛而 $\sum\limits_{n=1}^{\infty}|u_n|$ 发散,则称 $\sum\limits_{n=1}^{\infty}u_n$ 是条件收敛的.

定理 5 绝对收敛的级数必是收敛的.

证明 如果 $\sum\limits_{n=1}^{\infty}|u_n|$ 收敛,由于 $-|u_n|\leqslant u_n\leqslant|u_n|$,由性质 1 及性质 4 知 $\sum\limits_{n=1}^{\infty}u_n$ 也是收敛的.

【例 10】 判定级数 $\sum\limits_{n=1}^{\infty}\frac{\sin na}{2^n}$ 的敛散性.

解 考虑级数 $\sum\limits_{n=1}^{\infty}\frac{|\sin na|}{2^n}$,由于 $\frac{|\sin na|}{2^n}\leqslant\frac{1}{2^n}$,而级数 $\sum\limits_{n=1}^{\infty}\frac{1}{2^n}$ 收敛,由比较判别定理知级数 $\sum\limits_{n=1}^{\infty}\frac{|\sin na|}{2^n}$ 是收敛的.由定理 5 知 $\sum\limits_{n=1}^{\infty}\frac{\sin na}{2^n}$ 是绝对收敛的,那么它本身也是收敛的.

评估与测试9-1

1. 用比较判别法判定下列级数的敛散性.

(1) $\sum\limits_{n=1}^{\infty}\frac{1}{\sqrt{n}}$;　　(2) $\sum\limits_{n=1}^{\infty}\frac{1}{(n^2+2n+1)}$;

(3) $\sum\limits_{n=1}^{\infty}(\sqrt{n^4+1}-\sqrt{n^4-1})$;　　(4) $\sum\limits_{n=2}^{\infty}\frac{1}{\sqrt{n(n-1)}}$.

2. 判定下列级数的敛散性,并说出后 3 个级数是绝对收敛还是条件收敛.

(1) $\sum\limits_{n=1}^{\infty}\frac{3^n}{n2^n}$;　　(2) $\sum\limits_{n=1}^{\infty}\frac{n}{3^n}$;

(3) $\sum\limits_{n=1}^{\infty}\frac{3^n n!}{n^n}$;　　(4) $\sum\limits_{n=1}^{\infty}(-1)^{n-1}\frac{1}{\sqrt{n}}$;

(5) $\sum\limits_{n=1}^{\infty}(-1)^{n-1}\frac{n}{3^{n-1}}$;　　(6) $\sum\limits_{n=1}^{\infty}(-1)^{n-1}\frac{1}{5}\cdot\frac{1}{2^{n-1}}$.

拓展阅读

无穷级数的起源可以追溯到公元前,最早的无穷级数主要源于哲学和逻辑的悖论.例如,芝诺的二分法把1分解成无穷级数

$$1=\frac{1}{2}+\frac{1}{2^2}+\cdots+\frac{1}{2^n}+\cdots$$

无穷级数

公元前300年,我国著名哲学家庄周所著的《庄子·天下篇》中记载:"一日之棰,日取其半,万世不竭."意思是一尺长的棍棒,每日截取它的一半,永远截不完.而将每天截下的那一部分长度加起来用数学形式表示就是上面的无穷级数.

9.2 幂级数

上一节讨论的级数其每一项都是常数,称之为常数项级数.还有一类级数,其每一项都是函数的级数,称之为函数项级数.本节将讨论由幂函数列 $\{a_n(x-x_0)^n\}$ 所产生的函数项级数.

$$\sum_{n=0}^{\infty}a_n(x-x_0)^n=a_0+a_1(x-x_0)+a_2(x-x_0)^2+\cdots+a_n(x-x_0)^n+\cdots$$

称为 $(x-x_0)$ 的幂级数,它是一类最简单的函数项级数,从某种意义上说,它也可以看作多项式的延伸.幂级数在理论和实际中有很多应用,特别是应用它表示函数方面,让我们对它的作用有了许多新的认识.我们将着重讨论 $x_0=0$ 的情形.

9.2.1 幂级数的概念

定义1 若级数 $\sum_{n=1}^{\infty}u_n(x)=u_1(x)+u_2(x)+\cdots+u_n(x)+\cdots$ 的各项都是定义在某个区间 I 上的函数,则此级数称为**函数项级数**,$u_n(x)$ 称为**一般项**.

当 x 在区间 I 中取某个特定值 x_0 时,级数 $\sum_{n=1}^{\infty}u_n(x)$ 就是一个数项级数 $\sum_{n=1}^{\infty}u_n(x_0)$.若这个数项级数收敛,则称 x_0 为级数的一个**收敛点**;若发散,则称 x_0 为这个级数的**发散点**.一个级数的收敛点的全体称为它的**收敛域**.

对于收敛域内的任意一个数 x,级数都对应一个确定的和 S.这样,在收敛域上,函数项级数的和是 x 的函数,记作 $S(x)$,称为函数项级数 $\sum_{n=1}^{\infty}u_n(x)$ 的**和函数**,即

$$S(x)=u_1(x)+u_2(x)+\cdots+u_n(x)+\cdots,$$

其中 x 是收敛域内的任意一点.

将函数项级数的前 n 项和记作 $S_n(x)$,则在收敛域上有 $\lim\limits_{n\to\infty}S_n(x)=S(x)$.

定义 2　形如

$$\sum_{n=0}^{\infty}a_n(x-x_0)=a_0+a_1(x-x_0)+a_2(x-x_0)^2+\cdots+a_n(x-x_0)^n+\cdots$$

的函数项级数称为**幂级数**，其中常数 $a_0,a_1,a_2,\cdots,a_n,\cdots$ 称为**幂级数的系数**.

当 $x_0=0$ 时，上式变为

$$\sum_{n=0}^{\infty}a_nx^n=a_0+a_1x+a_2x^2+\cdots+a_nx^n+\cdots \tag{9-1}$$

的形式，我们这里主要讨论形如式(9-1)的幂级数.

9.2.2　幂级数的收敛半径

对于幂级数 $\sum\limits_{n=0}^{\infty}a_nx^n$，定义 R 为该级数的**收敛半径**，则 $\sum\limits_{n=0}^{\infty}a_nx^n$ 在 $(-R,R)$ 收敛，在 $|x|>R$ 发散. 在 $-R$ 与 R 处的收敛情况需要具体分析. 下面探讨幂级数的收敛半径.

我们这里首先讨论将级数(9-1)的各项取绝对值得到的正项级数 $\sum\limits_{n=0}^{\infty}|a_nx^n|$ 的敛散性.

设当 n 充分大时，$a_n\neq 0$，且 $\lim\limits_{n\to\infty}\left|\dfrac{a_{n+1}}{a_n}\right|=\rho$，则

$$\lim_{n\to\infty}\left|\frac{u_{n+1}}{u_n}\right|=\lim_{n\to\infty}\left|\frac{a_{n+1}x^{n+1}}{a_nx^n}\right|=\lim_{n\to\infty}\left|\frac{a_{n+1}}{a_n}\right|\cdot|x|=|x|\cdot\rho.$$

于是，由 9.1.3 节比值判别法可知

当 $\rho\neq 0$ 时，若 $|x|\cdot\rho<1$，即 $|x|<\dfrac{1}{\rho}=R$，则级数(9-1)收敛；若 $|x|\cdot\rho>1$，即 $|x|>\dfrac{1}{\rho}=R$，则级数(9-1)发散.

这个结果表明，只要 $0<\rho<+\infty$，就会有一个对称开区间 $(-R,R)$ 在这个区间内幂级数绝对收敛，在这个区间外幂级数发散，$x=\pm R$ 时，级数可能收敛，也可能发散. $R=\dfrac{1}{\rho}$ 为幂级数(9-1)的收敛半径.

当 $\rho=0$ 时，$|x|\cdot\rho=0<1$，级数(9-1)对一切 x 都绝对收敛，这时规定收敛半径 $R=+\infty$. 若幂级数仅在点 $x=0$ 处收敛，则规定收敛半径 $R=0$，由此可得

定理　若以上幂级数(9-1)的系数满足

$$\lim_{n\to\infty}\left|\frac{a_{n+1}}{a_n}\right|=\rho,$$

则

(1) 当 $0<\rho<+\infty$ 时，$R=\dfrac{1}{\rho}$；

(2) 当 $\rho=0$ 时，$R=+\infty$；

(3) 当 $\rho=+\infty$ 时，$R=0$.

9.2.3　幂级数的收敛区间

若幂级数的收敛半径为 R，则 $(-R,R)$ 称为幂级数的收敛区间，幂级数在收敛区间内绝

对收敛.我们把收敛区间的端点 $x=\pm R$ 代入级数中,判定数项级数的敛散性后,就可得到幂级数的收敛域.

【例 1】 求下列幂级数的收敛半径和收敛域.

(1) $x+\frac{x^2}{2}+\frac{x^3}{3}+\cdots+\frac{x^n}{n}+\cdots$;

(2) $\sum\limits_{n=0}^{\infty} n!\,x^n$.

解 (1) $R=\lim\limits_{n\to\infty}\left|\frac{a_n}{a_{n+1}}\right|=\lim\limits_{n\to\infty}\frac{\frac{1}{n+1}}{\frac{1}{n}}=1$,故收敛半径 $R=1$.

当 $x=1$ 时,原幂级数成为调和级数 $1+\frac{1}{2}+\frac{1}{3}+\cdots+\frac{1}{n}+\cdots$,是发散的.

当 $x=-1$ 时,原幂级数成为交错级数 $-1+\frac{1}{2}-\frac{1}{3}+\cdots+(-1)^n\frac{1}{n}+\cdots$,根据莱布尼茨判别法知,是收敛的.

因此收敛域为 $[-1,1)$.

(2) $R=\lim\limits_{n\to\infty}\left|\frac{a_n}{a_{n+1}}\right|=\lim\limits_{n\to\infty}\frac{n!}{(n+1)!}=\lim\limits_{n\to\infty}\frac{1}{n+1}=0$,故收敛半径 $R=0$,即原幂级数仅在 $x=0$ 处收敛.

【例 2】 求幂级数 $1+x+\frac{1}{2!}x^2+\cdots+\frac{1}{n!}x^n+\cdots$ 的收敛半径和收敛区间.

解 $R=\lim\limits_{n\to\infty}\left|\frac{a_n}{a_{n+1}}\right|=\lim\limits_{n\to\infty}\frac{\frac{1}{n!}}{\frac{1}{(n+1)!}}=\lim\limits_{n\to\infty}(n+1)=+\infty$,故收敛半径 $R=+\infty$,收敛区间为 $(-\infty,+\infty)$.

【例 3】 求幂级数 $\sum\limits_{n=1}^{\infty} n^n x^n$ 的收敛半径.

解 因为 $\lim\limits_{n\to\infty}\left|\frac{a_{n+1}}{a_n}\right|=\lim\limits_{n\to\infty}\frac{(n+1)^{n+1}}{n^n}=\lim\limits_{n\to\infty}\left(1+\frac{1}{n}\right)^n(n+1)=+\infty$,所以所给幂级数的收敛半径 $R=0$.

评估与测试9-2

求下列幂级数的收敛半径和收敛域.

1. $\sum\limits_{n=1}^{\infty} nx^n$;　　2. $\sum\limits_{n=1}^{\infty}\frac{x^n}{n\cdot 3^n}$;　　3. $\sum\limits_{n=1}^{\infty}\frac{x^n}{n\cdot 2^n}$;

4. $\sum\limits_{n=1}^{\infty}\frac{n!}{n^n}x^n$;　　5. $\sum\limits_{n=1}^{\infty}\frac{n!}{n^2\cdot e^{2n}}x^n$;　　6. $\sum\limits_{n=1}^{\infty}\frac{(x-2)^n}{(2n-1)\cdot 2^n}$.

拓展阅读

幂级数最早出现在17世纪，由牛顿和莱布尼茨引入微积分学中，在此基础上，欧拉等学者进一步研究了幂级数的性质，并发展了复数域上的幂级数理论. 19世纪，庞加莱和魏尔斯特拉斯等数学家的努力推动了幂级数理论的进一步发展. 20世纪初，数学物理学的发展推动了幂级数理论的进一步发展. 数学家们开始将幂级数应用于解析函数论和微分方程中，并发展了幂级数解法的新方法. 随着计算机科学的发展，幂级数在计算机科学中的应用越来越重要. 幂级数在计算机科学中的应用主要体现在数值计算、科学计算和符号计算等方面.

幂级数的发展史

9.3 函数展开成幂级数

9.3.1 泰勒级数与麦克劳林级数

前面讨论了幂级数的收敛域及其和函数的性质. 但在许多应用中，我们遇到的却恰好是相反的问题：给定函数 $f(x)$，要考虑它是否能在某个区间内“展开成幂级数”. 就是说，是否能找到这样一个幂函数，它在某区间内收敛，且其和恰好就是给定函数 $f(x)$. 若能找到这样的幂级数，则认为，函数 $f(x)$ 在该区间内能展开成幂级数.

假设函数 $f(x)$ 在区间 $(-R,R)$ 可以展开成幂级数 $\sum\limits_{n=0}^{\infty}a_nx^n$，即

$$f(x)=a_0+a_1x+a_2x^2+\cdots+a_nx^n+\cdots \tag{9-2}$$

下面来确定系数 a_n.

将 $x=0$ 代入式(9-2)，得 $a_0=f(0)$，对式(9-2)左右两边连续逐项求导得

$$f'(x)=a_1+2a_2x+3a_3x^2+\cdots+na_nx^{n-1}+\cdots,$$

$$f''(x)=2a_2+3\cdot 2a_3x+\cdots+n\cdot(n-1)a_nx^{n-2}+\cdots,$$

$$\cdots$$

$$f^{(n)}(x)=n\cdot(n-1)\cdot\cdots\cdot 2a_n+(n+1)\cdot n\cdot\cdots\cdot 2a_{n+1}x+\cdots,$$

令 $x=0$，那么 $a_n=\dfrac{f^{(n)}(0)}{n!}$，综上所述，$a_n=\dfrac{f^{(n)}(0)}{n!}(n=0,1,2,\cdots)$.

一般地，若 $f(x)$ 在 x_0 的邻域内可以展开成幂级数 $\sum\limits_{n=0}^{\infty}a_n(x-x_0)^n$，则其系数必为

$$a_n=\frac{f^{(n)}(x_0)}{n!}(n=0,1,2,\cdots).$$

在此基础上我们介绍泰勒公式与泰勒级数.

泰勒公式　若函数 $f(x)$ 在 x_0 的某邻域内有 $n+1$ 阶导数，则对此邻域内任意点有 $f(x)$ 的 n 阶泰勒公式

$$f(x)=f(x_0)+\frac{f'(x_0)}{1!}(x-x_0)+\frac{f''(x_0)}{2!}(x-x_0)^2+\cdots+\frac{f^{(n)}(x_0)}{n!}(x-x_0)^n+R_n(x),$$

其中 $R_n(x)$ 为 n 阶泰勒公式的余项．余项 $R_n(x)$ 有多种形式，一般常用的形式为拉格朗日型余项，其表达式为

$$R_n(x)=\frac{f^{(n+1)}(\xi)}{(n+1)!}(x-x_0)^{n+1},$$

其中 ξ 是 x 与 x_0 之间的某个值．

泰勒级数　级数

$$f(x_0)+\frac{f'(x_0)}{1!}(x-x_0)+\frac{f''(x_0)}{2!}(x-x_0)^2+\cdots+\frac{f^{(n)}(x_0)}{n!}(x-x_0)^n+\cdots$$

称为 $f(x)$ 在 x_0 处的泰勒级数，当 $x_0=0$ 时，泰勒级数变为

$$f(0)+\frac{f'(0)}{1!}x+\frac{f''(0)}{2!}x^2+\cdots+\frac{f^{(n)}(0)}{n!}x^n+\cdots,$$

称此幂级数为函数 $f(x)$ 的麦克劳林级数，系数 $a_n=\frac{f^{(n)}(0)}{n!}(n=0,1,2,\cdots)$ 称为麦克劳林系数．一般地，函数 $f(x)$ 的泰勒公式余项 $R_n(x)$ 的极限为 0 时，$f(x)$ 可以展开成泰勒级数或麦克劳林级数，或者说由函数 $f(x)$ 得到的麦克劳林级数收敛于 $f(x)$．

9.3.2　利用麦克劳林级数将函数展开成幂级数

本节主要学习把一个函数展开成麦克劳林级数．

1. 直接展开法

直接展开法是指先利用公式

$$f(x)=f(0)+\frac{f'(0)}{1!}x+\frac{f''(0)}{2!}x^2+\cdots+\frac{f^{(n)}(0)}{n!}x^n+R_n(x)$$

讨论是否有 $\lim\limits_{n\to\infty}R_n(x)=0$，再用公式 $a_k=\frac{f^{(k)}(0)}{k!}(k=1,2,\cdots)$ 求出幂级数系数的方法．

【例 1】　写出 $f(x)=e^x$ 的 n 阶麦克劳林级数．

解　因为 $f(x)=e^x$，所以

$$f(x)=f'(x)=f''(x)=\cdots=f^{(n)}(x)=f^{(n+1)}(x)=e^x,$$

$$e^x=1+x+\frac{x^2}{2!}+\cdots+\frac{x^n}{n!}+\frac{x^{n+1}}{(n+1)!}e^{\xi},$$

其中 ξ 在 0 与 x 之间，$\lim\limits_{n\to\infty}R_n(x)=\lim\limits_{n\to\infty}\frac{x^{n+1}}{(n+1)!}e^{\xi}=0$，那么

$$e^x=\sum_{n=0}^{\infty}\frac{x^n}{n!}(-\infty<x<+\infty).$$

【例 2】　用直接展开法求 $f(x)=\sin x$ 的幂级数展开式．

解　因为 $f(x)=\sin x$，所以

$$f'(x)=\cos x=\sin\left(x+\frac{\pi}{2}\right),$$

$$f''(x)=\cos\left(x+\frac{\pi}{2}\right)=\sin\left(x+\frac{2\pi}{2}\right),$$

$$\cdots$$

$$f^{(n)}(x)=\sin\left(x+\frac{n\pi}{2}\right).$$

故

$$f(0)=0,f'(0)=1,f''(0)=0,f'''(0)=-1,\cdots,$$

顺次循环取得四个数 0,1,0,－1. 写出级数

$$x-\frac{x^3}{3!}+\frac{x^5}{5!}-\cdots,$$

它的收敛半径 $R=+\infty$. 于是得展开式

$$\sin x=x-\frac{x^3}{3!}+\frac{x^5}{5!}-\cdots+(-1)^{n-1}\frac{x^{2n-1}}{(2n-1)!}+\cdots(-\infty<x<+\infty).$$

2. 间接展开法

间接展开法是指从已知函数的展开式出发,利用幂级数的运算法则得到所求函数的展开式的方法.

【例 3】 用间接展开法求 $\cos x$ 的幂级数展开式.

解
$$\sin x=\sum_{n=1}^{\infty}(-1)^{n-1}\frac{x^{2n-1}}{(2n-1)!}(-\infty<x<+\infty),$$

对 $\sin x$ 的展开式逐项求导便得

$$\cos x=1-\frac{x^2}{2!}+\frac{x^4}{4!}-\cdots+(-1)^n\frac{x^{2n}}{(2n)!}+\cdots=\sum_{n=0}^{\infty}(-1)^n\frac{x^{2n}}{(2n)!}(-\infty<x<+\infty).$$

9.3.3 幂级数展开式的应用

函数值的近似计算.

【例 4】 求$\sqrt{e}$ 的近似值.

解 在 e^x 的麦克劳林展开式中,令 $x=\frac{1}{2}$,得

$$\sqrt{e}=e^{\frac{1}{2}}=1+\frac{1}{2}+\frac{1}{2!}\left(\frac{1}{2}\right)^2+\frac{1}{3!}\left(\frac{1}{2}\right)^3+\frac{1}{4!}\left(\frac{1}{2}\right)^4+\cdots+\frac{1}{n!}\left(\frac{1}{2}\right)^n+\cdots,$$

取前 5 项作为$\sqrt{e}$ 的近似值,故

$$\sqrt{e}\approx1+\frac{1}{2}+\frac{1}{8}+\frac{1}{48}+\frac{1}{384}=\frac{633}{384}\approx1.648.$$

【例 5】 计算$\sqrt[5]{245}$ 的近似值,要求误差不超过 10^{-3}.

解
$$\sqrt[5]{245}=\sqrt[5]{3^5+2}=3\left(1+\frac{2}{3^5}\right)^{\frac{1}{5}},$$

在$(1+x)^\alpha$ 的麦克劳林展开式中令 $\alpha=\frac{1}{5},x=\frac{2}{3^5}$,得

$$\sqrt[5]{245}=3\left[1+\frac{1}{5}\left(\frac{2}{3^5}\right)-\frac{1}{2!}\cdot\frac{1}{5}\left(\frac{1}{5}-1\right)\left(\frac{2}{3^5}\right)^2+\cdots\right].$$

该级数从第二项起为交错级数，若取前 n 项和作为近似值，则其误差 $|r_n|\leqslant u_{n+1}$，即

$$|u_2|=3\cdot\frac{4\cdot 2^2}{2\cdot 5^2\cdot 3^{10}}=\frac{8}{25\cdot 3^9}<10^{-3}.$$

故要保证误差不超过 10^{-3}，只要取其前两项作为其近似值即可，则有

$$\sqrt[5]{245}\approx 3\left(1+\frac{1}{5}\cdot\frac{2}{243}\right)\approx 3.004\ 9.$$

评估与测试9-3

将下列函数展开成 x 的幂级数，并求展开式成立的区间.

1. $\dfrac{x}{1-x^2}$；　　2. e^{-x^2}；

3. $\cos^2 x$；　　4. $\ln(3+x)$.

拓展阅读

19 世纪中国数学界涌现出许多杰出的数学家，其中，李善兰以他对二次平方根的幂级数展开式及其他函数的幂级数展开的研究而成为该时期最闪耀的星星之一. 1846 年，李善兰在他的著作《圆周率与代数》中首次提出了二次平方根的幂级数展开式，此外，李善兰还对各种三角函数、反三角函数和对数函数进行了深入研究，并提出了它们的幂级数展开式，被公认为 19 世纪中国数学界最重要的成就之一. 这些数学成果不仅为后来的数值计算和近似方法提供了基础，也推动了数学研究和应用的进一步发展.

李善兰和幂级数

9.4 傅立叶级数

9.4.1 三角函数系的正交性

在物理学及电工学中经常会用到一类极为重要的函数项级数，形式为

$$\frac{a_0}{2}+\sum_{n=1}^{\infty}(a_n\cos nx+b_n\sin nx).$$

称具有这种形式的函数项级数为三角级数. 其中 a_0，a_n，b_n 都是常数，我们并不准备深入研究这类级数的理论，只要知道如何把一个已知函数 $f(x)$ 展开成三角级数，以及三角级数在什么条件下收敛，且收敛于 $f(x)$ 即可.

由 $1,\cos x,\sin x,\cos 2x,\sin 2x,\cdots,\cos nx,\sin nx,\cdots$ 组成的系列函数叫作三角函数系，三角函数系具有正交性. 三角函数系的正交性是指：如果从三角函数系中任取两个不同的函数相乘，在区间$[-\pi,\pi]$上的定积分都为零. 这实际上只需证明以下五个等式成立.

$$\int_{-\pi}^{\pi}\sin nx\,dx=0\quad(n=1,2,3,\cdots),\int_{-\pi}^{\pi}\cos nx\,dx=0\quad(n=1,2,3,\cdots),$$

$$\int_{-\pi}^{\pi}\cos mx\cos nx\,dx=0\quad(m=1,2,3,\cdots;n=1,2,3,\cdots;m\neq n),$$

$$\int_{-\pi}^{\pi}\sin mx\sin nx\,dx=0\quad(m=1,2,3,\cdots;n=1,2,3,\cdots;m\neq n),$$

$$\int_{-\pi}^{\pi}\sin mx\cos nx\,dx=0\quad(m=1,2,3,\cdots;n=1,2,3,\cdots;m\neq n).$$

任何一个熟悉定积分的读者都很容易推得以上结果，这里就不证明了.

9.4.2 以 2π 为周期的函数的傅立叶级数展开

这里我们要研究三个问题：一是函数 $f(x)$ 满足什么条件时方能展开为三角级数$\frac{a_0}{2}+\sum_{n=1}^{\infty}(a_n\cos nx+b_n\sin nx)$的形式；二是若 $f(x)$ 能展开为式$\frac{a_0}{2}+\sum_{n=1}^{\infty}(a_n\cos nx+b_n\sin nx)$，那么系数 a_0、a_n、b_n 怎样求；三是展开后级数$\frac{a_0}{2}+\sum_{n=1}^{\infty}(a_n\cos nx+b_n\sin nx)$是否会收敛于 $f(x)$.

为了求得系数 a_0、a_n、b_n，我们先假定

$$f(x)=\frac{a_0}{2}+\sum_{n=1}^{\infty}(a_n\cos nx+b_n\sin nx)\tag{9-3}$$

且可逐项积分，于是有

$$\int_{-\pi}^{\pi}f(x)dx=\int_{-\pi}^{\pi}\frac{a_0}{2}dx+\sum_{n=1}^{\infty}\left[\int_{-\pi}^{\pi}a_n\cos nx\,dx+\int_{-\pi}^{\pi}b_n\sin nx\,dx\right].$$

因为 a_0、a_n、b_n 均为常数，根据三角函数系的正交性，即有

$$\int_{-\pi}^{\pi}f(x)dx=\int_{-\pi}^{\pi}\frac{a_0}{2}dx=\pi a_0.$$

所以

$$a_0=\frac{1}{\pi}\int_{-\pi}^{\pi}f(x)dx.$$

为了求出系数 a_n，我们用 $\cos kx$ 乘式(9-3)两边，然后再逐项积分，即

$$\int_{-\pi}^{\pi}f(x)\cos kx\,dx=\int_{-\pi}^{\pi}\frac{a_0}{2}\cos kx\,dx+\sum_{n=1}^{\infty}\left[\int_{-\pi}^{\pi}a_n\cos kx\cos nx\,dx+\int_{-\pi}^{\pi}b_n\cos kx\sin nx\,dx\right].$$

由三角函数系的正交性可知，等式右端各项中，当 $k=n$ 时，有

$$\int_{-\pi}^{\pi}a_n\cos kx\cos nx\,dx=\int_{-\pi}^{\pi}a_n\cos^2 nx\,dx=a_n\int_{-\pi}^{\pi}\frac{1+\cos 2nx}{2}dx=a_n\pi,$$

而其余各项均为零. 因此

$$a_n=\frac{1}{\pi}\int_{-\pi}^{\pi}f(x)\cos nx\,dx\quad(n=1,2,3,\cdots).$$

用类似的方法,可得到

$$b_n=\frac{1}{\pi}\int_{-\pi}^{\pi} f(x)\sin nx\,\mathrm{d}x \quad (n=1,2,3,\cdots).$$

注意到在求系数 a_n 的公式中,令 $n=0$ 就得到 a_0 的表达式,因此求系数 a_n、b_n 的公式可以归并为

$$\begin{cases} a_n=\dfrac{1}{\pi}\displaystyle\int_{-\pi}^{\pi} f(x)\cos nx\,\mathrm{d}x \quad (n=0,1,2,3,\cdots) \\ b_n=\dfrac{1}{\pi}\displaystyle\int_{-\pi}^{\pi} f(x)\sin nx\,\mathrm{d}x \quad (n=1,2,3,\cdots) \end{cases},$$

a_n、b_n 称为函数 $f(x)$ 的**傅立叶系数**. 由傅立叶系数组成的式 $\dfrac{a_0}{2}+\sum\limits_{n=1}^{\infty}(a_n\cos nx+b_n\sin nx)$ 称为**傅立叶级数**,即

$$f(x)\sim\frac{a_0}{2}+\sum_{n=1}^{\infty}(a_n\cos nx+b_n\sin nx).$$

关于函数展开成傅立叶级数的条件及其收敛性的问题,我们不加证明地给出如下定理:

定理(收敛定理,狄利克雷定理) 设函数 $f(x)$ 是周期为 2π 的周期函数,如果它满足条件:在一个周期内连续或只有有限个第一类间断点,并且至多有有限个极值点,则 $f(x)$ 的傅立叶级数收敛,并且

(1) 当 x 是 $f(x)$ 的连续点时,级数收敛于 $f(x)$;

(2) 当 x 是 $f(x)$ 的间断点时,级数收敛于 $\dfrac{f(x-0)+f(x+0)}{2}$.

其中 $f(x-0)$ 表示 $f(x)$ 在 x 处的左极限,$f(x+0)$ 表示 $f(x)$ 在 x 处的右极限.

收敛定理说明,以 2π 为周期的函数 $f(x)$,只要是在一个周期内连续或只有有限个第一类间断点,并且至多有有限个极值点,那么由 $f(x)$ 得到的傅立叶级数在 $f(x)$ 的连续点处收敛于函数 $f(x)$. 定理中所要求的条件,一般的初等函数与分段函数都能满足,这就保证了傅立叶级数广泛的应用性.

【例 1】 设函数 $f(x)$ 是周期为 2π 的周期函数,它在 $[-\pi,\pi)$ 上的表达式为

$$f(x)=\begin{cases} -1; & -\pi\leqslant x<0 \\ 1; & 0\leqslant x<\pi \end{cases}.$$

试将函数 $f(x)$ 展开成傅立叶级数.

解 函数 $f(x)$ 的图形如图 9-1 所示,这是一个通信领域常见的矩形波.

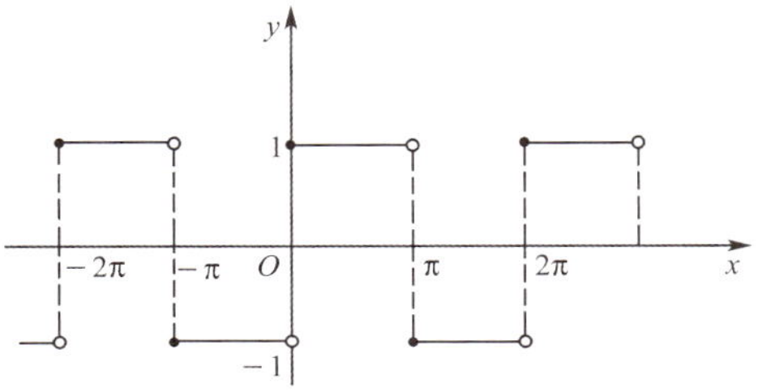

图 9-1

下面求此函数的傅立叶系数,

$$a_n=\frac{1}{\pi}\int_{-\pi}^{\pi}f(x)\cos nx\,dx=\frac{1}{\pi}\int_{-\pi}^{0}(-1)\cos nx\,dx+\frac{1}{\pi}\int_{0}^{\pi}\cos nx\,dx$$

$$=-\frac{1}{\pi}\left[\frac{1}{n}\sin nx\right]_{-\pi}^{0}+\frac{1}{\pi}\left[\frac{1}{n}\sin nx\right]_{0}^{\pi}=0\quad(n=1,2,3,\cdots).$$

因为所计算的 a_n 中 $n\neq 0$，所以 a_0 需另外计算.

$$a_0=\frac{1}{\pi}\int_{-\pi}^{\pi}f(x)\,dx=\frac{1}{\pi}\int_{-\pi}^{0}(-1)\,dx+\frac{1}{\pi}\int_{0}^{\pi}dx=0.$$

$$b_n=\frac{1}{\pi}\int_{-\pi}^{\pi}f(x)\sin nx\,dx=\frac{1}{\pi}\int_{-\pi}^{0}(-1)\sin nx\,dx+\frac{1}{\pi}\int_{0}^{\pi}\sin nx\,dx$$

$$=\frac{1}{\pi}\left[\frac{1}{n}\cos nx\right]_{-\pi}^{0}-\frac{1}{\pi}\left[\frac{1}{n}\cos nx\right]_{0}^{\pi}$$

$$=\frac{2}{n\pi}[1-(-1)^n]=\begin{cases}\dfrac{4}{n\pi}; & n=1,3,5,\cdots\\ 0; & n=2,4,6,\cdots\end{cases}.$$

根据收敛定理可知，当 $x\neq k\pi(k=0,\pm 1,\pm 2,\cdots)$ 时，傅立叶级数收敛于 $f(x)$，即

$$f(x)=\frac{4}{\pi}\left[\sin x+\frac{1}{3}\sin 3x+\cdots+\frac{1}{2n-1}\sin(2n-1)x+\cdots\right]$$

$$=\frac{4}{\pi}\sum_{k=1}^{\infty}\frac{1}{2k-1}\sin(2k-1)x,$$

当 $x=k\pi(k=0,\pm 1,\pm 2,\cdots)$ 时，级数收敛于 $\dfrac{f(x-0)+f(x+0)}{2}=0$.

所求傅立叶级数和函数的图形如图 9-2 所示. 细心的读者会发现这个图形在 $x\neq k\pi$ $(k=0,\pm 1,\pm 2,\cdots)$ 各点处与图 9-1 不同.

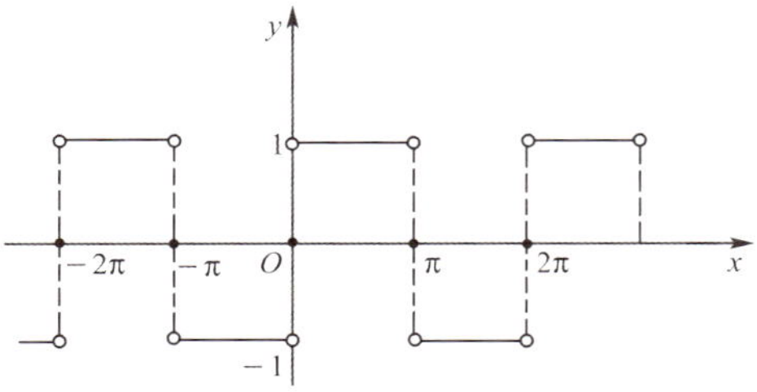

图 9-2

如果将 $f(x)$ 看成是矩形波，那么傅立叶级数表明，它可以用无穷多奇次谐波的和(叠加) 去替代.

可见，一个周期函数有可能用一系列正弦函数之和来表示. 由此启示我们：复杂的周期运动可以通过简单的简谐振动来研究，故而傅立叶级数能广泛地应用于信号研究领域.

9.4.3 奇函数与偶函数的傅立叶级数

一个函数展开成傅立叶级数的结果，可能仅含有正弦项(如例 1)，即系数 $a_n=0(n=0,1,2,3,\cdots)$；也可能仅含有余弦项，即系数 $b_n=0(n=1,2,3,\cdots)$.

展开式中只含有正弦函数的傅立叶级数称为**正弦级数**，只含有余弦函数和常数项的称

为余弦级数.

问题是什么样的函数的傅立叶级数是正弦级数，而什么样的函数的傅立叶级数是余弦级数. 当以 2π 为周期的周期函数 $f(x)$ 在$(-\pi,\pi)$ 内是奇函数，那么傅立叶级数一定是正弦级数，即 $\sum_{n=1}^{\infty} b_n \sin nx$. 此时，傅立叶系数为

$$\begin{cases} a_n = 0 \quad (n=0,1,2,\cdots) \\ b_n = \dfrac{2}{\pi}\int_0^{\pi} f(x)\sin nx\,dx \quad (n=1,2,3,\cdots) \end{cases}; \tag{9-4}$$

这是因为 $a_n = \frac{1}{\pi}\int_{-\pi}^{\pi} f(x)\cos nx\,dx$ 中 $\cos nx$ 是偶函数，于是在区间$(-\pi,\pi)$ 内 $f(x)\cos nx$ 为奇函数，而奇函数在对称区间上的积分为零，所以

$$a_n = \frac{1}{\pi}\int_{-\pi}^{\pi} f(x)\cos nx\,dx = 0 \quad (n=0,1,2,\cdots).$$

又因为 $f(x)\sin nx$ 在区间$(-\pi,\pi)$ 内是偶函数，故有

$$b_n = \frac{2}{\pi}\int_0^{\pi} f(x)\sin nx\,dx \quad (n=1,2,\cdots).$$

同理可推出，当函数 $f(x)$ 是偶函数时，其展开式为余弦级数，即

$$\frac{a_0}{2} + \sum_{n=1}^{\infty} a_n \cos nx.$$

此时傅立叶系数为

$$\begin{cases} a_n = \dfrac{2}{\pi}\int_0^{\pi} f(x)\cos nx\,dx \quad (n=0,1,2,\cdots) \\ b_n = 0 \quad (n=1,2,\cdots) \end{cases}; \tag{9-5}$$

根据以上结果，在展开函数 $f(x)$ 成傅立叶级数时，应当首先判断一下 $f(x)$ 在$(-\pi,\pi)$ 内的奇偶性，据此选择相应的公式计算傅立叶系数，使计算尽量简化.

【例 2】 设周期函数 $f(x)$ 在其一个周期上的表达式为

$$f(x) = \begin{cases} \pi + x, & -\pi \leqslant x < 0 \\ \pi - x, & 0 \leqslant x < \pi \end{cases}.$$

试将其展开成傅立叶级数.

解 $f(x)$ 是偶函数，因此我们应根据式(9-5) 计算傅立叶系数.

$$a_n = \frac{2}{\pi}\int_0^{\pi} f(x)\cos nx\,dx = \frac{2}{\pi}\int_0^{\pi} (\pi - x)\cos nx\,dx$$

$$= \frac{2}{\pi}\left(\frac{\pi - x}{n}\sin nx\right)\Big|_0^{\pi} + \frac{2}{n\pi}\int_0^{\pi} \sin nx\,dx \quad (n \neq 0)$$

$$= \frac{2}{n^2\pi}[1-(-1)^n] = \begin{cases} \dfrac{4}{n^2\pi}; & n=1,3,5,\cdots \\ 0; & n=2,4,6,\cdots \end{cases},$$

$$a_0 = \frac{2}{\pi}\int_0^{\pi} f(x)\,dx = \frac{2}{\pi}\int_0^{\pi} (\pi - x)\,dx = \pi,$$

$$b_n = 0 \quad (n=1,2,3,\cdots).$$

又因为 $f(x)$ 处处连续，故所求的傅立叶级数收敛于 $f(x)$，即

$$f(x)=\frac{\pi}{2}+\frac{4}{\pi}\left(\cos x+\frac{1}{3^2}\cos 3x+\frac{1}{5^2}\cos 5x+\cdots\right)\quad(-\infty<x<+\infty).$$

9.4.4 $f(x)$ 在$[0,\pi]$上展开为正弦级数与余弦级数

上面我们探讨的是定义在$(-\infty,+\infty)$,以 2π 为周期的周期函数展开成傅立叶级数的情形,在实际应用(如波动问题、热传导问题、扩散问题)中,经常需要把定义在区间$[0,\pi]$上的函数展成傅立叶级数.若函数 $f(x)$ 不是以 2π 为周期的周期函数,是否能把它展开成傅立叶级数?

这里我们可以采用周期延拓的方法,把函数 $f(x)$ 展开成傅立叶级数.若函数 $f(x)$ 不是以 2π 为周期的周期函数,其定义域长度不超过 2π,则在求其傅立叶级数展开式之前,首先要把它的定义域扩充成长度为 2π 的区间,然后再以 2π 为周期进行延拓,得到一个定义在$(-\infty,+\infty)$上,在$[0,\pi]$内与 $f(x)$ 相同的且以 2π 为周期的周期函数 $g(x)$,将 $g(x)$ 展开为傅立叶级数,把 x 的变化范围限制在原 $f(x)$ 的定义域内,即得到 $f(x)$ 的傅立叶展开式.下面我们探讨通过周期延拓把一个定义在$[0,\pi]$上的函数展成正弦级数与余弦级数.

具体地,设函数 $f(x)$ 定义在$[0,\pi]$上,我们设想有一个函数 $\varphi(x)$,它是定义在$(-\infty,+\infty)$上且以 2π 为周期的函数,而在$[0,\pi]$上,$\varphi(x)\equiv f(x)$.如果 $\varphi(x)$ 满足收敛定理的条件,那么 $\varphi(x)$ 在$(-\infty,+\infty)$上就可展开为傅立叶级数,取其$[0,\pi]$一段,即为 $f(x)$ 在$[0,\pi]$上的傅立叶级数,$\varphi(x)$ 称为 $f(x)$ 的周期延拓函数.

在理论上或实际工作中,下面的周期延拓最为常用:将 $f(x)$ 先延拓到$(-\pi,0)$,使延拓后的函数为$(-\pi,\pi)$上的奇函数,然后再延拓为以 2π 为周期的函数,这种延拓称为周期奇延拓;将 $f(x)$ 先延拓到$(-\pi,0)$,使延拓后的函数为$(-\pi,\pi)$上的偶函数,然后再延拓为以 2π 为周期的函数,这种延拓称为周期偶延拓.

显然,周期奇延拓的结果为正弦级数,其傅立叶系数按公式(9-4)计算,周期偶延拓的结果为余弦级数,其傅立叶系数按公式(9-5)计算.

【例 3】 将函数 $f(x)=x\ (0<x\leqslant\pi)$ 展开为正弦级数、余弦级数.

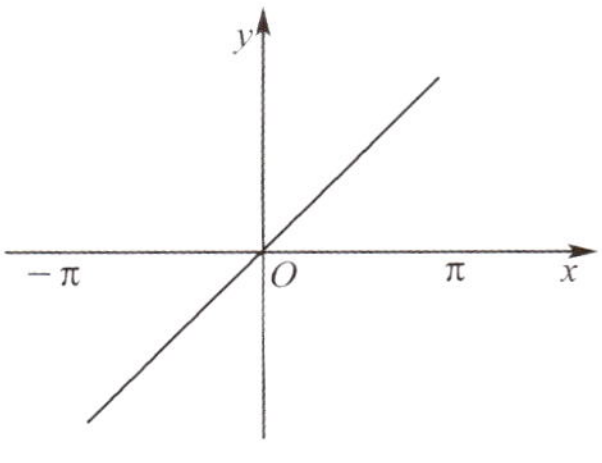

图 9-3

解 (1) 将函数 $f(x)$ 展开为正弦级数.

将 $f(x)$ 奇延拓和周期延拓为函数 $g(x)$(图 9-3),在$[-\pi,\pi]$上,

$$g(x)=x,$$

则 $g(x)$ 是以 2π 为周期的奇函数,计算 $g(x)$ 的傅立叶系数.

$$a_n=0\quad(n=0,1,2,3,\cdots);$$

$$b_n=\frac{1}{\pi}\int_{-\pi}^{\pi}g(x)\sin nx\,dx=\frac{2}{\pi}\int_0^{\pi}x\sin nx\,dx=\frac{(-1)^{n+1}2}{n}\quad(n=1,2,3,\cdots);$$

$$g(x)=2\sum_{n=1}^{\infty}\frac{(-1)^{n+1}}{n}\sin nx.$$

在$(0,\pi]$上 $g(x)$ 连续且等于 $f(x)$,所以

$$f(x)=2\sum_{n=1}^{\infty}\frac{(-1)^{n+1}}{n}\sin nx \quad (0<x\leqslant\pi).$$

(2) 将函数 $f(x)$ 展开为余弦级数.

将 $f(x)$ 偶延拓和周期延拓为函数 $g(x)$(图 9-4),在 $[-\pi,\pi]$ 上,

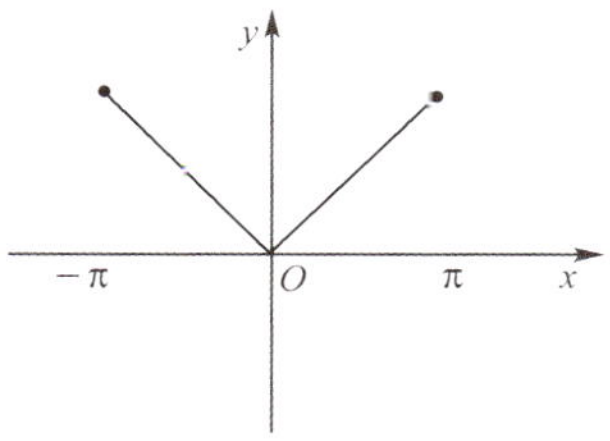

图 9-4

$$g(x)=\begin{cases}x; & 0<x\leqslant\pi\\ -x; & -\pi\leqslant x\leqslant 0\end{cases},$$

则 $g(x)$ 是以 2π 为周期的偶函数,计算 $g(x)$ 的傅立叶系数.

$$b_n=0\quad(n=1,2,\cdots);$$

$$a_0=\frac{1}{\pi}\int_{-\pi}^{\pi}g(x)\,dx=\frac{1}{\pi}\left(\int_{-\pi}^{0}-x\,dx+\int_{0}^{\pi}x\,dx\right)=\pi;$$

$$a_n=\frac{1}{\pi}\int_{-\pi}^{\pi}g(x)\cos nx\,dx=\frac{1}{\pi}\left(\int_{-\pi}^{0}-x\cos nx\,dx+\int_{0}^{\pi}x\cos nx\,dx\right)$$

$$=\begin{cases}-\dfrac{4}{n^2\pi}; & n=1,3,5,\cdots\\ 0; & n=2,4,6,\cdots\end{cases};$$

$$g(x)=\frac{\pi}{2}-\frac{4}{\pi}\sum_{n=1}^{\infty}\frac{1}{(2n-1)^2}\cos(2n-1)x.$$

在 $(0,\pi]$ 上 $g(x)$ 连续且等于 $f(x)$,所以

$$f(x)=\frac{\pi}{2}-\frac{4}{\pi}\sum_{n=1}^{\infty}\frac{1}{(2n-1)^2}\cos(2n-1)x \quad (0<x\leqslant\pi).$$

在实际应用中,我们省略延拓为奇函数或偶函数的过程,直接按公式(9-4)、公式(9-5)计算.

9.4.5 傅立叶变换与拉普拉斯变换的数学基础

在信号分析等领域,傅立叶变换是一个重要的分析工具.这里首先介绍在许多理论和实际问题中经常要用到的**傅立叶级数的指数形式**.

设 $f(x)$ 是在 $[-\pi,\pi]$ 上分段连续的函数,

$$f(x)\sim\frac{a_0}{2}+\sum_{n=1}^{\infty}(a_n\cos nx+b_n\sin nx). \tag{9-6}$$

根据欧拉公式,$\cos nx=\dfrac{e^{inx}+e^{-inx}}{2}$,$\sin nx=\dfrac{e^{inx}-e^{-inx}}{2i}$.所以

$$\frac{a_0}{2}+\sum_{n=1}^{\infty}(a_n\cos nx+b_n\sin nx)=\frac{a_0}{2}+\sum_{n=1}^{\infty}\left(\frac{a_n-ib_n}{2}e^{inx}+\frac{a_n+ib_n}{2}e^{-inx}\right)$$

$$=\frac{a_0}{2}+\sum_{n=1}^{\infty}\frac{a_n-ib_n}{2}e^{inx}+\sum_{n=1}^{\infty}\frac{a_n+ib_n}{2}e^{-inx}=\frac{a_0}{2}+\sum_{n=1}^{\infty}c_n e^{inx}+\overline{c_n}e^{-inx},$$

这里 $c_n=\dfrac{a_n-ib_n}{2}$,$\overline{c_n}=\dfrac{a_n+ib_n}{2}$,$c_n$ 与 $\overline{c_n}$ 是共轭复数.

当 $n=-1,-2,\cdots$ 时,令 $c_n=\overline{c_{-n}}$,若令 $c_0=\dfrac{1}{2}a_0$,则可以将式(9-6)写成

$$\frac{a_0}{2}+\sum_{n=1}^{\infty}(a_n\cos nx+b_n\sin nx)=\sum_{n=-\infty}^{\infty}c_n e^{inx},$$

$\sum_{n=-\infty}^{\infty}c_n e^{inx}$ 称为傅立叶级数的指数形式.

下面计算 c_n，当 $n=0$ 时，

$$c_0=\frac{1}{2}a_0=\frac{1}{2\pi}\int_{-\pi}^{\pi}f(x)\mathrm{d}x,$$

当 $n=1,2,3,\cdots$ 时，

$$c_n=\frac{a_n-\mathrm{i}b_n}{2}=\frac{1}{2\pi}\int_{-\pi}^{\pi}f(x)(\cos nx-\mathrm{i}\sin nx)\mathrm{d}x=\frac{1}{2\pi}\int_{-\pi}^{\pi}f(x)e^{-inx}\mathrm{d}x.$$

$n=-1,-2,\cdots$ 时，

$$c_n=\overline{c_{-n}}=\frac{a_{-n}+\mathrm{i}b_{-n}}{2}=\frac{1}{2\pi}\int_{-\pi}^{\pi}f(x)[\cos(-nx)+\mathrm{i}\sin(-nx)]\mathrm{d}x$$

$$=\frac{1}{2\pi}\int_{-\pi}^{\pi}f(x)(\cos nx-\mathrm{i}\sin nx)\mathrm{d}x=\frac{1}{2\pi}\int_{-\pi}^{\pi}f(x)e^{-inx}\mathrm{d}x.$$

综上所述，c_n 可以统一成 $c_n=\frac{1}{2\pi}\int_{-\pi}^{\pi}f(x)e^{-inx}\mathrm{d}x$.

若 $f(x)$ 是以 $2l$ 为周期的周期函数，此时傅立叶级数的指数形式可以写成 $\sum_{n=-\infty}^{\infty}c_n e^{\mathrm{i}\frac{n\pi x}{l}}$，其中 $c_n=\frac{1}{2l}\int_{-l}^{l}f(x)e^{-\mathrm{i}\frac{n\pi x}{l}}\mathrm{d}x\ (n=0,\pm1,\pm2,\cdots)$.

非周期函数 $f(t)$ 可看成是以 T 为周期的周期函数 $f_T(t)$ 当 $T\to+\infty$ 时的极限，那么令 $w_n=nw$，其中 $w=\frac{\pi}{l}$，那么

$$f(t)=\lim_{T\to+\infty}f_T(t)=\lim_{T\to+\infty}\frac{1}{T}\sum_{n=-\infty}^{+\infty}\left(\int_{-\frac{T}{2}}^{\frac{T}{2}}f_T(\tau)e^{-\mathrm{i}w_n\tau}\mathrm{d}\tau\right)e^{\mathrm{i}w_n t},$$

当 $T\to+\infty$ 时，

$$f(t)=\frac{1}{2\pi}\int_{-\infty}^{+\infty}\left(\int_{-\infty}^{+\infty}f(\tau)e^{-\mathrm{i}w\tau}\mathrm{d}\tau\right)e^{\mathrm{i}wt}\mathrm{d}w. \tag{9-7}$$

设

$$F(w)=\int_{-\infty}^{+\infty}f(t)e^{-\mathrm{i}wt}\mathrm{d}t;w\in(-\infty,+\infty), \tag{9-8}$$

由式(9-7)

$$f(t)=\frac{1}{2\pi}\int_{-\infty}^{+\infty}F(w)e^{\mathrm{i}wt}\mathrm{d}w \tag{9-9}$$

式(9-8)记作 $F(w)=F[f(t)]$，称为函数 $f(x)$ 的**傅立叶变换**，式(9-9)记作 $f(t)=F^{-1}[F(w)]$，称为**傅立叶逆变换**.

非周期函数的傅立叶变换象函数 $F(w)$ 是非周期函数的频谱函数. 拉普拉斯变换与傅立叶变换相似，在电学以及控制论领域应用广泛，它比傅立叶级数适用面广，要求相对较弱.

设 $t\in[0,+\infty)$,若广义积分 $\int_0^{+\infty} f(t)e^{-st}dt$($s$ 为复数)在 s 的某一范围内收敛,则此积分确定了以 s 为参量的函数 $F(s)$,即 $F(s)=\int_0^{+\infty} f(t)e^{-st}dt$,该函数 $F(s)$ 称为函数 $f(t)$ 的**拉普拉斯变换**,记作 $F(s)=L[f(t)]$,$f(t)=L^{-1}[F(s)]$ 是函数 $F(s)$ 的逆变换,称为**拉普拉斯逆变换**.

从数学上看,傅立叶变换及其逆变换,拉普拉斯变换及其逆变换实际上是映射与逆映射的关系.

例如,函数 $f(t)=e^{-kt}$ 的拉普拉斯变换

$$F(s)=L[e^{-kt}]=\int_0^{+\infty} e^{-kt}e^{-st}dt=-\frac{1}{s+k}e^{-(s+k)t}\Big|_0^{+\infty}=\frac{1}{s-k},$$

那么 $L^{-1}\left[\frac{1}{s+k}\right]=e^{-kt}$.

拉普拉斯变换有很重要的应用,比如解微分方程.从数学映射的角度看,用拉普拉斯变换解微分方程的时候,实际上是把原方程变换为一个容易求解的象方程,得到象方程的解后再通过逆映射得到原方程的解.

【例 4】 求 $y''(t)+4y(t)=0$ 满足条件 $y(0)=-2$,$y'(0)=4$ 的特解.

分析 在解此题之前,先了解一下拉普拉斯变换很好的微分性质.若 $L[f(t)]=F(s)$,则

$$L[f'(t)]=\int_0^{+\infty} f'(t)e^{-st}dt=\int_0^{+\infty} e^{-st}df(t)=(e^{-st}f(t))\Big|_0^{+\infty}+s\int_0^{+\infty} f(t)e^{-st}dt$$

$$=sF(s)-f(0).$$

再次运用上面的方法,$L[f''(t)]=s^2F(s)-sf(0)-f'(0)$.

解 设 $L[y(t)]=Y(s)$,对方程两边取拉普拉斯变换得:

$$s^2Y(s)-sy(0)-y'(0)+4Y(s)=0,$$

代入初始条件,那么

$$s^2Y(s)+2s-4+4Y(s)=0,$$

$$Y(s)=\frac{4-2s}{s^2+4}=\frac{4}{s^2+4}-\frac{2s}{s^2+4}.$$

对于象解 $Y(s)$,取拉普拉斯逆变换得

$$y(t)=L^{-1}[F(s)]=2\sin 2t-2\cos 2t.$$

注意:很多象函数可以直接查表得到原函数.

评估与测试9-4

1. 将下列以 2π 为周期的函数展开成傅立叶级数,这里仅给出它们在一个周期内的表达式.

(1) $f(x)=x+1(-\pi<x\leqslant\pi)$；(2) $f(x)=\begin{cases}0; & -\pi\leqslant x<0\\ 2; & 0\leqslant x<\pi\end{cases}$；

(3) $f(x)=\begin{cases}0; & -\pi\leqslant x<0\\ x; & 0\leqslant x<\pi\end{cases}$.

2. 将函数 $f(x)=x+1(0\leqslant x\leqslant\pi)$ 分别展开成正弦级数和余弦级数.

拓展阅读

级数的概念起源于古希腊数学，其中最著名的是毕达哥拉斯对等比级数的研究. 在 17 和 18 世纪，牛顿和莱布尼茨提出了绝对收敛判别法和比值判别法，欧拉得出了欧拉公式，高斯利用级数理论研究了二次型曲线的表示问题. 19 世纪初，柯朗提出了级数的可乘性判别法，柯西提出了绝对和条件收敛判别法. 黎曼利用柯西的结果，推广了复变函数的级数展开. 狄利克雷利用傅立叶级数研究了偏微分方程的解. 在 20 世纪，级数理论的一个重要发展是泛函分析的产生，这使得级数理论得以在更广泛的场景下发挥作用.

级数的发展史

第9章参考答案

1.1 函数及其性质

<table>
<tr><td>姓名</td><td></td><td>学号</td><td></td><td>班级</td><td></td></tr>
</table>

任务得分	预习（10分）	课上任务（25分）	课堂练习（40分）	知识总结（15分）	课后任务（10分）	成绩

预习（10分）

1. 什么叫集合？集合的运算包括哪些？（3分）

2. 什么是函数？（3分）

3. 求解一个不等式 $|x^3+13|\leqslant 14$.（4分）

本节任务

乘飞机时托运行李规定：重量不超过20千克时托运的行李不收费，每超过1千克收运费2元，则运费 y 就是行李重量 x 的一个函数，写出函数的表达式.

课上任务（25分）

(1)当 $x\in[0,20]$ 时（5分）

(2)当 $x>20$ 时（5分）

综上，运费 y 与行李重量 x 之间的函数关系为：（15分）

课堂练习（40分）

1. 求下列函数的定义域.（10分，每小题5分）

(1) $y=\sqrt{x+1}$；　　(2) $y=\dfrac{x}{\sqrt{x^2-1}}$.

2. 设 $f\left(x+\dfrac{1}{x}\right)=\dfrac{1}{x^2}+x^2$，求 $f(x)$.（10分）

课堂练习（40分）	3. 判断下列函数的奇偶性.（10分，每小题5分） (1) $y=\frac{e^x-e^{-x}}{2}$；　(2) $y=\ln(x+\sqrt{1+x^2})$. 4. 指出下列函数的复合过程.（10分，每小题5分） (1) $y=(1-x)^3$；　(2) $y=[\tan(e^{3x})]^3$.
知识总结（15分）	1. 总结求函数定义域应注意哪些方面.（3分） 2. 总结函数的常用表示方法及常用求函数解析式的方法.（4分） 3. 总结判断函数奇偶性的方法.（4分） 4. 总结复合函数的分解原则.（4分）
课后任务（10分）	1. 在科学发展史上，关于数学应用和微积分的评价，你了解哪些？（5分） 2. 你觉得初等数学和高等数学的根本区别是什么？（5分）

1.2 函数的极限与运算

姓名		学号		班级	

任务得分	预习（10 分）	课上任务（20 分）	课堂练习（35 分）	知识总结（20 分）	课后任务（15 分）	成绩

预习（10 分）

1. 填空.（5 分）

（1）数列 $\left\{\frac{1}{n}\right\}$：$1,\frac{1}{2},\frac{1}{3},\frac{1}{4},\cdots,\frac{1}{10},\frac{1}{11},\cdots,\frac{1}{1\ 000},\cdots,\frac{1}{n},\cdots$趋于________.

（2）数列 $\left\{\frac{n-1}{n}\right\}$：$0,\frac{1}{2},\frac{2}{3},\frac{3}{4},\cdots,\frac{999}{1\ 000},\frac{n-1}{n}\cdots$趋于________.

（3）数列 $\left\{\frac{1}{2^n}\right\}$：$\frac{1}{2},\frac{1}{2^2},\cdots,\frac{1}{2^{1\ 000}},\cdots,\frac{1}{2^n}\cdots$趋于________.

2. 刘徽的“割圆术”原理是什么？（5 分）

本节任务

已知半径为 1 的圆，用圆的内接正多边形的周长逼近圆的周长. 将圆分为 n 等份，依次连接各分点得到圆的内接正 n 边形.

（1）计算正六边形、正八边形、正十二边形的周长.

（2）观察正多边形的周长是否存在规律，列出正多边形周长的数列.

（3）正多边形的周长数列与圆的周长的关系是什么？

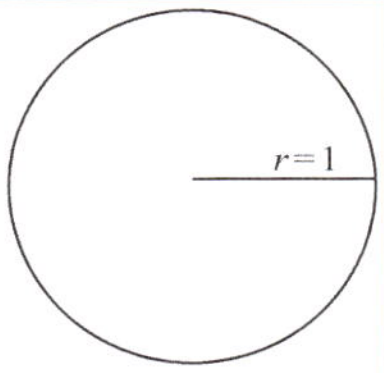

课上任务（20 分）

1. 圆的内接正六边形的周长如何计算？（5 分）

2. 圆的内接正八边形的周长如何计算？（5 分）

3. 圆的内接正十二边形的周长如何计算？（5 分）

4. 圆的内接正 n 边形的周长如何计算？（5 分）

课堂练习 (35 分)	1. 设函数 $g(x)=\begin{cases}\cos x; & x>0\\ 1+x; & x<0\end{cases}$. (1)观察 $g(x)$ 在 $x=0$ 处的左、右极限;(5 分) (2)$\lim\limits_{x\to 0}g(x)$是否存在?(5 分) 2. 求下列极限. (1)$\lim\limits_{x\to 2}\dfrac{x^2-2x}{x^2-4}$;(6 分)　(2)$\lim\limits_{x\to\infty}\dfrac{1-x^2}{2x^2-1}$;(6 分) (3)$\lim\limits_{x\to 1}\dfrac{\sqrt{5x-4}-\sqrt{x}}{x-1}$;(6 分)　(4)$\lim\limits_{x\to 1}\left(\dfrac{1}{1-x}-\dfrac{3}{1-x^3}\right)$.(7 分)
知识总结 (20 分)	1. 总结极限的运算法则.(5 分) 2. 总结“$\dfrac{0}{0}$”型未定式极限的求法.(5 分) 3. 总结“$\dfrac{\infty}{\infty}$”型未定式极限的求法.(5 分) 4. 总结“$\infty-\infty$”型未定式极限的求法.(5 分)
课后任务 (15 分)	用圆的内接正多边形的面积逼近圆,求圆的面积,圆的半径为 1. (1)列出圆的内接正多边形面积的数列.(10 分) (2)圆的内接正多边形面积的数列与圆的面积的关系是什么?(5 分) 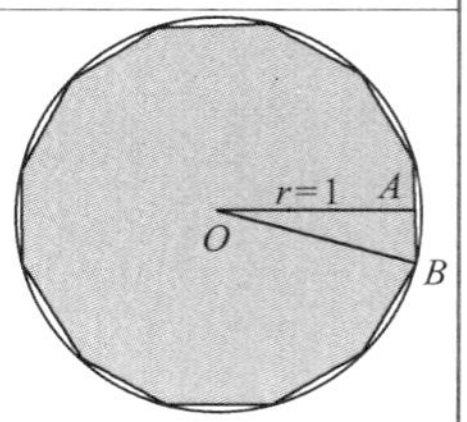

1.3 两个重要极限

姓名		学号		班级	

<table>
<tr><td rowspan="2">任务
得分</td><td>预习
(10 分)</td><td>课上任务
(25 分)</td><td>课堂练习
(42 分)</td><td>知识总结
(13 分)</td><td>课后任务
(10 分)</td><td>成绩</td></tr>
<tr><td></td><td></td><td></td><td></td><td></td><td></td></tr>
<tr><td>预习
(10 分)</td><td colspan="6">1. $\lim\limits_{x\to 0}\frac{\sin x}{x}=$______.(5 分)

2. $\lim\limits_{x\to\infty}\left(1+\frac{1}{x}\right)^{x}=$______.(5 分)</td></tr>
<tr><td>本节任务</td><td colspan="6">1. 求$\lim\limits_{x\to 1}\frac{\sin 2(x-1)}{x-1}$.　　2. 求$\lim\limits_{n\to\infty}2^{n}\sin\frac{3}{2^{n}}$.
3. $\lim\limits_{x\to\infty}\left(\frac{2x+c}{2x-c}\right)^{x}=e^{4}$,求 c 的值.</td></tr>
<tr><td>课上任务
(25 分)</td><td colspan="6">1. 求$\lim\limits_{x\to 1}\frac{\sin 2(x-1)}{x-1}$.(5 分)

2. 求$\lim\limits_{n\to\infty}2^{n}\sin\frac{3}{2^{n}}$.(5 分)

3. $\lim\limits_{x\to\infty}\left(\frac{2x+c}{2x-c}\right)^{x}=e^{4}$,求 c 的值.(15 分)</td></tr>
</table>

课堂练习（42分）	求下列极限.（42分，每小题7分） (1) $\lim\limits_{x\to 0}\dfrac{\sin 6x}{\sin 4x}$；　(2) $\lim\limits_{x\to\infty}x\sin\dfrac{2}{x}$； (3) $\lim\limits_{x\to 1}\dfrac{\sin(x^3-1)}{x^2-1}$；　(4) $\lim\limits_{x\to 0}x\cot x$； (5) $\lim\limits_{t\to 0^+}(1-t)^{\frac{1}{t}}$；　(6) $\lim\limits_{x\to\infty}\left(\dfrac{1+x}{x}\right)^{2x}$.
知识总结（13分）	1. 总结第一重要极限的类型和特点.（6分） 2. 总结第二重要极限的类型和特点.（7分）
课后任务（10分）	银行利息问题：（10分） 将本金 A_0 存入银行，年利率 r，则一年后本息之和为 $A_0+A_0r=A_0(1+r)$. 如果年利率仍为 r，但半年计一次利息，且利息不限，前期的本息和作为下期的本金再计算以后的利息，这样利息又生利息. 由于半年的利率为 $\dfrac{r}{2}$，故一年后本息之和为 $A_0\left(1+\dfrac{r}{2}\right)^2$. 如一年计息 n 次，则一年后本息之和为 $A_0\left(1+\dfrac{r}{n}\right)^n$. 如计算复利的次数无限增多，即 $n\to\infty$，则其极限成为连续复利，这时一年后的本息之和为 $A(r)=\lim\limits_{n\to\infty}A_0\left(1+\dfrac{r}{n}\right)^n=$ ________.

1.4 无穷小与无穷大

姓名		学号		班级	

任务得分	预习 (10 分)	课上任务 (25 分)	课堂练习 (40 分)	知识总结 (15 分)	课后任务 (10 分)	成绩

预习(10 分)

1. 我们学过哪些求极限的方法?(5 分)

2. 对于“$\frac{0}{0}$”型未定式的极限有哪几种求法?(5 分)

本节任务

1. 求:(1)$\lim\limits_{x\to 0}\left(\frac{1}{x}\sin x+x\sin\frac{1}{x}\right)$;　(2)$\lim\limits_{x\to \infty}\left(\frac{1}{x}\sin x+x\sin\frac{1}{x}\right)$.

2. 当 $x\to 0$ 时,x,x^2,$\sin x$ 趋于零的速度有何不同?怎么比较?

课上任务(25 分)

1. (1)$\lim\limits_{x\to 0}\left(\frac{1}{x}\sin x+x\sin\frac{1}{x}\right)$;(5 分)

(2)$\lim\limits_{x\to \infty}\left(\frac{1}{x}\sin x+x\sin\frac{1}{x}\right)$.(10 分)

2. 比较当 $x\to 0$ 时,x,x^2,$\sin x$ 趋于零的速度.(10 分)

<table>
<tr><td>课堂练习
（40 分）</td><td>1. 自变量 x 在怎样的变化过程中，下列函数为无穷小？（10 分）
(1) $y=\frac{1}{x^2}$；　(2) $y=2x-1$；　(3) $y=\frac{x^2-9}{x+3}$.

2. 自变量 x 在怎样的变化过程中，下列函数为无穷大？（10 分）
(1) $y=\frac{1}{2x-1}$；　(2) $y=e^x$；　(3) $y=\left(\frac{1}{2}\right)^x$.

3. 利用等价无穷小替换原理计算下列极限.
(1) $\lim\limits_{x\to 0}\frac{\tan nx}{\sin mx}$（$m$、$n$ 为常数，$m\neq 0$）；（5 分）

(2) $\lim\limits_{x\to 0}\frac{1-\cos ax}{\sin^2 x}$（$a$ 为常数）；（5 分）

(3) $\lim\limits_{x\to 0}\frac{e^{2x}-1}{\sin 3x}$；（5 分）　(4) $\lim\limits_{x\to 0}\frac{\ln(1-x)}{e^x-1}$.（5 分）</td></tr>
<tr><td>知识总结
（15 分）</td><td>1. 当 $x\to 0$ 时，常用的等价无穷小有哪些？（7 分）

2. 什么叫同阶无穷小、低阶无穷小、高阶无穷小及等价无穷小？（8 分）</td></tr>
<tr><td>课后任务
（10 分）</td><td>1. 求极限 $\lim\limits_{x\to 0}\frac{(1-\cos\sqrt{x})\ln(1+x)}{\sqrt{1+x^2}-1}$.（5 分）

2. 在无穷小的等价代换中，$\alpha\sim\alpha'$，$\beta\sim\beta'$，则 $\lim(\alpha-\beta)\sim\lim(\alpha'-\beta')$ 对吗？为什么？（5 分）</td></tr>
</table>

1.5 函数的连续性

<table>
<tr><td>姓名</td><td colspan="2"></td><td>学号</td><td colspan="2"></td><td>班级</td><td></td></tr>
<tr><td rowspan="2">任务
得分</td><td>预习
（10 分）</td><td>课上任务
（25 分）</td><td>课堂练习
（35 分）</td><td>知识总结
（15 分）</td><td>课后任务
（15 分）</td><td colspan="2">成绩</td></tr>
<tr><td></td><td></td><td></td><td></td><td></td><td colspan="2"></td></tr>
<tr><td>预习
（10 分）</td><td colspan="7">自然界中有许多现象都是在连续不断地运动和变化的，你能举出一些这样例子吗？这些现象的特点是什么？你能用数学语言来描述这种现象吗？（10 分）</td></tr>
<tr><td>本节任务</td><td colspan="7">讨论函数 $f(x)=\begin{cases}-x+1; & x\leqslant 0\\ x-1; & x>0\end{cases}$ 在 $x=0$ 处的连续性．若有间断点，是什么类型的间断点？</td></tr>
<tr><td>课上任务
（25 分）</td><td colspan="7">1. 求 $\lim\limits_{x\to 0^-} f(x)$．（5 分）

2. 求 $\lim\limits_{x\to 0^+} f(x)$．（5 分）

3. 求函数 $f(x)$ 在 $x=0$ 处是否连续？$x=0$ 是什么类型的间断点？（15 分）</td></tr>
</table>

<table>
<tr><td>课堂练习
(35分)</td><td>1. 讨论函数 $g(x)=\begin{cases}1+\cos x; & x<\frac{\pi}{2}\\ \sin x; & x\geqslant\frac{\pi}{2}\end{cases}$ 在 $\frac{\pi}{2}$ 处的连续性.(10分)

2. 求下列函数的间断点,并判断其类型.
(1) $f(x)=\frac{\sin x}{x}$;(5分)　　(2) $f(x)=\frac{1}{(x-1)^2}$;(5分)
(3) $f(x)=\begin{cases}x^2, & 0\leqslant x\leqslant 1\\ x+1, & x>1\end{cases}$;(10分)　　(4) $f(x)=\sin\frac{1}{x}$.(5分)</td></tr>
<tr><td>知识总结
(15分)</td><td>1. 如何判断函数在某点处是否连续?(5分)

2. 如何判断间断点的类型?(5分)

3. 如何判断方程根的范围?(5分)</td></tr>
<tr><td>课后任务
(15分)</td><td>1. 设函数 $f(x)=\begin{cases}e^x; & x<0\\ x+a; & x\geqslant 0\end{cases}$,常数 a 为何值时,函数 $f(x)$ 在 $(-\infty,+\infty)$ 内连续.(5分)

2. 证明方程 $x=2\sin x+1$ 至少有一个正根小于3.(10分)</td></tr>
</table>

2.1 导数的概念

<table>
<tr><td>姓名</td><td colspan="2"></td><td>学号</td><td></td><td>班级</td><td></td></tr>
<tr><td rowspan="2">任务得分</td><td>预习
(10分)</td><td>课上任务
(30分)</td><td>课堂练习
(30分)</td><td>知识总结
(15分)</td><td>课后任务
(15分)</td><td>成绩</td></tr>
<tr><td></td><td></td><td></td><td></td><td></td><td></td></tr>
<tr><td>预习
(10分)</td><td colspan="6">常见的求极限的方法有哪些？(至少列举两种)(10分)</td></tr>
<tr><td>本节任务</td><td colspan="6">在高速公路上给一辆汽车拍照，曝光时间非常短，因此并不模糊，你甚至不能分辨那辆车是不是在动．那么，拍照时汽车的速度有多快？如何求拍照时汽车的实际速度呢？</td></tr>
<tr><td>课上任务
(30分)</td><td colspan="6">假设有一质点做变速直线运动，以它运动的直线为数轴，则在质点运动过程中，对于每一时刻 t，质点的相应位置可以用数轴上的一个坐标点 s 表示，即 t 与 s 之间存在着函数关系：$s=s(t)$．
当时间 t 在时刻 t_0 获得增量 Δt 时，则质点的位置函数 $s(t)$ 的增量
$\Delta s=$____________________(10分)

质点在 t_0 到 $t_0+\Delta t$ 这段时间内的平均速度
$\overline{v}=\dfrac{\Delta s}{\Delta t}=$____________________(10分)

质点在时刻 t_0 的瞬时速度
$v(t_0)=\lim\limits_{\Delta t\to 0}\overline{v}=$____________________(10分)</td></tr>
</table>

<table>
<tr><td>课堂练习
(30分)</td><td>1. 设 $f'(x_0)$ 存在,则 $\lim\limits_{\Delta x \to 0} \dfrac{f(x_0)-f(x_0-\Delta x)}{\Delta x} =$ ________. (5分)

2. 设 $f(x)$ 在点 $x=0$ 处可导,且 $f(0)=0$,则 $\lim\limits_{x \to 0} \dfrac{f(x)}{x} =$ ________. (5分)

3. 设 $f(x)=\cos x$,求 $f'\left(\dfrac{\pi}{2}\right)$,$f'(\pi)$. (10分)

4. 求曲线 $y=e^x+x$ 在点(0,1)处的切线方程. (10分)</td></tr>
<tr><td>知识总结
(15分)</td><td>1. 根据定义写出求导数的一般步骤. (10分)
(1)
(2)
(3)

2. 导数的几何意义是什么? (5分)</td></tr>
<tr><td>课后任务
(15分)</td><td>(求瞬时速度)在测试一辆汽车的性能时发现,汽车行驶的距离 s(单位:m)与时间 t(单位:s)满足 $s=5t^2+1$,求汽车在 $t=4$ s时的瞬时速度. (15分)
提示:结合导数定义仿照课上任务求解.</td></tr>
</table>

2.2 导数的运算

<table>
<tr><td>姓名</td><td></td><td>学号</td><td></td><td>班级</td><td colspan="2"></td></tr>
<tr><td rowspan="2">任务得分</td><td>预习
(15 分)</td><td>课上任务
(20 分)</td><td>课堂练习
(30 分)</td><td>知识总结
(20 分)</td><td>课后任务
(15 分)</td><td>成绩</td></tr>
<tr><td></td><td></td><td></td><td></td><td></td><td></td></tr>
<tr><td>预习
(15 分)</td><td colspan="6">1. 基本初等函数有哪六类？分别写出其对应的函数形式？(10 分)

2. 什么是初等函数？试举例(至少 2 个)说明.(5 分)</td></tr>
<tr><td>本节任务</td><td colspan="6">某质点做直线运动,位移与时间的函数关系为 $s=t^3+t$,求：
(1)速度函数 $v(t)$；
(2)$t=3$ 时的瞬时速度；
(3)速度为 49 的时刻.</td></tr>
<tr><td>课上任务
(20 分)</td><td colspan="6">1. 问题转化.(10 分)
运动函数中某时刻的速度是该时刻位移 s 关于时间 t 的瞬时变化率,因此,求任意时刻的速度函数,就是求位移对时间的导数,即________________.(写出导数表达式)

2. 回归问题,结合导数基本公式及求导法则完成本节任务.(10 分)</td></tr>
</table>

课堂练习 (30 分)	求下列函数的导数.(30 分,每小题 5 分) (1) $y=2^x+x^2+\ln 2$; (2) $y=2\sqrt{x}-\frac{1}{x}+7\sqrt{5}$; (3) $y=\sqrt{x}\arctan x$; (4) $y=\frac{\sin x}{1+\cos x}$; (5) $y=\ln\sin x$; (6) $y=\arctan e^x$.
知识总结 (20 分)	1. 写出基本初等函数的求导公式.(10 分) 2. 写出导数的四则运算法则.(10 分)
课后任务 (15 分)	(广告对销售的影响)已知某广告公司的广告花费 x(千元)与其总销售额 $S(x)$ 的关系是:$S(x)=-0.02x^3+0.8x^2+x+600$,问广告费为 10 万元时,销售额的增长率是多少?(15 分)

2.3 隐函数及参数方程确定的函数的导数

<table>
<tr><td>姓名</td><td colspan="2"></td><td>学号</td><td colspan="2"></td><td>班级</td><td></td></tr>
<tr><td rowspan="2">任务得分</td><td>预习（15 分）</td><td>课上任务（20 分）</td><td>课堂练习（30 分）</td><td>知识总结（20 分）</td><td>课后任务（15 分）</td><td colspan="2">成绩</td></tr>
<tr><td></td><td></td><td></td><td></td><td></td><td colspan="2"></td></tr>
<tr><td>预习（15 分）</td><td colspan="7">1. 什么是显函数？（5 分）

2. 什么是隐函数？（5 分）

3. 什么是由参数方程确定的函数？（5 分）</td></tr>
<tr><td>本节任务</td><td colspan="7">求椭圆$\frac{x^2}{16}+\frac{y^2}{9}=1$在点$\left(2,\frac{3}{2}\sqrt{3}\right)$处的切线方程.</td></tr>
<tr><td>课上任务（20 分）</td><td colspan="7">1. 求曲线上某点处的切线方程的关键是求出切线的__________.（5 分）因此要求出该点的__________.（5 分）

2. 用前面学过的知识求函数的导数比较麻烦，因此考虑隐函数求导法.（10 分）</td></tr>
</table>

<table>
<tr><td>课堂练习
（30 分）</td><td>1. 求由下列方程确定的隐函数 $y=y(x)$ 的导数.（10 分，每小题 5 分）
（1）$\sqrt{x}+\sqrt{y}=\sqrt{a}\ (a>0)$；　　（2）$y\sin x-\cos(x-y)=0$.

2. 用对数求导法求函数 $y=(1+\cos x)^{\frac{1}{x}}$ 的导数.（10 分）

3. 求参数式函数 $\begin{cases}x=t\cos t\\y=t\sin t\end{cases}$ 的导数.（10 分）</td></tr>
<tr><td>知识总结
（20 分）</td><td>1. 写出求隐函数导数的基本步骤.（7 分）

2. 写出对数求导法的基本步骤.（7 分）

3. 写出求由参数方程确定的函数的导数的基本步骤.（6 分）</td></tr>
<tr><td>课后任务
（15 分）</td><td>已知抛射体的运动轨迹的参数方程为 $\begin{cases}x=v_1t\\y=v_2t-\dfrac{1}{2}gt^2\end{cases}$，求抛射体在时刻 t 的运动速度的大小和方向.（15 分）</td></tr>
</table>

2.4 高阶导数

<table>
<tr><td>姓名</td><td colspan="2"></td><td>学号</td><td colspan="2"></td><td>班级</td><td></td></tr>
<tr><td rowspan="2">任务得分</td><td>预习（10 分）</td><td>课上任务（25 分）</td><td>课堂练习（40 分）</td><td>知识总结（10 分）</td><td>课后任务（15 分）</td><td colspan="2">成绩</td></tr>
<tr><td></td><td></td><td></td><td></td><td></td><td colspan="2"></td></tr>
<tr><td>预习（10 分）</td><td colspan="7">1. 什么是高阶导数？（5 分）

2. 如何求函数的高阶导数？（5 分）</td></tr>
<tr><td>本节任务</td><td colspan="7">已知物体运动规律为 $s=A\sin\omega t$（A，ω 是常数），求物体运动的加速度，并验证：$\frac{d^2s}{dt^2}+\omega^2s=0$.</td></tr>
<tr><td>课上任务（25 分）</td><td colspan="7">1. 物体运动的速度怎么表示？（5 分）

2. 物体运动的加速度怎么表示？（5 分）

3.（15 分）$\frac{ds}{dt}=$ ________
$\frac{d^2s}{dt^2}=$ ________

验证：$\frac{d^2s}{dt^2}+\omega^2s=0$.</td></tr>
</table>

课堂练习（40分）	1. 求下列各函数的二阶导数.（20分，每小题10分） (1) $y=\frac{1}{x}+2^x$；　　(2) $y=x\ln^2 x$. 2. 求下列函数的 n 阶导数.（20分，每小题10分） (1) $y=x\ln x$；　　(2) $y=x\mathrm{e}^x$.
知识总结（10分）	求高阶导数的方法有哪些？（10分）
课后任务（15分）	已知函数 $f(x)=x\ln x$，求 $f'(\mathrm{e}^2)$，$f''(\mathrm{e}^2)$.（15分）

2.5 函数的微分

<table>
<tr><td>姓名</td><td colspan="2"></td><td>学号</td><td colspan="2"></td><td>班级</td></tr>
<tr><td rowspan="2">任务得分</td><td>预习
(10 分)</td><td>课上任务
(20 分)</td><td>课堂练习
(40 分)</td><td>知识总结
(15 分)</td><td>课后任务
(15 分)</td><td>成绩</td></tr>
<tr><td></td><td></td><td></td><td></td><td></td><td></td></tr>
<tr><td>预习
(10 分)</td><td colspan="6">1. 什么是函数的增量?(写出定义和表达式)(5 分)

2. 什么是函数的微分?(写出定义)(5 分)</td></tr>
<tr><td>本节任务</td><td colspan="6">一块正方形金属薄片受温度变化影响,其边长由 x_0 变化到 $x_0+\Delta x$ 时,面积 A 改变了多少?</td></tr>
<tr><td>课上任务
(20 分)</td><td colspan="6">1. 面积 A 与边长 x 之间的函数关系为:(5 分)

2. 当边长由 x_0 变化到 $x_0+\Delta x$ 时,面积 A 的增量 $\Delta A=$ ______________.(5 分)

3. 当 $\Delta x\to 0$ 时,__________是比 Δx 更高阶的无穷小 $o(\Delta x)$,因此 $\Delta A\approx$ ______________ ______________.(10 分)</td></tr>
</table>

课堂练习 （40 分）	1. 求下列函数的微分.（32 分，每小题 8 分） （1）$y=\frac{x}{1-x}$；　　（2）$y=(e^{x}+e^{-x})^{2}$； （3）$y=x\arctan x$；　　（4）$y=e^{\sin^{2}x}$. 2. 正方体的棱长为 10 m，如果棱长增加 0.1 m，求此正方体体积增加的精确值与近似值.（8 分）
知识总结 （15 分）	1. 写出函数在任意点处的微分、具体某点处的微分的计算公式.（10 分） 2. 微分的几何意义是什么？（5 分）
课后任务 （15 分）	1. 设 $\cos(x^{2}+y)=x$，求 dy.（7 分） 2. 根据微分近似计算 $\sqrt{4.2}$ 的值.（8 分）

3.1 微分中值定理与洛必达法则

<table>
<tr><td>姓名</td><td colspan="2"></td><td>学号</td><td colspan="2"></td><td>班级</td><td></td></tr>
<tr><td rowspan="2">任务得分</td><td>预习
(10 分)</td><td>课上任务
(25 分)</td><td>课堂练习
(40 分)</td><td>知识总结
(15 分)</td><td>课后任务
(10 分)</td><td colspan="2">成绩</td></tr>
<tr><td></td><td></td><td></td><td></td><td></td><td colspan="2"></td></tr>
<tr><td>预习
(10 分)</td><td colspan="7">1. 什么是导数？导数的基本求导法则有哪些？(3 分)

2. 基本求导公式有哪些？(3 分)

3. 求函数 $f(x)=\frac{3}{5-x}+\frac{x^2}{5}$ 在给定点处的导数，并求 $f'(0)$ 和 $f'(2)$.(4 分)</td></tr>
<tr><td>本节任务</td><td colspan="7">验证函数 $f(x)=x^2-2x-3$ 在区间 $[-1,3]$ 上满足罗尔定理的条件，并求出条件中的数值 c.</td></tr>
<tr><td>课上任务
(25 分)</td><td colspan="7">1. 验证:(10 分)

2. 条件中的数值 c:(15 分)</td></tr>
</table>

课堂练习（40分）	1. 用洛必达法则求下列极限.（20分，每小题5分） (1) $\lim\limits_{x\to a}\dfrac{\sin x-\sin a}{x-a}$；　　(2) $\lim\limits_{x\to 0}\dfrac{\tan x-x}{x-\sin x}$； (3) $\lim\limits_{x\to 1}\left(\dfrac{x}{x-1}-\dfrac{1}{\ln x}\right)$；　　(4) $\lim\limits_{x\to 1}\left(\dfrac{2}{x^2-1}-\dfrac{1}{x-1}\right)$. 2. 验证罗尔定理对函数 $f(x)=\dfrac{1}{1+x^2}$ 在区间 $[-2,2]$ 上的正确性.（10分） 3. 证明：当 $x>0$ 时，$\dfrac{x}{1+x}<\ln(1+x)<x$.（10分）
知识总结（15分）	1. 总结罗尔定理、拉格朗日中值定理、柯西中值定理的内容.（6分） 2. 总结 $\dfrac{0}{0}$ 型、$\dfrac{\infty}{\infty}$ 型未定式洛必达法则的内容.（4分） 3. 总结其他待定型：$0\cdot\infty$ 型、1^{∞} 型、∞^0 型、0^0 型、$\infty-\infty$ 型极限的求解思路.（5分）
课后任务（10分）	1. 不用求出函数 $f(x)=(x-1)(x-2)(x-3)(x-4)$ 的导数，说明方程 $f'(x)=0$ 有几个实根，并指出它们所在的区间.（5分） 2. 在使用洛必达法则时，应注意的问题有哪些？（5分）

3.2 函数的单调性

<table>
<tr><td>姓名</td><td colspan="2"></td><td>学号</td><td colspan="2"></td><td>班级</td><td></td></tr>
<tr><td rowspan="2">任务得分</td><td>预习（10分）</td><td>课上任务（25分）</td><td>课堂练习（40分）</td><td>知识总结（15分）</td><td>课后任务（10分）</td><td colspan="2">成绩</td></tr>
<tr><td></td><td></td><td></td><td></td><td></td><td colspan="2"></td></tr>
<tr><td>预习（10分）</td><td colspan="7">1. 分析函数 $y=x$、$y=x^2$、$y=\frac{1}{x}$ 的图像？（3分）

2. 用定义法证明函数单调性的一般步骤有哪些？（3分）

3. 讨论函数 $f(x)=x^{\frac{2}{3}}$ 的单调性.（4分）</td></tr>
<tr><td>本节任务</td><td colspan="7">已知函数 $f(x)=x^3+(1-a)x^2-a(a+2)x+b(a,b\in\mathbf{R})$
(1)若函数 $f(x)$ 的图像过原点，且在原点处切线的斜率是 -3，求 a、b 的值.
(2)若函数 $f(x)$ 在区间 $(-1,1)$ 上不单调，求 a 的取值范围.</td></tr>
<tr><td>课上任务（25分）</td><td colspan="7">(1)若函数 $f(x)$ 的图像过原点，且在原点处切线的斜率是 -3，求 a、b 的值.（10分）

(2)若函数 $f(x)$ 在区间 $(-1,1)$ 上不单调，求 a 的取值范围.（15分）</td></tr>
</table>

课堂练习 (40 分)	1. 填空题.(20 分,每小题 5 分) (1)设函数 $f(x)=e^{2x}+ax$ 在$(0,+\infty)$上单调递增,则实数 a 的取值范围为________; (2)若函数 $f(x)=2x^2-\ln x$ 在其定义域内的一个子区间$[k-1,k+1]$内不是单调函数,则实数 k 的取值范围是________; (3)若函数 $f(x)=\ln x+ax^2-2$ 在区间$\left(\frac{1}{2},2\right)$内存在单调递增区间,则实数 a 的取值范围是________; (4)函数 $y=\frac{x}{x+1}$的单调增加区间是________. 2. 设函数 $f(x)=x^3-3ax+b(a\neq 0)$. (1)若曲线 $y=f(x)$在点$(2,f(2))$处与直线 $y=8$ 相切,求 a、b 的值.(10 分) (2)求函数 $f(x)$的单调区间与极值点.(10 分)
知识总结 (15 分)	1. 总结函数 $f(x)$单调性的判定定理.(8 分) 2. 总结求可导函数 $f(x)$单调区间的求解步骤.(7 分)
课后任务 (10 分)	1. 思考区间内个别点导数为零,是否影响区间的单调性呢,并举例说明?(5 分) 2. 讨论函数 $f(x)=e^x-x-1$ 的单调性.(5 分)

3.3　函数的极值与最值

姓名		学号		班级		
任务得分	预习（10 分）	课上任务（25 分）	课堂练习（40 分）	知识总结（15 分）	课后任务（10 分）	成绩
预习（10 分）	1. 函数 $f(x)$单调性的判定定理内容是什么？（3 分） 2. 设函数 $f(x)=2\ln x-x^2+2$， （1）求函数 $f(x)$的单调区间.（3 分） （2）证明方程 $f(x)=0$ 有两个不同的实根.（4 分）					
本节任务	某厂每批生产某种产品 x 单位所需的费用（成本）为 $C(x)=5x+200$（元），得到的收益 $R(x)=955x-\frac{5}{2}x^2$（元），问每批生产多少单位的产品时，才能使利润最大.					
课上任务（25 分）	（7 分）利润 $L(x)$为： （8 分）$L'(x)=$ （10 分）每批生产__________单位的产品时，才能使利润最大.					
课堂练习（40 分）	1. 填空题.（10 分，每小题 5 分） （1）函数 $z=x^3+y^3-6xy$ 的驻点为________； （2）函数 $y=x+\sqrt{1-x}$ 在区间 $[-5,1]$ 的最大值点为________.					

课堂练习（40 分）	2. 求函数 $y=2x+3\sqrt[3]{x^2}$ 的单调区间和极值.（10 分） 3. 求函数 $y=2x^2-x^4+6$ 的极值.（10 分） 4. 某种窗户的截面是矩形加半圆，窗口周长 c 一定，半圆的半径取何值时，截面面积最大？（10 分）
知识总结（15 分）	1. 总结极值的第一判别法内容.（5 分） 2. 总结极值的第二判别法内容.（5 分） 3. 总结函数的最值求解步骤有哪些？（5 分）
课后任务（10 分）	1. 判断若 $f(x)$ 在区间 (a,b) 内仅有一个驻点，则该点一定是函数的极值点吗？（5 分） 2. 生产 x 台黑白电视机的成本为 $C(x)=5\ 000+250x-\frac{1}{100}x^2$，收入是 $R(x)=400x-\frac{2}{100}x^2$，假设生产的所有电视机都能售出，应该生产多少台电视机才能获利最大？（5 分）

3.4 函数作图法

<table>
<tr><td>姓名</td><td colspan="2"></td><td>学号</td><td colspan="2"></td><td>班级</td><td></td></tr>
<tr><td rowspan="2">任务得分</td><td>预习
(10 分)</td><td>课上任务
(25 分)</td><td>课堂练习
(40 分)</td><td>知识总结
(15 分)</td><td>课后任务
(10 分)</td><td colspan="2">成绩</td></tr>
<tr><td></td><td></td><td></td><td></td><td></td><td colspan="2"></td></tr>
<tr><td>预习
(10 分)</td><td colspan="7">1. 判断:“设 x_1,x_2 分别是函数 $f(x)$的极大值点和极小值点,则必有 $f(x_1)>f(x_2)$.”是否正确?(5 分)

2. 设函数 $f(x)=a\ln x+bx^2+x$ 在 $x_1=1$ 和 $x_2=2$ 处有极值. 试确定 a 与 b 的值,并确定 $f(x)$在 x_1 和 x_2 处是取极大值还是极小值.(5 分)</td></tr>
<tr><td>本节任务</td><td colspan="7">描绘函数 $f(x)=\dfrac{x^3-3x^2+3x+1}{x-1}$的图像.</td></tr>
<tr><td>课上任务
(25 分)</td><td colspan="7">(6 分)函数 $f(x)$的一阶导数:

(6 分)函数 $f(x)$的二阶导数:

(6 分)令 $f'(x)=0$,解得:

(7 分)令 $f''(x)=0$,解得:</td></tr>
</table>

课堂练习 (40分)	1. 选择题.(10分,每小题5分) (1)函数 $y=x^3+1$ 在区间 $(0,+\infty)$ 内( ); A. 上升凸 B. 上升凹 C. 下降凸 D. 下降凹 (2)曲线 $y=x+x^{\frac{5}{3}}$ 在区间( )内是凸的 A. $(-\infty,0)$ B. $(0,+\infty)$ C. $(-\infty,+\infty)$ D. 以上都不对 2. 求 $y=xe^{-x}$ 的凹凸区间和拐点.(10分) 3. 判断曲线 $y=\ln x$ 的凹凸性.(10分) 4. 判断曲线 $y=x^3$ 的凹凸性.(10分)
知识总结 (15分)	1. 总结曲线的凹凸性及其判别方法.(3分) 2. 总结曲线的拐点及其求法.(3分) 3. 总结曲线的渐近线的种类.(4分) 4. 总结描绘函数图像的步骤.(5分)
课后任务 (10分)	设某产品的需求函数为 $x=125-5P$,若生产该产品的固定成本为100(百元),多生产一个产品成本增加2(百元),工厂产销平衡,问如何定价: (1)使工厂获最大利润?(5分) (2)最大利润是多少?(5分)

4.1 不定积分的概念

<table>
<tr><td>姓名</td><td></td><td>学号</td><td></td><td>班级</td><td></td></tr>
</table>

<table>
<tr><td rowspan="2">任务
得分</td><td>预习
（10 分）</td><td>课上任务
（25 分）</td><td>课堂练习
（40 分）</td><td>知识总结
（15 分）</td><td>课后任务
（10 分）</td><td>成绩</td></tr>
<tr><td></td><td></td><td></td><td></td><td></td><td></td></tr>
<tr><td>预习
（10 分）</td><td colspan="6">1. 列举概念或运算上利用互逆型思想的例子？（3 分）

2. 导数的几何意义是什么？（3 分）

3. 求函数 $y=\sin x-\cos x$ 的一阶导数.（4 分）</td></tr>
<tr><td>本节任务</td><td colspan="6">已知曲线 $y=f(x)$ 在任一点 x 处的切线斜率为 $2x$，且曲线通过点(1,2)，求该曲线的方程？</td></tr>
<tr><td>课上任务
（25 分）</td><td colspan="6">（5 分）根据题意知：

（5 分）即 $f(x)$ 是 $2x$ 的一个原函数，从而

（7 分）由曲线通过点(1,2)得：

（8 分）综上，所求曲线方程为：</td></tr>
</table>

<table>
<tr><td>课堂练习
(40分)</td><td>1. 填空题.(20分,每小题5分)
(1)函数 x^2 的原函数是________;
(2)函数 x^2 是函数________的原函数;
(3)若 e^x 是 $f(x)$ 的原函数,则 $\int x^2 f(\ln x)\,dx=$ ________;
(4)已知 e^{-x^2} 是 $f(x)$ 的一个原函数,则 $f(\tan x)\sec^2 x\,dx=$ ________.
2. 一曲线过点 $(e^2,3)$,且任一点处切线的斜率等于该点横坐标的倒数,求该曲线的方程.(10分)
3. 求下列不定积分.(20分,每小题5分)
(1) $\int \frac{1}{x^2}dx$;　　(2) $\int \frac{1}{1+x^2}dx$;
(3) $\int \left(\frac{x}{2}+\frac{2}{x}\right)dx$;　　(4) $\int \frac{1}{\sin^2 x\cos^2 x}dx$.</td></tr>
<tr><td>知识总结
(15分)</td><td>1. 总结原函数与不定积分的概念.(3分)
2. 总结不定积分的几何意义.(4分)
3. 总结不定积分的基本公式.(4分)
4. 总结不定积分的性质.(4分)</td></tr>
<tr><td>课后任务
(10分)</td><td>1. 写出不定积分与被积函数的关系.(5分)
2. 对应写出不定积分的基本公式与求导公式.(5分)</td></tr>
</table>

4.2 换元积分法

姓名		学号		班级	

任务得分	预习（10 分）	课上任务（25 分）	课堂练习（40 分）	知识总结（15 分）	课后任务（10 分）	成绩

预习（10 分）	1. 不定积分的基本公式有哪些？（3 分） 2. 不定积分的性质有哪些？（3 分） 3. 求下列不定积分.（4 分，每小题 2 分） (1) $\int(x^2+2x-7)\mathrm{d}x$；　(2) $\int\tan^2 x\,\mathrm{d}x$.
本节任务	求下列不定积分. (1) $\int(2x+1)^{10}\mathrm{d}x$；　(2) $\int\frac{1}{1+\mathrm{e}^x}\mathrm{d}x$；　(3) $\int\frac{1}{x+\sqrt{x}}\mathrm{d}x$；　(4) $\int\frac{1}{\sqrt{x^2-a^2}}\mathrm{d}x$.
课上任务（25 分）	(1) $\int(2x+1)^{10}\mathrm{d}x$；（6 分） (2) $\int\frac{1}{1+\mathrm{e}^x}\mathrm{d}x$；（6 分） (3) $\int\frac{1}{x+\sqrt{x}}\mathrm{d}x$；（6 分） (4) $\int\frac{1}{\sqrt{x^2-a^2}}\mathrm{d}x$.（7 分）

课堂练习 (40 分)	1. 填空题.(凑成微分形式)(18 分,每小题 3 分) (1) $e^{-2x}dx=(\quad)d(\quad)$; (2) $\cos 2x\,dx=(\quad)d(\quad)$; (3) $\csc 3x\cot 3x\,dx=(\quad)d(\quad)$; (4) $\frac{\ln x}{x}dx=(\quad)d(\quad)$; (5) $\frac{1}{1+2x^2}dx=(\quad)d(\quad)$; (6) $\frac{1}{\sqrt{1-4x^2}}dx=(\quad)d(\quad)$. 2. 求使下列等式成立的常数 k.(18 分,每小题 3 分) (1) $dx=k\,d(1-2x)$; (2) $x\,dx=k\,d(x^2)$; (3) $\frac{1}{\sqrt{x}}dx=k\,d(\sqrt{x})$; (4) $\frac{2}{x^2}dx=k\,d\left(\frac{1}{x}-2\right)$; (5) $\sin 3x\,dx=k\,d(\cos 3x)$; (6) $\frac{1}{x}dx=k\,d(2-3\ln x)$. 3. 求不定积分 $\int e^{\sin x}\cos x\,dx$.(4 分)
知识总结 (15 分)	1. 总结分项积分法:利用积化和差、分式分项.(5 分) 2. 总结利用倍角公式、降低幂次求解不定积分的方法.(5 分) 3. 总结利用第二类换元法,被积函数中含有 $\sqrt{a^2-x^2}$、$\sqrt{x^2+a^2}$、$\sqrt{x^2-a^2}$ 的换元规律.(5 分)
课后任务 (10 分)	1. 除了基本积分表中的公式外,还能补充哪些积分公式?(5 分) 2. 求不定积分 $\int \frac{1}{\cos^2(a-bx)}dx$.(5 分)

4.3 分部积分法

<table>
<tr><td>姓名</td><td colspan="2"></td><td>学号</td><td colspan="2"></td><td>班级</td><td></td></tr>
<tr><td rowspan="2">任务得分</td><td>预习
(10 分)</td><td>课上任务
(25 分)</td><td>课堂练习
(40 分)</td><td>知识总结
(15 分)</td><td>课后任务
(10 分)</td><td colspan="2">成绩</td></tr>
<tr><td></td><td></td><td></td><td></td><td></td><td colspan="2"></td></tr>
<tr><td>预习
(10 分)</td><td colspan="7">1. 复合求导法则有哪些?(3 分)

2. 换元积分法的类型有哪些?(3 分)

3. 求不定积分 $\int x\cos x\,dx$.(4 分)</td></tr>
<tr><td>本节任务</td><td colspan="7">一质点做直线运动,已知其加速度 $a(t)=3t^2-\sin t$,若 $v(0)=2$,$s(0)=1$,求速度 v、位移 s 与时间 t 的关系.</td></tr>
<tr><td>课上任务
(25 分)</td><td colspan="7">1. 速度 v 与时间 t 的关系.(10 分)

2. 位移 s 与时间 t 的关系.(15 分)</td></tr>
<tr><td>课堂练习
(40 分)</td><td colspan="7">1. 填空题.(20 分,每小题 5 分)
(1) 计算 $\int x^2\ln x\,dx$,可设 $u=$ ________,$dv=$ ________;
(2) 计算 $\int e^{-x}\cos x\,dx$,可设 $u=$ ________,$dv=$ ________;
(3) 计算 $\int x^2\arctan x\,dx$,可设 $u=$ ________,$dv=$ ________;
(4) 计算 $\int x e^{-x}\,dx$,可设 $u=$ ________,$dv=$ ________.</td></tr>
</table>

课堂练习 (40 分)	2. 选择题.(10 分,每小题 5 分) (1) 设函数 $f(x)$ 具有连续的导数,则 $f(x)=($　　$)$; A. $\mathrm{d}\int f(x)\mathrm{d}x$　　B. $\int \mathrm{d}f(x)$　　C. $\frac{\mathrm{d}}{\mathrm{d}x}\int f(x)\mathrm{d}x$　　D. $f(x)\mathrm{d}x$ (2) 设 $f'\left(x\tan\frac{x}{2}\right)=1+x\tan\frac{x}{2}$,则 $f(x)=($　　$)$. A. $\frac{1}{2}x^2+x+C$　　B. $-\frac{1}{2}x^2+x$　　C. $\int(x\tan\frac{x}{2}+1)\mathrm{d}x$　　D. $\frac{1}{3}x^3+x$ 3. 求下列不定积分.(10 分,每小题 5 分) (1) $\int \ln(x^2+1)\mathrm{d}x$; (2) $\int x\cos\frac{x}{2}\mathrm{d}x$.
知识总结 (15 分)	1. 总结分部积分法公式.(6 分) 2. 总结选取 u 和 $\mathrm{d}v$ 一般遵循的原则.(9 分)
课后任务 (10 分)	1. 整理求不定积分的方法.(5 分) 2. 已知 $\frac{\sin x}{x}$ 是 $f(x)$ 的原函数,求 $\int xf'(x)\mathrm{d}x$.(5 分)

5.1 定积分的概念与性质

<table>
<tr><td>姓名</td><td colspan="2"></td><td>学号</td><td colspan="2"></td><td>班级</td><td></td></tr>
<tr><td rowspan="2">任务
得分</td><td>预习
（10 分）</td><td>课上任务
（25 分）</td><td>课堂练习
（40 分）</td><td>知识总结
（15 分）</td><td>课后任务
（10 分）</td><td colspan="2">成绩</td></tr>
<tr><td></td><td></td><td></td><td></td><td></td><td colspan="2"></td></tr>
<tr><td>预习
（10 分）</td><td colspan="7">1. 求解图形面积的一般方法？（5 分）

2. 求解 $y=\int_0^1 x\,\mathrm{d}x$.（5 分）</td></tr>
<tr><td>本节任务</td><td colspan="7">1. 求解曲边梯形面积？
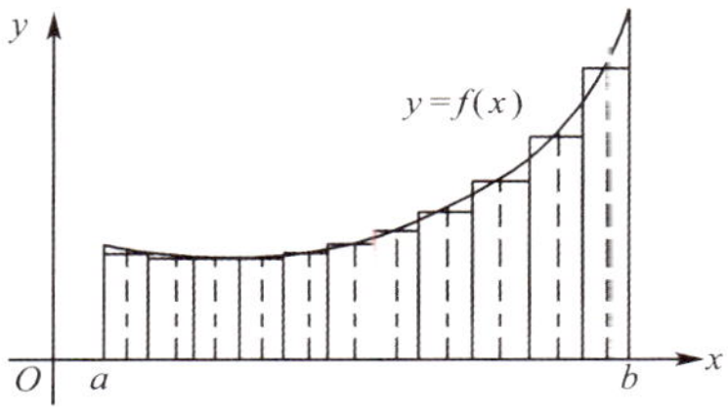

2. 求解变速直线运动的路程？
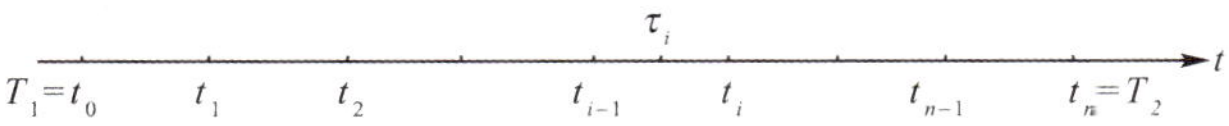
</td></tr>
<tr><td>课上任务
（25 分）</td><td colspan="7">1. 分割、近似、求和、取极限.（5 分）

2. 归纳定积分的概念.（5 分）

3. 定积分的几何意义.（8 分）

4. 定积分的性质.（7 分）</td></tr>
</table>

课堂练习 (40 分)	1. 证明$\int_a^b c\,dx = c(b-a)$，其中 c 为常数.(10 分) 2. 说明下列定积分的几何意义，并指出它们的值.(10 分，每小题 5 分) (1)$\int_1^2 x\,dx$ ；　　(2)$\int_{-r}^{r}\sqrt{r^2-x^2}\,dx$. 3. 比较下列各对定积分值的大小.(20 分，每小题 10 分) (1)$\int_0^1 x\,dx$ 与$\int_0^1 x^2\,dx$；　　(2)$\int_1^2 \ln x\,dx$ 与$\int_1^2 \ln^2 x\,dx$.
知识总结 (15 分)	1. 总结求解曲边梯形面积与变速直线运动路程的基本方法.(5 分) 2. 总结定积分的概念.(5 分) 3. 总结定积分的基本性质.(5 分)
课后任务 (10 分)	1. 定积分和面积之间的关系是什么？(5 分) 2. 叙述求定积分的规则，尝试举例说明？(5 分)

5.2 微积分基本公式

<table>
<tr><td>姓名</td><td colspan="2"></td><td>学号</td><td></td><td>班级</td><td></td></tr>
<tr><td rowspan="2">任务得分</td><td>预习
(10分)</td><td>课上任务
(25分)</td><td>课堂练习
(40分)</td><td>知识总结
(15分)</td><td>课后任务
(10分)</td><td>成绩</td></tr>
<tr><td></td><td></td><td></td><td></td><td></td><td></td></tr>
<tr><td>预习
(10分)</td><td colspan="6">1. 求解 $y=\int_0^1 (x+1)\mathrm{d}x$ 的定积分.(5分)

2. 求解 $y=\int_0^1 x^2\mathrm{d}x$ 的定积分.(5分)</td></tr>
<tr><td>本节任务</td><td colspan="6">1. 求变上限积分及微积分学基本原理.
2. 推导认识牛顿-莱布尼茨公式.</td></tr>
<tr><td>课上任务
(25分)</td><td colspan="6">1. 引入变上限积分函数,通过几何意义理解 $\Phi(x)=\int_a^x f(t)\mathrm{d}t$,$x\in[a,b]$.(5分)
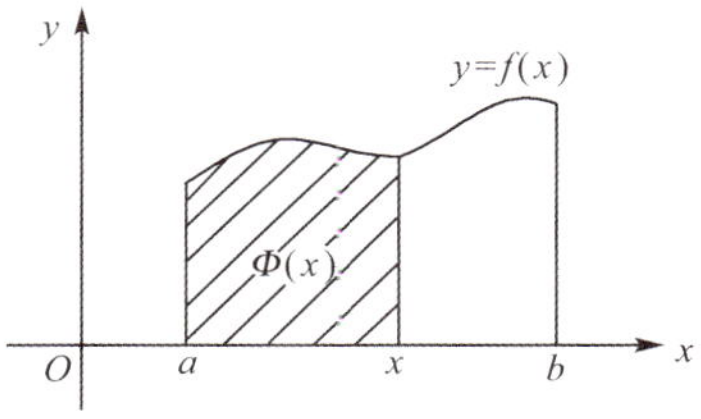

2. 计算 $\Phi(x)=\int_a^x \mathrm{e}^{t^2}\mathrm{d}t$,求 $\Phi'(0)$.(7分)

3. 引入牛顿-莱布尼茨公式.(5分)

4. 求定积分 $\int_{-1}^1 \frac{1}{1+x^2}\mathrm{d}x$.(8分)</td></tr>
</table>

课堂练习（40 分）	1. 求导数$\frac{d}{dx}\int_0^{x^2}\sin(t^2)dt$.（10 分） 2. 求定积分$\int_0^{\frac{\pi}{2}}\cos x\,dx$.（10 分） 3. 求定积分$\int_1^2\left(x+\frac{1}{x}\right)^2dx$.（10 分） 4. 求定积分$\int_{\frac{\pi}{4}}^{\frac{\pi}{3}}\frac{dx}{\sin x\cos x}$.（10 分）
知识总结（15 分）	1. 总结积分上限函数的几何意义.（7 分） 2. 总结牛顿-莱布尼茨公式.（8 分）
课后任务（10 分）	1. 求$\lim\limits_{x\to 0}\frac{\int_0^x\ln(1+t)dt}{\sin x\tan x}$.（5 分） 2. 总结牛顿-莱布尼茨公式是如何引导联系定积分与不定积分的相关关系的？（5 分）

5.3 定积分的积分方法

姓名		学号		班级	

任务得分	预习（10 分）	课上任务（25 分）	课堂练习（40 分）	知识总结（15 分）	课后任务（10 分）	成绩

预习（10 分）

运用前期已掌握知识，使用两种方法求解求解定积分。$\int_0^4 \frac{dx}{1+\sqrt{x}}$.（10 分）

解法 1：

解法 2：

本节任务

1. 如何求解定积分的两类换元积分法？
2. 如何求解被积函数是两类函数乘积项的定积分？

课上任务（25 分）

1. 联系不定积分基本运算，推导定积分的换元积分法.（5 分）

设函数 $f(x)$在区间$[a,b]$上连续，变换 $x=\varphi(t)$满足：

(1)$\varphi(\alpha)=a,\varphi(\beta)=b$；(2)在区间$[\alpha,\beta]$(或$[\beta,\alpha]$)上 $\varphi(t)$单调且有连续的导数，则有

$$\int_a^b f(x)dx = \int_\alpha^\beta f[\varphi(t)]\varphi'(t)dt.$$

2. 利用换元积分法计算$\int_0^{\sqrt{3}} x\sqrt{x^2+1}dx$.（7 分）

3. 联系不定积分基本运算，推导定积分的分部积分法.（5 分）

设 $u(x),v(x)$ 在$[a,b]$ 上有连续导数，则有

$$\int_a^b u dv = uv\Big|_a^b - \int_a^b v du.$$

上式就是定积分的分部积分法公式.

4. 利用分部积分法计算$\int_0^{\frac{\pi}{2}} x\cos x dx$.（8 分）

课堂练习 (40分)	1. 求定积分$\int_0^2 \sqrt{4-x^2}\,dx$.(10分) 2. 求定积分$\int_0^{\frac{\pi}{2}} \cos^5 x \sin x\,dx$.(10分) 3. 求定积分$\int_0^1 x \arctan x\,dx$.(10分) 4. 求定积分$\int_0^{\frac{\pi}{2}} e^x \cos x\,dx$.(10分)
知识总结 (15分)	1. 总结定积分的两类换元积分法.(7分) 2. 总结定积分的分部积分法.(8分)
课后任务 (10分)	1. 如何对定积分使用换元积分法,举例说明?(5分) 2. 总结已掌握的求定积分的运算规则,分条列出.(5分)

5.4 定积分的几何应用

<table>
<tr><td>姓名</td><td colspan="2"></td><td>学号</td><td></td><td>班级</td><td></td></tr>
<tr><td rowspan="2">任务得分</td><td>预习
(10 分)</td><td>课上任务
(25 分)</td><td>课堂练习
(40 分)</td><td>知识总结
(15 分)</td><td>课后任务
(10 分)</td><td>成绩</td></tr>
<tr><td></td><td></td><td></td><td></td><td></td><td></td></tr>
<tr><td>预习
(10 分)</td><td colspan="6">求由抛物线 $y^2=x$, $y=x^2$ 所围成的图形的面积.(10 分)</td></tr>
<tr><td>本节任务</td><td colspan="6">1. 理解掌握定积分的微元法.
2. 求解平面图形的面积.
3. 求解旋转体的体积.</td></tr>
<tr><td>课上任务
(25 分)</td><td colspan="6">1. 微元法的由来:(5 分)
设平面图形由上、下两条曲线 $y=f_1(x)$, $y=f_2(x)$ 及直线 $x=a$, $x=b$ 所围成,并且在 $[a,b]$ 上 $f_1(x)\geqslant f_2(x)$.
面积微元: $dA=[f_1(x)-f_2(x)]dx$;
面积: $A=\int_a^b[f_1(x)-f_2(x)]dx$.
同理可推得 Y 型域的面积求法.
面积微元:
面积:
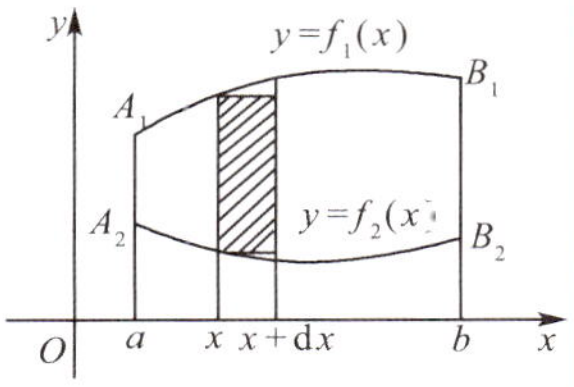

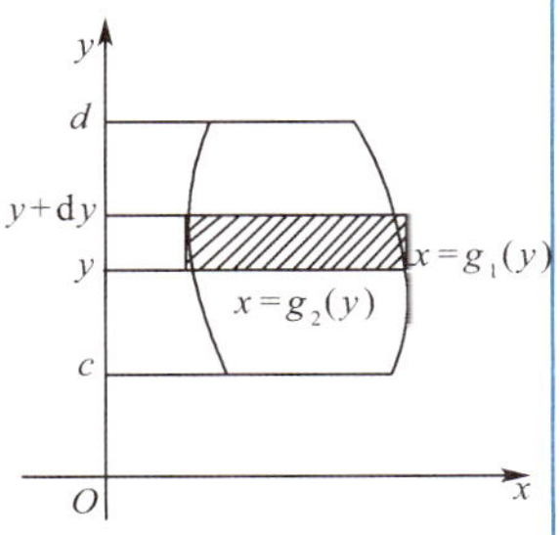
</td></tr>
</table>

2. 求由抛物线 $y=x^2$ 与直线 $y=2x$ 所围图形的面积.(10 分)

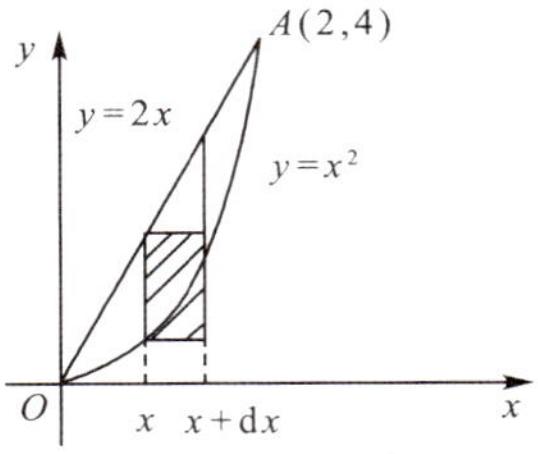

课上任务
(25 分)

3.旋转体体积元素的取法:

用微元法,先确定旋转体的体积 V 的微元 dV. 取 x 作为积分变量,在它的变化区间$[a,b]$上任取一个小区间$[x,x+dx]$,以小区间$[x,x+dx]$为底的小曲边梯形绕 x 轴旋转一周可生成一个薄片形的旋转体. 体积可用一个与它同底的小矩形绕 x 轴旋转一周所得圆柱体的体积近似代替. 于是得 $dV=\pi[f(x)]^2dx$,从而可得旋转体的体积为

$$V=\pi\int_{c}^{L}[f(x)]^2dx.$$

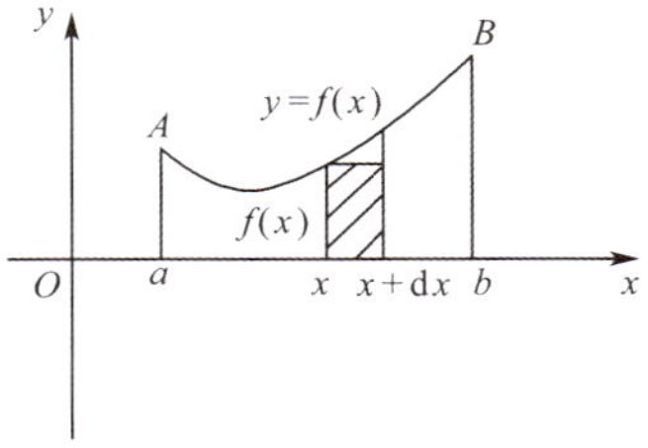

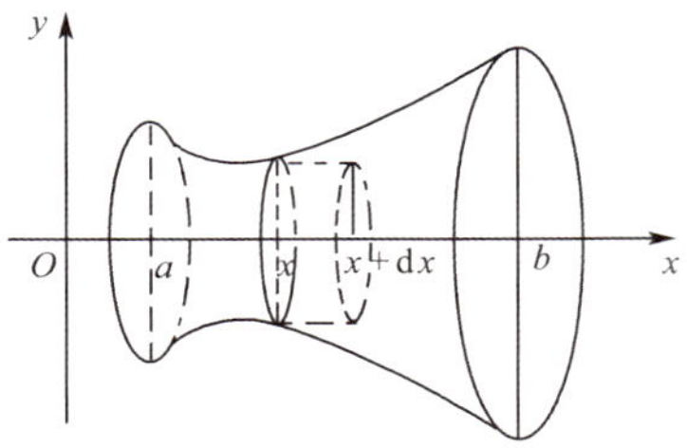

4.求由曲线 $xy=a(a>0)$与直线 $x=a$,$x=2a$ 及 x 轴围成的图形绕 x 轴旋转所成旋转体的体积.(10 分)

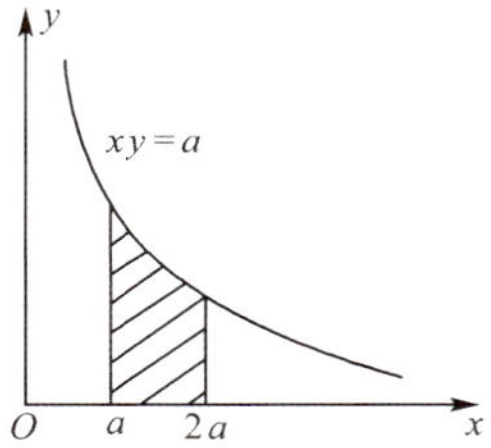

课堂练习 (40 分)	1. 计算抛物线 $y^2=2x$ 与直线 $x-y=4$ 所围平面图形的面积.(15 分) 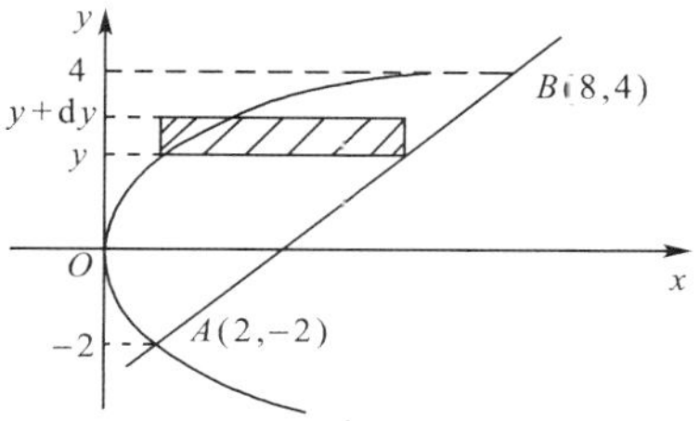 2. 求椭圆 $\frac{x^2}{a^2}+\frac{y^2}{b^2}=1$ 所围图形的面积.(15 分) 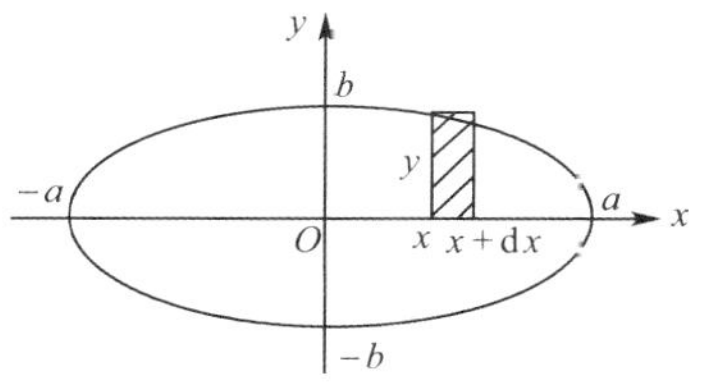

课堂练习 (40分)	3. 求由椭圆$\frac{x^2}{a^2}+\frac{y^2}{b^2}=1$围成的图形绕$y$轴旋转而成的旋转椭球体的体积.(10分) 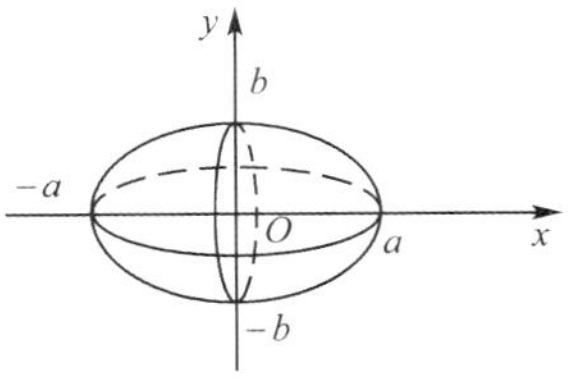 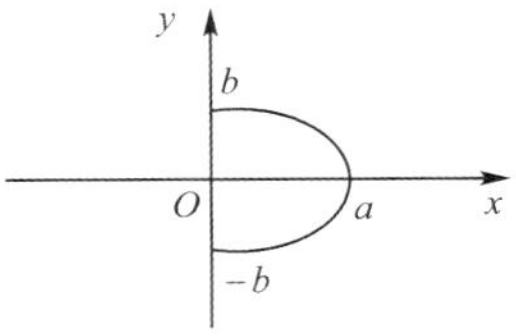
知识总结 (15分)	1. 总结求平面图形面积的方法.(5分) 2. 总结求旋转体体积的方法.(10分)
课后任务 (10分)	如何定义和计算两个连续函数图像间区域的面积,并举例说明.(10分)

5.5 无穷区间上反常积分

<table>
<tr><td>姓名</td><td colspan="2"></td><td>学号</td><td colspan="2"></td><td>班级</td></tr>
<tr><td rowspan="2">任务
得分</td><td>预习
(10 分)</td><td>课上任务
(25 分)</td><td>课堂练习
(40 分)</td><td>知识总结
(15 分)</td><td>课后任务
(10 分)</td><td>成绩</td></tr>
<tr><td></td><td></td><td></td><td></td><td></td><td></td></tr>
<tr><td>预习
(10 分)</td><td colspan="6">1. 总结无穷限反常积分的不同类型.(5 分)

2. 计算$\int_0^{+\infty}\frac{\arctan x}{1+x^2}dx$.(5 分)</td></tr>
<tr><td>本节任务</td><td colspan="6">1. 了解反常积分的概念与敛散性.
2. 求解反常积分.</td></tr>
<tr><td>课上任务
(25 分)</td><td colspan="6">1. 计算反常积分$\int_{-\infty}^{0}\cos x\,dx$.(10 分)

2. 计算反常积分$\int_1^{+\infty}\frac{dx}{x^2}$.(15 分)</td></tr>
</table>

课堂练习（40 分）	1. 计算反常积分$\int_{-\infty}^{0}\frac{\mathrm{d}x}{1-x}$.（20 分） 2. 计算反常积分$\int_{-\infty}^{+\infty}\frac{\mathrm{d}x}{1+x^2}$.（20 分）
知识总结（15 分）	1. 总结反常积分的概念与敛散性.（5 分） 2. 总结求反常积分的方法.（10 分）
课后任务（10 分）	举出反常积分在工程管理的一个实例，并求解.（10 分）

6.1 微分方程的基本概念

姓名		学号		班级	

任务得分	预习（10分）	课上任务（25分）	课堂练习（40分）	知识总结（15分）	课后任务（10分）	成绩

预习（10分）	推导自由落体运动中 h 与时间 t 之间的函数关系.（10分）
本节任务	1. 通过数学模型建立微分方程. 2. 总结归纳微分方程及解的概念.
课上任务（25分）	1. 已知一曲线过点(0,1)，且曲线上各点处的切线斜率等于该点横坐标，求该曲线的方程.（12分） 2. 火车以 v_0 m/s 的速度行驶，在到达某车站以前以等加速度 a m/s^2 刹车，求刹车后火车行驶的距离 s 与时间 t 的函数关系.（13分）

课堂练习（40分）	1. 已知一曲线过点(0,1)，且在曲线上任意一点 $M(x,y)$ 处的切线斜率等于 $2x^3$，求该曲线的方程.（20分） 2. 验证 $y=C_1\cos x+C_2\sin x$ 是微分方程 $y''+y=0$ 的通解，并求满足初始条件 $y\big\|_{x=0}=1$，$y'\big\|_{x=0}=1$ 的特解.（20分）
知识总结（15分）	1. 总结微分方程的概念.（7分） 2. 总结微分方程解的概念.（8分）
课后任务（10分）	1. 常微分方程是什么类型的方程？（5分） 2. 什么时候方程的解是一个函数？（5分）

6.2 一阶微分方程

<table>
<tr><td>姓名</td><td colspan="2"></td><td>学号</td><td colspan="2"></td><td>班级</td><td></td></tr>
<tr><td rowspan="2">任务得分</td><td>预习
(10分)</td><td>课上任务
(25分)</td><td>课堂练习
(40分)</td><td>知识总结
(15分)</td><td>课后任务
(10分)</td><td colspan="2">成绩</td></tr>
<tr><td></td><td></td><td></td><td></td><td></td><td colspan="2"></td></tr>
<tr><td>预习
(10分)</td><td colspan="7">假设设备在每一时刻由于磨损而价值损耗的速度与它的实际价格成正比.已知最初价格为 R_0，试求 t 年后的价格 $R(t)$.(10分)</td></tr>
<tr><td>本节任务</td><td colspan="7">1.求解可分离变量的微分方程.
2.求解一阶线性微分方程.</td></tr>
<tr><td>课上任务
(25分)</td><td colspan="7">1.如果一阶微分方程经过适当变形，可以化为如下形式
$$g(y)\mathrm{d}y=f(x)\mathrm{d}x,$$
则称这样的微分方程为可分离变量微分方程.这类方程的具体解法为：
(1)分离变量，将方程变形成 $g(y)\mathrm{d}y=f(x)\mathrm{d}x$ 的形式；
(2)将分离变量后的方程两边分别对各自的自变量积分
$$\int g(y)\mathrm{d}y=\int f(x)\mathrm{d}x,$$
得到方程的通解 $G(y)=F(x)+C$，
其中 $G(y)$，$F(x)$ 分别是 $g(y)$，$f(x)$ 的一个原函数.
2. 求微分方程 $(1+x^2)y'=\arctan x$ 的通解.(10分)

3.形如 $\frac{\mathrm{d}y}{\mathrm{d}x}=\frac{Q(x)}{y}\mathrm{d}x-P(x)\mathrm{d}x$ 的一阶线性微分方程，可通过常数变易法求解.
4.求微分方程 $xy'+y=e^x$ 的通解.(15分)

</td></tr>
</table>

课堂练习（40 分）	1. 求微分方程 $y'-4xy=0$ 的通解.（10 分） 2. 求微分方程 $xy\mathrm{d}y+\mathrm{d}x=y^2\mathrm{d}x+y\mathrm{d}y$ 的通解.（10 分） 3. 求微分方程 $y'+y\cos x=\cos x$ 满足初始条件 $y\big\|_{x=0}=1$ 的特解.（10 分） 4. 放射性物质的衰变速率 $\frac{\mathrm{d}m}{\mathrm{d}t}$ 与该物质的质量 m 成正比，设该物质的初始质量为 m_0，求该放射性物质的半衰期 T（放射性元素衰减到初始质量的一半所花费的时间）.（10 分）
知识总结（15 分）	1. 总结可分离变量的微分方程的解法.（5 分） 2. 总结常数变易法.（5 分） 3. 总结一阶线性微分方程的解法.（5 分）
课后任务（10 分）	1. 复述可分离变量的微分方程的解法，并给出示例.（5 分） 2. 复述常数变易法的步骤与逻辑思路.（5 分）

6.3 二阶常系数线性微分方程

<table>
<tr><td>姓名</td><td colspan="2"></td><td>学号</td><td colspan="2"></td><td>班级</td><td></td></tr>
<tr><td rowspan="2">任务
得分</td><td>预习
(10 分)</td><td>课上任务
(25 分)</td><td>课堂练习
(40 分)</td><td>知识总结
(15 分)</td><td>课后任务
(10 分)</td><td colspan="2">成绩</td></tr>
<tr><td></td><td></td><td></td><td></td><td></td><td colspan="2"></td></tr>
<tr><td>预习
(10 分)</td><td colspan="7">1. 如何判别线性相关与线性无关?(5 分)

2. 使用掌握的可行方法尝试求解二阶齐次线性微分方程 $y''-2y'+y=0$ 的一个特殊解.(5 分)</td></tr>
<tr><td>本节任务</td><td colspan="7">1. 求解二阶常系数齐次微分方程 $y''+5y'+6y=0$ 的通解.
2. 求解二阶常系数非齐次微分方程 $y''+y=2\cos x$ 的特解.</td></tr>
<tr><td>课上任务
(25 分)</td><td colspan="7">1. 求微分方程 $y''-4y'+3y=0$ 的通解.(12 分)

2. 求微分方程 $y''+5y'+4y=4x^2+10x+1$ 的一个特解.(13 分)</td></tr>
</table>

课堂练习 (40 分)	1. 求微分方程 $y''-4y'+4y=0$ 满足初始条件 $y\big\|_{x=0}=0, y'\big\|_{x=0}=1$ 的特解.(10 分) 2. 求微分方程 $y''+y=0$ 的通解.(10 分) 3. 求微分方程 $y''-6y'+9y=e^{3x}$ 的一个特解.(10 分) 4. 求微分方程 $y''+6y'+9y=6xe^{-3x}$ 的通解.(10 分)
知识总结 (15 分)	1. 总结二阶常系数齐次线性微分方程的解法.(5 分) 2. 总结二阶常系数非齐次线性微分方程的解法.(10 分)
课后任务 (10 分)	如何计算不同特征根情况的二阶常系数齐次线性微分方程,并举例说明.(10 分)

7.1 空间直角坐标系与向量

<table>
<tr><td>姓名</td><td colspan="2"></td><td>学号</td><td colspan="2"></td><td>班级</td><td></td></tr>
<tr><td rowspan="2">任务
得分</td><td>预习
（10 分）</td><td>课上任务
（25 分）</td><td colspan="2">课堂练习
（40 分）</td><td>知识总结
（15 分）</td><td>课后任务
（10 分）</td><td>成绩</td></tr>
<tr><td></td><td></td><td colspan="2"></td><td></td><td></td><td></td></tr>
<tr><td>预习
（10 分）</td><td colspan="7">1. 什么是平面直角坐标系？平面上的点如何表示？（3 分）

2. 什么是向量？如何用坐标表示向量？（3 分）

3. 什么是空间直角坐标系？空间中点与向量如何表示？（4 分）</td></tr>
<tr><td>本节任务</td><td colspan="7">建立空间直角坐标系，将空间中的点与向量用坐标表示，并进行向量的线性运算，以及向量的数量积与向量积运算.</td></tr>
<tr><td>课上任务
（25 分）</td><td colspan="7">1. 空间中的点与向量的坐标表示：（5 分）

2. 向量的线性运算.（8 分）

3. 向量的数量积与向量积：（12 分）</td></tr>
</table>

课堂练习（40 分）	1. 求点(a,b,c)关于各坐标平面对称的点的坐标.（10 分） 2. 设向量 $\boldsymbol{a}=\{-1,2,1\}$，$\boldsymbol{b}=\{-3,-2,0\}$，求 $\boldsymbol{a}+\boldsymbol{b}$，$2\boldsymbol{a}+\frac{1}{3}\boldsymbol{b}$.（10 分） 3. 设 $\boldsymbol{a}=3\boldsymbol{i}-\boldsymbol{j}-2\boldsymbol{k}$，$\boldsymbol{b}=\boldsymbol{i}+2\boldsymbol{j}-\boldsymbol{k}$ 求下列运算.（10 分，每小题 5 分） (1)$\boldsymbol{a}\cdot\boldsymbol{b}$； (2)$(-2\boldsymbol{a})\cdot 3\boldsymbol{b}$. 4. 已知 $\overrightarrow{OA}=\boldsymbol{i}+3\boldsymbol{j}$，$\overrightarrow{OB}=\boldsymbol{j}+3\boldsymbol{k}$，求$\triangle OAB$ 的面积.（10 分）
知识总结（15 分）	1. 总结空间直角坐标系、向量的基本概念.（5 分） 2. 总结两向量的数量积的性质和计算方法.（5 分） 3. 总结两向量的向量积的性质和计算方法.（5 分）
课后任务（10 分）	1. 在平面解析几何中，把平面曲线当作动点的轨迹，在空间几何中是否有类似的情况？如果有，可以怎么表示？（5 分） 2. 在科学发展史上，关于几何学的发展，你了解哪些？（5 分）

7.2 平面与直线的方程

姓名		学号		班级	
任务得分	预习（10 分）	课上任务（25 分）	课堂练习（40 分）	知识总结（15 分）	课后任务（10 分）	成绩

预习（10 分）	1. 空间中曲面与三元方程之间的关系是什么？（3 分） 2. 在什么条件下，可以确定空间中的一个平面方程？（3 分） 3. 在什么条件下，可以确定空间中的一条直线方程？（4 分）
本节任务	利用向量的概念及性质，在空间直角坐标系中建立平面和直线的方程.
课上任务（25 分）	1. 给出平面的法向量 $\boldsymbol{n}=\{A,B,C\}$，如何得到平面的点法式方程？（9 分） 2. 给出直线的方向向量 $\boldsymbol{s}=\{m,n,p\}$，如何得到直线的点向式方程？（9 分） 3. 平面方程除了点法式还有哪些？ 直线方程除了点向式还有哪些？（7 分）

课堂练习 （40 分）	1. 求过点 $M_0(2,9,-6)$ 且与连接坐标原点及点 M_0 的线段 OM_0 垂直的平面方程.（10 分） 2. 求过点 $(0,0,1)$ 且与平面 $3x+4y+2z=1$ 平行的平面方程.（10 分） 3. 求过点 $(0,2,4)$ 且与两平面 $x+2z=1$ 和 $y-3z=2$ 平行的直线方程.（10 分） 4. 求过两点 $M_1(3,-2,1)$，$M_2(-1,0,2)$ 的直线方程.（10 分）
知识总结 （15 分）	1. 总结空间中平面方程的表达式.（5 分） 2. 总结空间中直线方程的表达式.（5 分） 3. 总结常用的平面及直线方程的表达式.（5 分）
课后任务 （10 分）	1. 空间中平面与平面垂直的充要条件是什么？平面与平面平行的充要条件是什么？同样的，直线与直线、平面与直线垂直和平行的充要条件分别是什么？（5 分） 2. 常见的二次曲面名称及其方程？（5 分）

7.3 曲面及常见曲面方程

<table>
<tr><td>姓名</td><td colspan="2"></td><td>学号</td><td></td><td>班级</td><td></td></tr>
<tr><td rowspan="2">任务得分</td><td>预习
(10 分)</td><td>课上任务
(25 分)</td><td>课堂练习
(40 分)</td><td>知识总结
(15 分)</td><td>课后任务
(10 分)</td><td>成绩</td></tr>
<tr><td></td><td></td><td></td><td></td><td></td><td></td></tr>
<tr><td>预习
(10 分)</td><td colspan="6">1. 理解二次曲面的概念?(3 分)

2. 研究球面方程的特点?(3 分)

3. 初步理解旋转曲面的特点?(4 分)</td></tr>
<tr><td>本节任务</td><td colspan="6">曲面可以看作空间中按照一定运动规律运动的点的轨迹,利用点的坐标以及向量相关知识建立曲面方程,并研究球面及旋转曲面.</td></tr>
<tr><td>课上任务
(25 分)</td><td colspan="6">1. 空间中一质点按一定的运动规律运动,其坐标(x,y,z)应满足 x,y,z 的某个关系式,该关系式如何表示?(8 分)

2. 根据距离公式,写出球面方程.(10 分)

3. 探究不同类型旋转曲面的特点?(7 分)</td></tr>
</table>

课堂练习 (40分)	1. 建立以点(1,3,−2)为球心,且通过坐标原点的球面方程.(10分) 2. 方程 $x^2+y^2+z^2-2x+4y+2z=0$ 表示什么曲面?(10分) 3. 将坐标面 xOz 上的圆 $x^2+z^2=9$ 绕 x 轴旋转一周,求所生成的旋转曲面的方程.(10分) 4. 将坐标面 xOy 上的双曲线 $4x^2-9y^2=36$ 绕 x 轴旋转一周,求所生成的旋转曲面的方程.(10分)
知识总结 (15分)	1. 总结空间曲面的方程.(5分) 2. 总结椭球面、圆锥面的方程.(5分) 3. 总结绕不同坐标轴旋转的旋转曲面方程的特点.(5分)
课后任务 (10分)	1. 查阅相关材料,找出九种二次曲面的标准方程,并讨论它们的形状.(5分) 2. 做出第七章的思维导图.(5分)

8.1 多元函数的基本概念

<table>
<tr><td>姓名</td><td colspan="2"></td><td>学号</td><td colspan="2"></td><td>班级</td><td></td></tr>
<tr><td rowspan="2">任务得分</td><td>预习（10分）</td><td>课上任务（25分）</td><td>课堂练习（40分）</td><td>知识总结（15分）</td><td>课后任务（10分）</td><td colspan="2">成绩</td></tr>
<tr><td></td><td></td><td></td><td></td><td></td><td colspan="2"></td></tr>
<tr><td>预习（10分）</td><td colspan="7">1. 什么是二元函数？如何求二元函数定义域？（3分）
2. 什么是二元函数的极限？（3分）
3. 什么是二元函数的连续，连续的二元函数有哪些性质？（4分）</td></tr>
<tr><td>本节任务</td><td colspan="7">1. 求函数 $z=\ln(x+y)$ 的定义域，并绘出定义域的图形.
2. 求极限 $\lim\limits_{\substack{x\to 0\\ y\to 0}}\frac{\sqrt{xy+1}-1}{xy}$.</td></tr>
<tr><td>课上任务（25分）</td><td colspan="7">1. 求函数 $z=\ln(x+y)$ 的定义域，并绘出定义域的图形.（12分）
2. 求极限 $\lim\limits_{\substack{x\to 0\\ y\to 0}}\frac{\sqrt{xy+1}-1}{xy}$.（13分）</td></tr>
</table>

课堂练习 （40 分）	1. 求下列函数的定义域.（8 分，每小题 4 分） (1) $z=\ln(y^2-2x+1)$；　(2) $z=\dfrac{1}{\sqrt{x+y}}+\dfrac{1}{\sqrt{x-y}}$. 2. 求下列极限.（32 分，每小题 8 分） (1) $\lim\limits_{(x,y)\to(0,1)}\dfrac{1-xy}{x^2+y^2}$；　(2) $\lim\limits_{(x,y)\to(0,0)}\dfrac{2-\sqrt{xy+4}}{xy}$； (3) $\lim\limits_{(x,y)\to(2,0)}\dfrac{\tan(xy)}{y}$；　(4) $\lim\limits_{(x,y)\to(0,0)}\dfrac{1-\cos(x^2+y^2)}{(x^2+y^2)e^{x^2y^2}}$.
知识总结 （15 分）	1. 总结求二元函数的定义域应注意哪些方面.（5 分） 2. 总结求函数极限常用的方法.（5 分） 3. 总结二元函数极限与一元函数极限的异同.（5 分）
课后任务 （10 分）	1. 二元函数的定义域是一个区域，你对区域有哪些了解？（5 分） 2. 二元函数的几何意义是什么？（5 分）

8.2 偏导数

<table>
<tr><td>姓名</td><td></td><td>学号</td><td></td><td>班级</td><td></td></tr>
<tr><td rowspan="2">任务得分</td><td>预习（10 分）</td><td>课上任务（25 分）</td><td>课堂练习（40 分）</td><td>知识总结（15 分）</td><td>课后任务（10 分）</td><td>成绩</td></tr>
<tr><td></td><td></td><td></td><td></td><td></td><td></td></tr>
<tr><td>预习（10 分）</td><td colspan="6">1. 一元函数求导方法有哪些？（4 分）
2. 什么是二元函数的偏导数？（2 分）
3. 什么是二元函数的全微分？（2 分）
4. 什么是二元函数的极值？（2 分）</td></tr>
<tr><td>本节任务</td><td colspan="6">1. 已知 $z=x^3y^2-3xy^3-xy+1$，求 $\frac{\partial^2 z}{\partial x^2}$，$\frac{\partial^2 z}{\partial x\partial y}$，$\frac{\partial^2 z}{\partial y\partial x}$，$\frac{\partial^2 z}{\partial y^2}$.
2. 求旋转抛物面 $z=x^2+y^2$ 在点(1,2,5)处的切平面和法线方程.</td></tr>
<tr><td>课上任务（25 分）</td><td colspan="6">1. 已知 $z=x^3y^2-3xy^3-xy+1$，求 $\frac{\partial^2 z}{\partial x^2}$，$\frac{\partial^2 z}{\partial x\partial y}$，$\frac{\partial^2 z}{\partial y\partial x}$，$\frac{\partial^2 z}{\partial y^2}$.（12 分）
2. 求旋转抛物面 $z=x^2+y^2$ 在点(1,2,5)处的切平面和法线方程.（13 分）</td></tr>
</table>

课堂练习（40分）	1. 求函数 $z=x^2\sin 2y$ 的一阶偏导数.（10分） 2. 求函数 $z=x^4+y^4-4x^2y^2$ 的二阶偏导数.（10分） 3. 求函数 $z=e^{xy}$ 在点(2,1)处的全微分.（10分） 4. 求曲线 $x=t, y=t^2, z=t^3$ 在点(1,1,1)处的切线及法平面方程.（10分）
知识总结（15分）	1. 总结求二元函数偏导数的注意事项.（4分） 2. 总结求全微分的计算方法.（3分） 3. 总结二元函数偏导数的几何应用.（4分） 4. 总结求二元函数极值的步骤.（4分）
课后任务（10分）	1. 二元函数求偏导和一元函数求导相比，区别是什么？（5分） 2. 你觉得二元函数求偏导有什么重要意义？（5分）

8.3 多元函数积分学

姓名		学号		班级	
任务得分	预习（10分）	课上任务（25分）	课堂练习（40分）	知识总结（15分）	课后任务（10分）	成绩

预习（10分）

1. 什么是二重积分？（3分）

2. 二重积分与定积分有何异同？（3分）

3. 求定积分的方法有哪些？（4分）

本节任务

1. 计算$\iint\limits_{D} xy\mathrm{d}x\mathrm{d}y$，其中$D$是由曲线$xy=1$，$x+y=\frac{5}{2}$所围成的区域.

2. 计算$\iint\limits_{D} y\mathrm{d}x\mathrm{d}y$其中$D$是由$x^2+y^2=2ax(a>0)$与$x$轴所围成的上半圆区域.

课上任务（25分）

1. 计算$\iint\limits_{D} xy\mathrm{d}x\mathrm{d}y$，其中$D$是由曲线$xy=1$，$x+y=\frac{5}{2}$所围成的区域.（12分）

2. 计算$\iint\limits_{D} y\mathrm{d}x\mathrm{d}y$，其中$D$是由$x^2+y^2=2ax(a>0)$与$x$轴所围成的上半圆区域.（13分）

课堂练习 （40 分）	1. 用 X 型或 Y 型表示下列曲线所围成的区域.（10 分，每小题 5 分） (1) D 由 $y^2=x, y=x$ 围成；　(2) D 由 $y=x^2, y=2-x^2$ 围成. 2. 求下列二重积分.（30 分，每小题 15 分） (1) $\iint\limits_D (3x+2y)\,d\sigma$，其中 D 是由两坐标轴及直线 $x+y=2$ 所围成的闭区域. (2) $\iint\limits_D e^{x^2+y^2}\,d\sigma$，其中 D 是由圆周 $x^2+y^2=4$ 所围成的闭区域.
知识总结 （15 分）	1. 总结二重积分有哪些性质.（5 分） 2. 总结二重积分在直角坐标系下的计算方法.（5 分） 3. 总结二重积分在极坐标系下的计算方法.（5 分）
课后任务 （10 分）	1. 积分的概念是哲学中以直代曲的辩证观，你从中学到了什么？（5 分） 2. 在计算二重积分时除了注意积分区域还需要注意什么？（5 分）

9.1 数项级数及其敛散性

<table>
<tr><td>姓名</td><td></td><td>学号</td><td></td><td>班级</td><td></td></tr>
<tr><td rowspan="2">任务得分</td><td>预习（10 分）</td><td>课上任务（25 分）</td><td>课堂练习（40 分）</td><td>知识总结（15 分）</td><td>课后任务（10 分）</td><td>成绩</td></tr>
<tr><td></td><td></td><td></td><td></td><td></td><td></td></tr>
<tr><td>预习（10 分）</td><td colspan="6">1. 什么是数项级数？数项级数有哪些性质？（2 分）
2. 什么是正项级数？正项级数收敛性如何判断？（3 分）
3. 什么是交错级数？交错级数收敛性如何判断？（3 分）
4. 什么是绝对收敛和条件收敛？（2 分）</td></tr>
<tr><td>本节任务</td><td colspan="6">级数 $\sum_{n=1}^{\infty}(-1)^n\frac{1}{\sqrt{n}}$ 是否收敛？如果收敛，判定是绝对收敛还是条件收敛.</td></tr>
<tr><td>课上任务（25 分）</td><td colspan="6">1. 收敛性判断.（15 分）
2. 绝对收敛还是条件收敛？（10 分）</td></tr>
</table>

课堂练习 (40 分)	1. 判定下列级数的收敛性.(30 分,每小题 5 分) (1) $\sum\limits_{n=1}^{\infty}\frac{n+1}{n+3}$;　　(2) $\sum\limits_{n=1}^{\infty}(\sqrt{n+1}-\sqrt{n})$; (3) $\sum\limits_{n=1}^{\infty}\frac{1}{\sqrt{n(n+1)}}$;　　(4) $\sum\limits_{n=1}^{\infty}\left(1-\cos\frac{1}{n}\right)$; (5) $\sum\limits_{n=1}^{\infty}\frac{n!}{10^n}$;　　(6) $\sum\limits_{n=1}^{\infty}(-1)^{n-1}\frac{1}{n}$. 2. 级数 $\sum\limits_{n=1}^{\infty}(-1)^n\frac{n}{3^{n-1}}$ 是绝对收敛还是条件收敛?(10 分)
知识总结 (15 分)	1. 总结等比级数、p-级数和调和级数的收敛性.(5 分) 2. 总结求数项级数收敛性的一般步骤.(5 分) 3. 总结绝对收敛与条件收敛的区别.(5 分)
课后任务 (10 分)	1. 级数和数列有着密切的联系,你能说出有什么异同吗?(5 分) 2. 收敛的级数和发散的级数有何区别,你能从中学到什么?(5 分)

9.2 幂级数

姓名		学号		班级	

任务得分	预习（10分）	课上任务（25分）	课堂练习（40分）	知识总结（15分）	课后任务（10分）	成绩

预习（10分）	1. 什么是函数项级数？（3分） 2. 什么是幂级数？幂级数的一般形式是什么？（4分） 3. 什么是和函数？（3分）
本节任务	求幂级数 $\sum_{n=0}^{\infty}\frac{1}{n!}x^n$ 的收敛半径和收敛域.
课上任务（25分）	1. 收敛半径.（15分） 2. 收敛域.（10分）

课堂练习 （40 分）	求下列级数的收敛半径和收敛域.（40 分，每小题 10 分） （1）$\sum_{n=0}^{\infty}\frac{1}{n}x^n$；　　（2）$\sum_{n=0}^{\infty}n!\,x^n$； （3）$\sum_{n=1}^{\infty}\frac{1}{n!}\left(\frac{x}{2}\right)^n$；　　（4）$\sum_{n=0}^{\infty}n!\,(x-1)^n$.
知识总结 （15 分）	1. 总结幂级数的收敛半径、收敛区间和收敛域等概念.（5 分） 2. 总结求幂级数收敛域的一般步骤.（5 分） 3. 总结幂级数收敛性判断与数项级数收敛性判断之间的关系.（5 分）
课后任务 （10 分）	级数 $\sum_{n=1}^{\infty}(n+1)x^{2n}$ 称为缺项的幂级数，你能求出它的收敛域吗？（10 分）

9.3 函数展开成幂级数

姓名		学号		班级		
任务得分	预习（10分）	课上任务（25分）	课堂练习（40分）	知识总结（15分）	课后任务（10分）	成绩
预习（10分）	1. 什么是泰勒级数？（3分） 2. 什么是麦克劳林级数？（3分） 3. 如何将一个函数展开成麦克劳林级数？（4分）					
本节任务	1. 写出 $f(x)=\sin x$ 的 n 阶麦克劳林级数. 2. 用间接展开法求 $\cos x$ 的幂级数展开式.					
课上任务（25分）	1. 写出 $f(x)=\sin x$ 的 n 阶麦克劳林级数.（12分） 2. 用间接展开法求 $\cos x$ 的幂级数展开式.（13分）					

课堂练习 （40 分）	1. 将函数 $f(x)=e^x$ 展开成 x 的幂级数.（14 分） 2. 将函数 $f(x)=\frac{1}{2+x}$ 展开成 x 的幂级数.（14 分） 3. 计算 $\ln\frac{3}{2}$ 的近似值.（12 分）
知识总结 （15 分）	1. 总结常用函数展开成幂级数的麦克劳林公式.（5 分） 2. 总结函数展开成幂级数的计算方法.（5 分） 3. 总结幂级数在函数近似计算中的应用.（5 分）
课后任务 （10 分）	计算 $\ln2$ 的近似值，它与计算 $\ln\frac{3}{2}$ 有什么区别？（10 分）

9.4 傅立叶级数

<table>
<tr><td>姓名</td><td colspan="2"></td><td>学号</td><td colspan="2"></td><td>班级</td><td></td></tr>
<tr><td rowspan="2">任务
得分</td><td>预习
（10 分）</td><td>课上任务
（25 分）</td><td>课堂练习
（40 分）</td><td>知识总结
（15 分）</td><td>课后任务
（10 分）</td><td colspan="2">成绩</td></tr>
<tr><td></td><td></td><td></td><td></td><td></td><td colspan="2"></td></tr>
<tr><td>预习
（10 分）</td><td colspan="7">1. 什么是傅立叶级数？（3 分）

2. 什么是狄利克雷定理？（3 分）

3. 什么是正弦级数和余弦级数？（4 分）</td></tr>
<tr><td>本节任务</td><td colspan="7">设函数 $f(x)$是周期为 2π 的周期函数，它在$[-\pi,\pi)$上的表达式为
$$f(x)=\begin{cases}-1, & -\pi\leqslant x<0\\ 1, & 0\leqslant x<\pi\end{cases},$$
试将函数 $f(x)$展开成傅立叶级数.</td></tr>
<tr><td>课上任务
（25 分）</td><td colspan="7">1. 先计算傅立叶系数.（15 分）

2. 根据收敛定理，判断 $f(x)$的收敛性.（10 分）</td></tr>
</table>

课堂练习 （40 分）	1. 设周期函数 $f(x)$ 在其一个周期上的表达式为 $$f(x)=\begin{cases}\pi+x, & -\pi\leqslant x<0\\ \pi-x, & 0\leqslant x<\pi\end{cases},$$ 试将其展开成傅立叶级数.（20 分） 2. 将函数 $f(x)=x(0<x\leqslant\pi)$ 展开为正弦级数、余弦级数.（20 分）
知识总结 （15 分）	1. 总结函数展开为傅立叶级数的求解步骤.（5 分） 2. 总结奇函数与偶函数的傅立叶级数展开.（5 分） 3. 总结利用周期延拓法将函数展开为正弦级数或余弦级数.（5 分）
课后任务 （10 分）	1. 思考为什么要将函数展开为三角级数？（5 分） 2. 将函数展开为三角级数的时候需要注意哪些事项？（5 分）